重庆文理学院校本教材资助项目（项目编号：XBJC201204）

概率论与数理统计

（第三版）

杨树成　　杨春华 ◎ 主　编

西南交通大学出版社

·成都·

内容简介

本书可作为高等学校工科、农医、经济、管理等专业的概率论与数理统计教材，也可作为实际工作者的自学参考书. 全书共 8 章，内容包括随机事件与概率、随机变量的分布及其数字特征、多维随机变量的分布及其数字特征、数理统计的基本概念、参数估计、假设检验、方差分析和回归分析. 各章精选了大量反映社会经济实际的例题和习题，在每一章的最后一节介绍了 Excel 解决相关问题的计算. 本书力求在保持体系完整的前提下，弱化理论的推导，强化概率论与数理统计的思维训练和知识的实际应用.

图书在版编目（ＣＩＰ）数据

概率论与数理统计 / 杨树成，杨春华主编. —3 版.
—成都：西南交通大学出版社，2023.7
ISBN 978-7-5643-9386-1

Ⅰ. ①概… Ⅱ. ①杨… ②杨… Ⅲ. ①概率论－高等
学校－教材②数理统计－高等学校－教材 Ⅳ. ①O21

中国国家版本馆 CIP 数据核字（2023）第 126596 号

Gailülun yu Shuli Tongji
（Disanban）

概率论与数理统计
（第三版）

主编　杨树成　杨春华

*

责任编辑　孟秀芝
封面设计　GT 工作室
西南交通大学出版社出版发行
四川省成都市二环路北一段 111 号　西南交通大学创新大厦 21 楼
邮政编码：610031　发行部电话：028-87600564
http://www.xnjdcbs.com
成都中永印务有限责任公司印刷

*

成品尺寸：185 mm × 260 mm　印张：18.25
字数：431 千字
2014 年 8 月第 1 版　　2016 年 8 月第 2 版
2023 年 7 月第 3 版　　2023 年 7 月第 11 次印刷
ISBN 978-7-5643-9386-1
定价：48.00 元

前　言

　　"概率论与数理统计"是研究随机现象的统计规律，并通过有效地收集、整理和分析样本数据，对所考察的问题做出统计推断或预测的一门数学学科，是应用型本科院校许多专业设置的一门重要的专业基础课程，甚至是核心课程.

　　随着应用型本科院校人才培养模式的转变，"概率论与数理统计"的教学遇到了许多问题与挑战. 概括起来主要表现为两点：一是课时量的变化. 有的专业开设一学期共 54 学时，有的专业开设一学期共 48 学时甚至 36 学时. 二是应用性需要加强. 许多院校开设了实验课程，而实验所用的统计软件多种多样.

　　面对新的挑战，必须对"概率论与数理统计"的教学内容进行改革. **首先**，教学内容需要精减. 在课时量有限的情况下，如果不精减概率论部分的内容，则数理统计部分的教学就得不到有效保证. **其次**，教学内容应该和统计软件的应用相结合. 概率统计常常需要进行大量数据处理，没有有效的计算方法，就无法实现概率统计的应用. 教学内容应该将概率论与数理统计与实际应用联系起来，融入现代的计算工具，才能更有效地提高概率论与数理统计的应用性. **再次**，教学内容应该为实验课程提供必要的素材. 这样即便教学时数少不能开设实验课程，学生也能够自己进行实验，培养基本的数据处理能力. 最后，教学内容应该合理分配概率论与数理统计两部分内容的学时比例，以适应教学时数减少的趋势要求，能在54学时或48学时下学完数理统计的基本内容. 所以教学内容只有进行变革，才能适应新形势下应用型人才的培养.

　　本书有五个特点：**一是注重随机思维方法的培养**. "概率论与数理统计"的首要教学内容是让学生具有"将不确定的现象理解成随机现象，研究随机现象的方法试验，试验的结果及其可能性用随机变量来刻画. 随机变量的分布与数字特征有其重要的理论价值和应用价值. 实践中可以将总体理解成随机变量，利用样本可以对总体进行统计推断"的随机思维方法. **二是压缩概率论部分，增强数理统计部分，强化概率统计方法的应用**. 本书将概率论的教学内容进行精简，降低概率计算的难度，增加数理统计的相对学时数，强化概率统计方法的应用，力图在不失知识逻辑结构的前提下，弱化理论的推导过程，强调解决问题的思想方法. **三是突出通俗性、可读性**. 本书在内容的叙述上，不追求系统性和严密性，而是在不失知识内涵和逻辑结构的前提下，对基本概念和方法采用通俗简洁的表述方式，突出通俗性、可读性，希望这些工作能对读者有所裨益. **四是将 Excel 统计分析融于教学之中**. 概率论与数理统计的教学内容，特别是常用分布的概率计算、区间估计，假设检验、方差分析、线性回归等内容都涉及大量的数据处理. 本书有意设计了大量的必须借助统计软件才能解决的习题，在每一章的最后一节介绍了 Excel 解决相关问题的计算. 这些都为开设实验教学提供了必要的教学内容和实验素材，也可以让学生掌握利用 Excel 解决概率统计问题. **五是介绍相关知识的演变和发展过程**. 通过介绍概率统计内容、思想和方法的演变和发展过程，激发学生不断探索、刻苦钻研的求真精神.

第三版对第二版中的部分内容做了调整，对习题进行了优化，对每章的 Excel 操作进行了版本升级.

本书在编写过程中参考了部分文献，均列在了书末，我们从中受益匪浅，在此一并致谢，读者在学习本书时也可以参考. 本书是重庆文理学院校本教材资助项目（项目编号：XBJC201204），在此我们深表感谢. 感谢重庆文理学院数学与大数据学院领导与全体教师长期以来的关心、支持和鼓励，也感谢他（她）们提出的宝贵意见！

由于编者水平有限，书中的不足之处在所难免，敬请各位专家、同行及读者不吝赐教.

作 者

2023 年 2 月

目　录

第 1 章　随机事件与概率 ·· 1

　§1.1　随机事件 ·· 2
　　习题 1.1 ··· 4
　§1.2　概率的定义及确定方法 ·· 6
　　习题 1.2 ··· 14
　§1.3　条件概率与事件的独立性 ·· 15
　　习题 1.3 ··· 21
　§1.4　Excel 在计算古典概率中的应用 ····································· 23

第 2 章　随机变量的分布及其数字特征 ··· 25

　§2.1　随机变量及其分布 ··· 26
　　习题 2.1 ··· 34
　§2.2　随机变量的数学期望与方差 ··· 37
　　习题 2.2 ··· 43
　§2.3　常用离散型分布 ·· 46
　　习题 2.3 ··· 53
　§2.4　常用连续型分布 ·· 55
　　习题 2.4 ··· 64
　§2.5　随机变量的其他数字特征 ·· 66
　　习题 2.5 ··· 70
　§2.6　Excel 在计算常用分布中的应用 ····································· 70
　　习题 2.6 ··· 74

第 3 章　多维随机变量的分布及其数字特征 ··································· 75

　§3.1　二维随机变量的分布 ·· 76
　　习题 3.1 ··· 80
　§3.2　边际分布与随机变量的独立性 ······································ 82
　　习题 3.2 ··· 87
　§3.3　二维随机变量的数字特征 ·· 89

习题 3.3 ………………………………………………………………… 97

§3.4 大数定律与中心极限定理* …………………………………………… 98

习题 3.4 ………………………………………………………………… 103

第 4 章 数理统计的基本概念 …………………………………………… 106

§4.1 样本与统计量 ……………………………………………………… 107

习题 4.1 ………………………………………………………………… 111

§4.2 样本的描述性统计 ………………………………………………… 112

习题 4.2 ………………………………………………………………… 116

§4.3 抽样分布与正态总体下的常用统计量 ………………………………… 117

习题 4.3 ………………………………………………………………… 123

§4.4 Excel 在描述统计和计算三大抽样分布中的应用 ……………………… 125

习题 4.4 ………………………………………………………………… 134

第 5 章 参数估计 ………………………………………………………… 135

§5.1 点估计及其评价标准 ……………………………………………… 135

习题 5.1 ………………………………………………………………… 138

§5.2 矩估计法 …………………………………………………………… 139

习题 5.2 ………………………………………………………………… 141

§5.3 最大似然估计法 …………………………………………………… 142

习题 5.3 ………………………………………………………………… 145

§5.4 单总体参数的区间估计 …………………………………………… 146

习题 5.4 ………………………………………………………………… 153

§5.5 双总体参数的区间估计 …………………………………………… 154

习题 5.5 ………………………………………………………………… 160

§5.6 Excel 在参数估计中的应用 ………………………………………… 161

习题 5.6 ………………………………………………………………… 170

第 6 章 假设检验 ………………………………………………………… 172

§6.1 假设检验的基本问题 ……………………………………………… 173

习题 6.1 ………………………………………………………………… 177

§6.2 单总体参数的假设检验 …………………………………………… 178

习题 6.2 ………………………………………………………………… 182

§6.3 双总体参数的假设检验 …………………………………………… 183

习题 6.3 ………………………………………………………………… 188

§6.4　分布拟合检验与列联表检验 ··· 190

　　习题 6.4 ··· 197

§6.5　Excel 在假设检验中的应用 ··· 199

　　习题 6.5 ··· 209

第 7 章　方差分析 ··· 212

§7.1　单因素方差分析 ··· 212

　　习题 7.1 ··· 218

§7.2　双因素方差分析 ··· 221

　　习题 7.2 ··· 227

§7.3　Excel 在方差分析中的应用 ··· 230

第 8 章　回归分析 ··· 234

§8.1　一元线性回归分析 ··· 235

　　习题 8.1 ··· 241

§8.2　多元线性回归分析 ··· 242

　　习题 8.2 ··· 245

§8.3　非线性回归分析 ··· 247

　　习题 8.3 ··· 251

§8.4　Excel 在回归分析中的应用 ··· 253

参考答案 ··· 257

参考文献 ··· 270

附　录 ··· 271

第 1 章　随机事件与概率

美国航天飞机的每一个部件都经过了极其严格的检验，出现故障的可能性非常小. 不幸的是,美国挑战者号航天飞机在 1986 年 1 月 28 日进行代号 STS-51-L 的第 10 次太空任务时，因为右侧固态火箭推进器上面的一个 O 形环失效，导致连锁反应，在升空后 73 秒时爆炸解体坠毁，机上 7 名航天员全数罹难. 2003 年 2 月 1 日美国哥伦比亚号航天飞机也发生了不幸事故. 在代号 STS-107 的第 28 次任务重返大气层阶段与控制中心失去联系，不久后被发现在得克萨斯州上空爆炸解体，机上 7 名航天员全数罹难. 目前，有关哥伦比亚号失事的直接原因基本确定：超高温空气从机体表面缝隙入侵隔热瓦下部，最终造成航天飞机在返航途中解体坠毁.

买双色球彩票中一等奖的可能性非常小，有人玩彩票一夜暴富，有人却为此倾家荡产. 由此可知，了解不确定事件发生的可能性大小及其结果，对于理性看待不确定事件和科学决策是非常有用的.

本章的主要内容有：随机事件、事件的运算、概率的确定方式、重要的概率公式、条件概率、事件的独立性、Excel 中计算组合数、排列数、阶乘、数的幂的函数等.

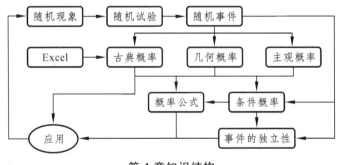

第 1 章知识结构

☆ 将某些具有不确定性结果的现象理解为随机现象. 研究随机现象的方法是随机试验，随机试验的结果就是随机事件.

☆ 对于随机事件我们关注的焦点是其发生的可能性大小，即概率. 确定概率的方法根据其所具有的条件不同，主要有主观概率、古典概率、几何概率、条件概率等.

☆ 客观世界是极其复杂的，因而随机事件具有复杂性. 可以利用概率的性质和公式解决复杂事件的概率.

☆ 随机事件可能相互影响，也可能互不影响. 互不影响的随机事件称为相互独立事件. 独立性的概念在概率论中具有相当重要的地位. 随机事件的独立性可以用条件概率来定义.

☆ 主观概率、古典概率、几何概率、条件概率，以及事件的独立性有重要的应用．如条件概率可以用于敏感性调查．

☆ 计算古典概率可能涉及组合数、排列数、阶乘、幂的计算，Excel 中内置有这些函数，便于计算古典概率．

§1.1　随机事件

（**泡泡糖问题**）　可怜的琼斯夫人路过一分钱一枚的泡泡糖出售机时，尽量不使她的双胞胎儿子有所察觉．大儿子："妈妈，我要泡泡糖．"二儿子："妈妈，我也要，我要和比利拿一样颜色的．"泡泡糖出售机几乎空了，里面只有 4 粒白色的和 6 粒红色的泡泡糖．说不准下一粒是什么颜色．如果琼斯夫人想要满足两个儿子的要求，需要花多少钱呢？

假如大儿子说："妈妈，我想要 1 颗白色的泡泡糖．"二儿子："妈妈，我也要，我要和比利拿一样颜色的．"这时如果琼斯夫人想要满足两个儿子的要求，需要花多少钱呢？

显然，在第一种情况下，琼斯夫人只花 2 分或 3 分钱就够了，而在第二种情况下，琼斯夫人需要花 2 分、3 分、4 分、5 分、6 分、7 分、8 分钱都有可能．

人们所考察的现象可分为两类：一类是在一定条件下必然发生或必然不发生的现象，称之为**必然现象**，如早晨太阳必然从东方升起，掷一颗骰子出现的点数必然小于 7 等；另一类是在一定条件下可能发生也可能不发生的现象，称之为**随机现象**，如掷一颗骰子出现 3 点，明年某地区的年均降雨量为 850 mm，某只股票明天的收益率为 3%左右等．

随机现象有两个显著的特点：① 结果不止一个；② 哪种结果出现事先未知．

随机现象到处可见，请读者自己列举一些随机现象的例子．

有些随机现象在相同条件下是可能重复发生的，如观察一天内进入某商场的顾客数是否超过 1000 人．对在相同条件下可以重复的随机现象的观察、记录、实验称为**随机试验**，简称**试验**．

对于试验，我们关注的是其可能出现的结果及其可能性大小．掷一枚骰子可能出现的结果有：1 点、2 点、3 点、4 点、5 点、6 点、点数小于 3、点数不等于 3、点数是偶数、点数小于 8 等．1 点、2 点、3 点、4 点、5 点、6 点是基本结果，其他结果是由基本结果构成的，如点数小于 3 是由 1 点和 2 点构成的．试验可能出现的每个基本结果称为**样本点**，记作 $\omega_1, \omega_2, \cdots$．所有样本点构成的集合称为**样本空间**，记作 $\Omega = \{\omega_1, \omega_2, \cdots\}$．

例 1.1.1　写出下述试验的样本空间．

（1）掷一枚骰子，观察出现的点数．

（2）记录某手机在 1 小时内收到的短信数量．

（3）在涨停板限制下，某只股票明天的收益率．

（4）先后掷两枚硬币，观察出现正反面的情况．

解　（1）$\Omega = \{1, 2, 3, 4, 5, 6\}$．

（2）$\Omega = \{0, 1, 2, \cdots\}$．

（3）$\Omega = \{r : -10\% \leqslant r \leqslant 10\%\}$.

（4）$\Omega = \{$正正，正反，反正，反反$\}$.

试验的某个结果出现，表明一些事件发生了．由于这些事件在试验前无法预知其是否会出现，所以将试验的结果称之为**随机事件**，简称**事件**．试验的基本结果即样本点称为**基本事件**．一定发生的事件称为**必然事件**，用 Ω 表示；一定不发生的事件称为**不可能事件**，用 $\varnothing$ 表示．习惯上用大写字母 A,B,C 等表示事件．

例如，掷一枚骰子，观察出现的点数．$A = \{2$ 点$\}$、$B = \{$点数小于 $3\}$、$C = \{$点数是偶数$\}$都是随机事件，而 $D = \{$点数小于 $8\}$ 是必然事件，$E = \{$点数小于 $0\}$ 是不可能事件．这些事件都是一些样本点构成的集合，是样本空间的子集（其中不可能事件不包含样本点看作空集）．显然，当且仅当事件包含的样本点中有一个出现，我们就说该事件发生了．

随机事件随处可见，请读者自己列举一些试验和相应的随机事件．

随机事件是样本空间的子集，所以事件之间的运算与集合之间的运算是一致的．概率论中常用矩形表示样本空间 Ω，用圆表示随机事件，如图 1.1.1 所示，这类图称为**维恩图**．下面用维恩图直观地介绍一些常用的事件之间的关系和运算．

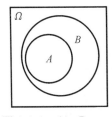　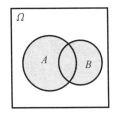　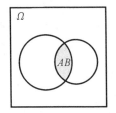

图 1.1.1　$A \subset B$　　　　　图 1.1.2　$A \bigcup B$　　　　　图 1.1.3　AB

如图 1.1.1 所示，如果事件 A 发生必然导致事件 B 发生，则称 B 包含 A，记作 $A \subset B$．如果 $A \subset B$ 且 $B \subset A$，则称事件 A 与 B **相等**，记作 $A = B$．例如，在掷一枚骰子的试验中，事件 $A = \{2$ 点$\}$、$B = \{$点数小于 $3\}$，则 $A \subset B$．

如图 1.1.2 所示，阴影部分表示"事件 A 与 B 中至少有一个发生"之事件，称为事件 A 与 B 的**和事件**，记作 $A \bigcup B$．例如，在掷一枚骰子的试验中，事件 $A = \{2$ 点或 3 点$\}$，$B = \{3$ 点或 5 点$\}$，则 $A \bigcup B = \{2$ 点、3 点或 5 点$\}$．

如图 1.1.3 所示，阴影部分是 A 与 B 的公共部分，表示"事件 A 与 B 同时发生"之事件，称为事件 A 与 B 的**积事件**，记作 $A \bigcap B$（或 AB）．例如，在掷一枚骰子的试验中，事件 $A = \{2$ 点或 3 点$\}$，$B = \{3$ 点或 5 点$\}$，则 $AB = \{3$ 点$\}$．

如图 1.1.4 所示，事件 A 与 B 不能同时发生，即 $AB = \varnothing$，此时称事件 A 与 B **互不相容**或**互斥**．例如，在掷一枚骰子的试验中，事件 $A = \{2$ 点或 3 点$\}$，$B = \{5$ 点或 6 点$\}$，则 A 与 B 互不相容，$AB = \varnothing$．

如图 1.1.5 所示，阴影部分表示"事件 A 发生而 B 不发生"之事件，称为事件 A 与 B 的**差事件**，记作 $A - B$ 或 $A\bar{B}$．例如，在掷一枚骰子的试验中，事件 $A = \{2$ 点或 3 点$\}$，$B = \{3$ 点或 5 点$\}$，则 $A\bar{B} = \{2$ 点$\}$．

如图 1.1.6 所示，阴影部分表示"A 不发生"之事件，即 $\Omega - A$，称为 A 的对立事件或逆事件，A 的对立事件记作 $\overline{A}$．显然，有 $A\overline{A}=\varnothing$，$A\cup\overline{A}=\Omega$，$\overline{\overline{A}}=A$．例如，在掷一枚骰子的试验中，事件 $A=\{$出现 2 点或 3 点$\}$，则 $\overline{A}=\{$出现 1 点、4 点、5 点或 6 点$\}$．

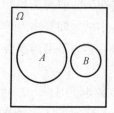

图 1.1.4　$AB=\varnothing$

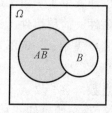

图 1.1.5　$A\overline{B}$

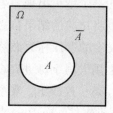

图 1.1.6　$\overline{A}$

例 1.1.2　设 A,B,C 是三个事件，试用 A,B,C 表示下列事件：

（1）A 发生，B 和 C 都不发生；

（2）A,B,C 中恰好有一个发生；

（3）A,B,C 中至少有一个发生；

（4）A,B,C 都发生；

（5）A,B,C 都不发生；

（6）A,B,C 不多于两个发生．

解　（1）"A 发生，B 和 C 都不发生"表示为 $A\overline{B}\overline{C}$；

（2）"A,B,C 中恰好有一个发生"，即要么 A 发生但 B 和 C 都不发生，要么 B 发生但 A 和 C 都不发生，要么 C 发生但 A 和 B 都不发生，所以是 $A\overline{B}\overline{C}\cup\overline{A}B\overline{C}\cup\overline{A}\overline{B}C$；

（3）"A,B,C 中至少有一个发生"是 A,B,C 的和事件，即 $A\cup B\cup C$；

（4）"A,B,C 都发生"，即 ABC；

（5）"A,B,C 都不发生"，即 $\overline{A}\overline{B}\overline{C}$；

（6）"A,B,C 不多于两个发生"是"A,B,C 都发生"的对立事件，即 $\overline{ABC}$．

习题 1.1

1．下列现象是随机现象的有（　　）．

（A）早晨太阳从东方升起

（B）掷一颗骰子出现 7 点

（C）从一批种子中随机取一颗结果是合格种子

（D）连续多次抛一枚硬币结果都是正面

2．下列叙述正确的是（　　）．

（A）随机现象必有多个结果　　　　（B）随机现象可以只有一种结果

（C）随机现象的结果事先未知　　　（D）随机现象的哪个结果出现事先未知

3．下列叙述正确的是（　　）．

（A）样本点是试验的结果　　　　　（B）样本点是试验的基本结果

（C）样本点是随机现象的基本结果　　（D）样本点是样本空间的子集

4. 下列叙述正确的是（　　　）.

（A）样本空间都是有限集　　　　　（B）样本空间可能是无限集

（C）样本空间可能是离散集　　　　（D）样本空间可能是连续集

5. 写出下列事件中的样本点：

（1）一只袋子中有编号为 1，2，3，4，5 的五个球，从中随机取 3 个球，球的最小号码为 1 的事件.

（2）将一枚硬币掷两次，A 表示事件"第一次出现正面"，B 表示事件"两次出现不同的面"，C 表示事件"至少有一次出现正面".

6. 写出下列试验的样本空间：

（1）同时掷两枚骰子，记录出现的点数之和.

（2）袋子中有大小形状都相同的 3 个白球 2 个黑球，从中不放回地随机取 3 个球，记录取到的白球数.

（3）观察一个灯泡的寿命.

7. 重复抛掷一枚硬币直到出现正面为止，记录抛掷的次数，则样本空间为（　　　）.

（A）$\Omega = \{0,1\}$　　　　　　　　（B）$\Omega = \{1,2\}$

（C）$\Omega = \{0,1,2,3,\cdots\}$　　　　（D）$\Omega = \{1,2,3,\cdots\}$

8. 下列叙述正确的是（　　　）.

（A）事件就是样本点　　　　　　　（B）基本事件就是样本点

（C）事件是样本空间的真子集　　　（D）事件是样本空间的子集

9. 在先后掷三枚均匀硬币的试验中，用集合表示下列事件：A 表示事件"至少出现一个正面"，B 表示事件"最多出现一个正面"，C 表示事件"恰好出现一个正面"，D 表示事件"出现三面相同".

10. 用集合表示下列试验的样本空间与随机事件 A：

（1）同时掷三枚骰子，记录三枚骰子的点数之和，A 表示事件"点数之和大于 10".

（2）对目标进行射击，击中后便停止射击，观察射击的次数，A 表示事件"射击次数不超过 5 次".

11. 下列叙述正确的是（　　　）.

（A）事件的运算与集合的运算是一致的

（B）事件 $A = \{1,2,3\}, B = \{2,5\}$，则事件 $AB = \{2\}$

（C）事件 $A = \{1,2,3\}, B = \{2,5\}$，则事件 $A \cup B = \{1,2,3,5\}$

（D）事件 $A = \{1,2,3\}, B = \{2,5\}$，则事件 $B - A = \{1,3\}$

12. 若事件 A,B,C 满足等式 $A \cup C = B \cup C$，试问 $A = B$ 是否成立？

13. 指出下列事件等式成立的条件：（1）$A \cup B = A$；（2）$AB = A$.

14. 试叙述下列事件的对立事件：A 表示事件"掷两枚硬币，皆为正面"，B 表示事件"射击三次，皆命中目标"，C 表示事件"加工四个零件，至少有一个合格品".

15. 事件 A 与 B 互不相容，试问 A 与 B 是否对立？反之如何？

16. 以下命题正确的是（　　）.

　　（A）$AB \cup A\bar{B} = A$　　　　　　（B）若 $A \subset B$，则 $AB = A$

　　（C）若 $A \subset B$，则 $\bar{B} \subset \bar{A}$　　　　（D）若 $A \subset B$，则 $A \cup B = B$

17. 对目标进行两次射击，A 表示事件"恰有一次击中目标"，B 表示事件"至少有一次击中目标"，C 表示事件"两次都击中目标"，D 表示事件"两次都没击中目标"．设 X 为击中目标的次数.

　　（1）试用 X 表示事件 A,B,C,D；

　　（2）A,B,C,D 中，哪些是互不相容事件？哪些是相互对立事件？

18. 设 A,B,C 是三个事件，则下列叙述正确的是（　　）.

　　（A）A 发生但 B 或 C 不发生的事件为 $\overline{ABC}$

　　（B）A,B,C 有一个发生的事件为 $A \cup B \cup C$

　　（C）A,B,C 至少有一个发生的事件为 $A \cup B \cup C$

　　（D）A,B,C 都不发生的事件为 $\overline{ABC}$

19. 某工人生产了 3 个零件，$A_i(i=1,2,3)$ 表示事件"第 i 个零件是合格品"，B_1 表示事件"只有第一个零件是合格品"，B_2 表示事件"三个零件中只有一个合格品"，B_3 表示事件"第一个是合格品，但后两个零件中至少有一个次品"，B_4 表示事件"三个零件中最多有两个合格品"，B_5 表示事件"三个零件都是次品"，B_6 表示事件"三个零件中最多有一个次品"．试用 $A_i(i=1,2,3)$ 表示下列事件：B_1,B_2,B_3,B_4,B_5,B_6.

20. 设 X 表示某试验的结果，其样本空间为 $\Omega = \{0 \leqslant X \leqslant 2\}$，记事件 $A = \{0.5 < X \leqslant 1\}$，$B = \{0.25 \leqslant X < 1.5\}$．试写出下列事件：$\overline{AB}, \overline{A} \cup B, \overline{AB}, \overline{A} \cup \overline{B}$.

§1.2　概率的定义及确定方法

正如英国逻辑学家和经济学家杰文思所说："它是生活真正的领路人，如果没有对概率的某种估计，我们就寸步难行，无所作为."研究随机事件的目的之一是确定事件发生的可能性大小. **概率**是事件发生的可能性大小的度量. 事件的特征不同，度量其概率的方法也不同. 本节介绍主观概率、概率的频率定义、古典概率、几何概率.

1.2.1　主观概率

早在远古时期，先民们会根据经验到猎物或鱼群出现可能性最大的地方狩猎或捕鱼. 贝叶斯（Thomas Bayes, 1702—1763）学派认为，一个事件的概率是人们根据对事件发生的可能性所给出的个人信念. 根据主观判断确定的事件发生的可能性大小叫作**主观概率**.

　　例 1.2.1　用主观判断确定概率的例子：

　　（1）人们根据经验给出下雨的概率.

　　（2）人们根据经验给出股票上涨的概率.

贝叶斯

（3）医生根据经验给出患者患有某种疾病的概率.

（4）外科医生根据经验和患者的病情给出手术成功的概率.

（5）体育爱好者根据球队的情况和经验预测球队赢得比赛的概率.

主观概率是对事件发生的概率的推断和估计，其精确性有待于实践的检验和修正.

1.2.2　概率的频率定义

事件的发生是偶然性与必然性的辩证统一. 必然性总要通过大量的偶然性表现出来，没有脱离偶然性的纯粹必然性. 偶然性背后总是隐藏着必然性，没有脱离必然性的纯粹偶然性. 偶然性是必然性的表现和补充，偶然现象中贯穿着必然性的规律. 必然性和偶然性的区分是相对的，二者在一定条件下相互过渡、相互转化. 实践中可以通过重复独立的试验，发现偶然性背后隐藏的必然性.

设事件 A 在 n 次重复试验中共发生了 f_n 次，f_n 称为事件 A 在 n 次重复试验中发生的**频数**，$F_n(A) = \dfrac{f_n}{n}$ 称为事件 A 在 n 次重复试验中发生的**频率**.

历史上很多数学家和统计学家通过掷硬币试验研究频率与概率的关系，表 1.2.1 是历史上掷硬币试验的一些结果.

表 1.2.1　历史上掷硬币试验的结果

试验者	掷硬币次数	出现正面次数	频率
德摩根（De Morgan）	2048	1061	0.5181
蒲丰（Buffon）	4040	2048	0.5069
费勒（Feller）	10 000	4979	0.4979
皮尔逊（Pearson）	12 000	6019	0.5016
皮尔逊（Pearson）	24 000	12 012	0.5005

从表 1.2.1 可以看出，随着试验次数的增加，正面出现的频率越来越接近于 0.5. 实践表明，频率虽然不是固定的，但当试验次数 n 充分大时，事件 A 的频率就会在一个确定实数 $P(A)$ 处波动. 一般地，试验次数越多，频率的波动越小，这叫作**频率的稳定性**.

杜威（Dewey G.）统计了约 438023 个英文单词中各个字母出现的频率，发现英语中 26 个字母出现的频率从高到低依次是 E、T、O、A、N、I、R、S、H、D、L、C、F、U、M、P、Y、W、G、B、V、K、X、J、Q、Z，且频率相当稳定. 字母使用频率的研究，在打字机键盘的设计、信息的编码、密码的破译等领域都有重要的应用.

当试验次数充分多时，频率稳定地趋向的实数 $P(A)$ 叫作事件 A 的**概率**，这是概率的频率定义，这个定义是奥地利数学家米泽斯于 1919 年提出的. 因此，可以用充分多次试验中事件 A 的频率作为事件 A 发生的概率的近似值，这是确定概率的一种有效方法.

例如，统计调查获得的某类事件发生的频率可作为该类事件概率的近似值. 如第六次全国人口普查统计数据显示男性人口占 51.27%，女性人口占 48.73%，所以从全国随机抽取 1 人是男性的概率近似为 51.27%.

概率的频率定义使得通过计算机大量重复试验近似求解事件的概率成为可能，此方法称为**蒙特卡罗法**. 应该指出的是，从应用角度看，概率的频率定义可以克服等可能性观点不易解决的某些困难，但从理论上讲，这种定义方法也是不够严谨的.

1.2.3 古典概率

在公元前 2000 年的埃及古墓中发现了正方形的骰子，可想而知当时就出现了掷骰子的游戏.

掷一枚均匀的骰子，出现 2 点的可能性有多大呢？点数小于 3 的可能性有多大呢？将掷一枚均匀的骰子看作一次试验，设事件 $A = \{2 \text{ 点}\}$，事件 $B = \{\text{点数小于 3}\}$. 因为样本空间包含 6 个样本点，可以认为这 6 个样本点出现的可能性相同，A 只包含 1 个样本点，B 包含 2 个样本点，因此自然想到，A 发生的可能性为 $\frac{1}{6}$，B 发生的可能性为 $\frac{1}{3}$，换句话说，$\frac{1}{6}$ 度量了事件 A 发生的可能性大小，$\frac{1}{3}$ 度量了事件 B 发生的可能性大小.

1814 年拉普拉斯（P. S. Laplace，1749—1827）在《分析概率》一书中给出了概率的古典定义：事件 A 的概率 $P(A)$ 等于一次试验中有利于事件 A 的可能的结果数与该试验中所有可能的结果数之比.

拉普拉斯

定义 1.2.1 设样本空间 $\Omega = \{\omega_1, \omega_2, \cdots, \omega_n\}$ 中有 n 个样本点 $\omega_1, \omega_2, \cdots, \omega_n$，且各样本点是等可能发生的，事件 A 中有 m 个样本点，则称

$$P(A) = \frac{m}{n} \tag{1.2.1}$$

为事件 A 的**古典概率**，简称**概率**.

计算古典概率时，样本点的个数可以借助排列组合数来计算.

从 n 个不同元素中任取 $m(m \leqslant n)$ 个元素排成一列（考虑元素先后出现次序），称为一个排列，此种排列的总数记作 P_n^m，即

$$P_n^m = n \times (n-1) \times (n-2) \times \cdots \times (n-m+1) = \frac{n!}{(n-m)!}.$$

从 n 个不同元素中任取 $m(m \leqslant n)$ 个元素组成一组（不考虑元素间的先后次序），称为一个组合，此种组合的总数记作 C_n^m，即

$$C_n^m = \frac{P_n^m}{m!} = \frac{n!}{m!(n-m)!}.$$

例 1.2.2 随机选 10 个人，试求这 10 个人生日不在同一天的概率.

解 设 A 表示事件 "10 个人生日不在同一天". 每个人在一年 365 天中任何一天出生是等可能的，随机选的 10 个人的生日共有 365^{10} 种可能，所以样本空间中的样本点个数为

$n = 365^{10}$. 10 个人生日不在同一天，可以看作是从 365 天里选出 10 天进行排列，所以 A 中的样本点个数为 $m = \mathrm{P}_{365}^{10}$. 由古典概率的定义，有

$$P(A) = \frac{m}{n} = \frac{\mathrm{P}_{365}^{10}}{365^{10}} \approx 0.8831.$$

例 1.2.3　从一个班里的 36 名同学中随机选 3 名同学当班干部，试求其中甲同学当选的概率.

解　设 A 表示事件"甲同学当选". 从 36 名同学中随机选 3 名同学共有 C_{36}^3 可能，所以样本空间中样本点的个数为 $n = \mathrm{C}_{36}^3$. 若要甲同学当选只需从剩下的 35 名同学中随机选 2 名即可，即甲同学当选的可能情况有 C_{35}^2 种，所以 A 中的样本点个数为 $m = \mathrm{C}_{35}^2$. 由古典概率的定义，有

$$P(A) = \frac{m}{n} = \frac{\mathrm{C}_{35}^2}{\mathrm{C}_{36}^3} \approx 0.0833.$$

例 1.2.4　已知某种产品 1000 件中有 50 件次品（次品率为 5%）. 试求从 1000 件这种产品中随机抽取 100 件，其中恰有 5 件次品的概率.

解　设 A 表示事件"恰有 5 件次品". 因从 1000 件产品中随机抽取 100 件共有 C_{1000}^{100} 种可能取法，所以样本空间中样本点的个数为 $n = \mathrm{C}_{1000}^{100}$. 又因为是随机抽取，所以这 C_{1000}^{100} 个样本点是等可能的. 100 件产品中恰有 5 件次品共有 $\mathrm{C}_{950}^{95}\mathrm{C}_{50}^5$ 种可能的取法，所以 A 中的样本点个数为 $m = \mathrm{C}_{950}^{95}\mathrm{C}_{50}^5$. 由古典概率的定义，

$$P(A) = \frac{m}{n} = \frac{\mathrm{C}_{950}^{95}\mathrm{C}_{50}^5}{\mathrm{C}_{1000}^{100}} \approx 0.1897.$$

例 1.2.5　盒子中有 100 张彩票，其中只有 10 张有奖，现在把彩票随机地一张张摸出来，摸完后再开奖. 试求第 $k\,(1 \leqslant k \leqslant 100)$ 次摸到奖的概率.

解　设 A 表示事件"第 $k\,(1 \leqslant k \leqslant 100)$ 次摸到奖". 把 100 张彩票都看作是不同的(设想它们已编号)，若把摸出的彩票依次排列在 100 个位置上，则可能的排列法为 100!，把它们作为样本点全体，样本空间中样本点的个数为 $n = 100!$. 第 k 次要摸到奖，可以设想先在第 k 个位置上放一张有奖彩票，其余 99 个位置上随机地各放一张彩票，则第 k 个位置上有 10 种可能，其余 99 张彩票的排列有 99! 种可能. 所以第 k 次要摸到奖共有 $10 \times 99!$ 种可能，故 A 中的样本点个数为 $m = 10 \times 99!$. 由古典概率的定义，有

$$P(A) = \frac{m}{n} = \frac{10 \times 99!}{100!} = \frac{1}{10},$$

这个结果说明中奖概率与摸彩票先后顺序无关.

1.2.4　几何概率

古典概率要求样本空间是有限的，样本点是等可能发生的. 当样本空间是无限的，样本

点是等可能发生的，可用几何概率度量事件的概率.

　　1706 年法国数学家蒲丰（George-Louis Leclerc de Buffon，1707—1788）
在《偶然性的算术试验》一书中把概率和几何结合起来，开始了几何概率
的研究，他提出的"蒲丰问题"就是采取几何概率的方法来求圆周率π.

蒲丰

　　在区间 $[1,5]$ 内做随机投点试验，假设每次都能投中区间 $[1,5]$，且 $[1,5]$ 内
每个点被投中的可能性相等，则投中区间 $[2,4]$ 的概率是多少呢？由
于区间 $[1,5]$ 的长度为 4，而 $[2,4]$ 的长度为 2，每个点被投中的可能性
相同，自然想到 $[2,4]$ 被投中的可能性为 $\frac{2}{4}=0.5$. 长度是一维空间的
测度，所以 $[2,4]$ 被投中的可能性是 $[2,4]$ 的测度比 $[1,5]$ 的测度.

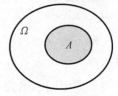

图 1.2.1　几何概率

　　定义 1.2.2　若样本空间 Ω 构成 n 维空间的一个有限可测区域，
且样本空间中的点是等可能出现的，而事件 $A \subset \Omega$ 构成 Ω 的某一部分可测区域，如图 1.2.1
所示，则称

$$P(A) = \frac{A \text{ 的测度}}{\Omega \text{ 的测度}} \qquad (1.2.2)$$

为事件 A 的**几何概率**，简称**概率**. 当 $A = \varnothing$ 时，规定 $P(A) = 0$.

　　定义 1.2.2 中的"测度"可以这样理解：$n=1$ 时，它指长度；$n=2$
时，它指面积；$n=3$ 时，它指体积.

　　例 1.2.6　甲、乙两人约定 8 时到 9 时之间在某地会面，并约定先
到者等候后到者 15 分钟即可离去. 假设甲、乙两人在 8 时到 9 时之间
的任何时刻到达的可能性都相同，试求两人能会面的概率.

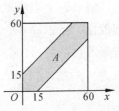

图 1.2.2　会面问题

　　解　设 A 表示事件"两人能会面". 如图 1.2.2 所示，在平面上建立直角坐标系，以 x 和 y
分别表示甲、乙两人到达约会地点的时间. 样本空间是边长为 60（分钟）的正方形区域，
$\Omega = \{(x,y):0 \leqslant x \leqslant 60, 0 \leqslant y \leqslant 60\}$. 因约定先到者等候后到者 15 分钟即可离去，所以两人能会
面必须满足 $|x-y| \leqslant 15$，$x-15 \leqslant y \leqslant x+15$，事件 A 是阴影部分表示的区域. 依题意知，这是一
个几何概率问题.

　　Ω 的面积为 $S_\Omega = 60^2$，A 的面积为 $S_A = 60^2 - 45^2$，由定义 1.2.2 知，

$$P(A) = \frac{S_A}{S_\Omega} = \frac{60^2 - 45^2}{60^2} = 0.4375 .$$

　　例 1.2.7　设一个质点会落在 xOy 平面上由 x 轴，$x=1$ 及直线 $y=x$
所围成的三角形内，且落在这三角形内各点处的可能性相等. 试求此质
点落在 $y=x^2$ 以上区域的概率.

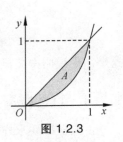

图 1.2.3

　　解　设 A 表示事件"质点落在 $y=x^2$ 以上区域". 如图 1.2.3 所示，
样本空间是边长为 1 的等腰直角三角形区域，
$\Omega = \{(x,y):0 < x < 1, 0 < y < x\}$，事件 A 是阴影部分表示的区域，

$A = \{(x, y) : 0 < x < 1, x^2 < y < x\}$. 依题意知，这是一个几何概率问题.

Ω 的面积为 $S_\Omega = \dfrac{1}{2}$，A 的面积为 $S_A = \int_0^1 (x - x^2) \mathrm{d}x = \dfrac{1}{6}$，由定义 1.2.2 知，

$$P(A) = \frac{S_A}{S_\Omega} = \frac{1}{3}.$$

1.2.5*　概率的公理化定义

柯尔莫哥洛夫

概率的定义经历了主观定义、古典定义、几何定义、频率定义. 但是到 19 世纪末几何定义出现了贝特朗悖论. 这反映了几何概率的逻辑基础是不够严密的，同时也说明拉普拉斯关于概率的古典定义带有很大的局限性. 1900 年，德国数学家希尔伯特（Hilbert，1862—1943）在国际数学家大会上提出建立概率论公理化体系的问题. 最先从事这方面研究工作的有法国的波莱尔（E. Borel，1871—1956）、苏联的伯恩斯坦（Бернштейн，1880—1968）等数学家，但他们提出的几种公理体系在数学上都不够严密. 到了 20 世纪 30 年代，随着对大数定律的深入研究，概率论与测度论的联系愈来愈明显. 在这种背景下，苏联数学家柯尔莫哥洛夫（А. Н. Колмогоров，1903—1987）于 1933 年在他的《概率论基础》一书中首次给出了一套严密的概率论公理体系，得到举世公认. 概率论公理体系的第一个基本概念是随机试验的"基本事件集合"，可能的基本事件组成的任意集合被称为随机事件. 这样概率论公理体系使随机事件的运算和集合运算统一起来，使概率论成为一门严谨的演绎科学. 概率论公理体系是概率论发展史上的一个里程碑，为现代概率论的蓬勃发展打下了坚实的基础.

由试验 E 的一切事件组成的集合称为**事件域**，记作 $F = \{A : A \subset \Omega\}$. 例如，若样本空间 $\Omega = \{0, 1\}$，则事件域为 $F = \{\varnothing, \{0\}, \{1\}, \Omega\}$.

定义 1.2.3（概率的公理化定义）　设 Ω 是试验 E 的样本空间，F 为试验 E 的事件域. 如果对任一事件 $A \in F$，定义在 F 上的一个实值函数 $P(A)$ 满足：

公理 1（非负性）：$\forall A \in F, P(A) \geqslant 0$.

公理 2（正则性）：$P(\Omega) = 1$.

公理 3（可列可加性）：若事件 $A_1, A_2, \cdots, A_i, \cdots$ 两两互不相容，则

$$P\left(\bigcup_{i=1}^{+\infty} A_i\right) = \sum_{i=1}^{+\infty} P(A_i)$$

则称 $P(A)$ 为事件 A 的**概率**，称三元素 (Ω, F, P) 为**概率空间**.

概率的公理化定义刻画了概率的本质，囊括了其他概率定义的特征. 若定义在事件域上的函数 $P(A)$ 满足以上三条公理，就可以称为概率，不满足三条公理中的任何一条，都不能算作概率. 概率的公理化定义虽然给出了理论上的概率定义，但用其确定事件的具体概率却不太容易. 实践中主要用主观定义、古典定义、几何定义、频率定义来确定事件的概率.

1.2.6　概率的性质与公式

下面借助维恩图以几何概率为依据介绍概率的一些重要性质和公式. 如图 1.1.1 ~ 图 1.1.6 所示, 设表示样本空间的矩形的面积为 1, 且矩形中的点是等可能出现的, 则表示事件 A 和 B 的圆的面积即事件 A 和 B 的概率, 显然有

（1）不可能事件的概率为 0, 即 $P(\varnothing) = 0$; 必然事件的概率为 1, 即 $P(\Omega) = 1$.

（2）若 $AB = \varnothing$, 则

$$P(A \cup B) = P(A) + P(B).\qquad(1.2.3)$$

一般地, 若 $A_i(i = 1, 2, \cdots, n)$ 为 n 个事件, 且 $A_i A_j = \varnothing(i \neq j)$, 则

$$P\left(\bigcup_{i=1}^{n} A_i\right) = \sum_{i=1}^{n} P(A_i).\qquad(1.2.4)$$

（3）对任意的三个事件 A, B, C, 有

$$P(A \cup B) = P(A) + P(B) - P(AB),\qquad(1.2.5)$$

$$P(A \cup B \cup C) = P(A) + P(B) + P(C) - P(AB) - P(BC) - P(CA) + P(ABC).\qquad(1.2.6)$$

（4）对任一事件 A, 有

$$P(\overline{A}) = 1 - P(A).\qquad(1.2.7)$$

（5）对任意的两个事件 A 和 B, 有

$$P(A - B) = P(A\overline{B}) = P(A) - P(AB).\qquad(1.2.8)$$

例 1.2.8　设 A 和 B 是两个事件, $P(A) = 0.4, P(B) = 0.3, P(A \cup B) = 0.6$. 试求 $P(A\overline{B})$.

解　由于 $P(A \cup B) = P(A) + P(B) - P(AB)$, 所以

$$P(AB) = P(A) + P(B) - P(A \cup B) = 0.4 + 0.3 - 0.6 = 0.1,$$

$$P(A\overline{B}) = P(A) - P(AB) = 0.4 - 0.1 = 0.3.$$

例 1.2.9　设 A 和 B 是两个事件, $P(A\overline{B}) = 0.4, P(B) = 0.3$. 试求 $P(\overline{A}\overline{B})$.

解　由于 $P(A \cup B) = P(A) + P(B) - P(AB) = P(A\overline{B}) + P(B) = 0.4 + 0.3 = 0.7$, 所以

$$P(\overline{A}\overline{B}) = 1 - P(A \cup B) = 1 - 0.7 = 0.3.$$

例 1.2.10　设 A 和 B 是两个事件, 且 $P(A) = p, P(AB) = P(\overline{A}\overline{B})$. 试求 $P(B)$.

解　由于 $P(\overline{A}\overline{B}) = 1 - P(A \cup B) = 1 - P(A) - P(B) + P(AB)$, 又 $P(A) = p$, $P(AB) = P(\overline{A}\overline{B})$, 故 $P(B) = 1 - P(A) = 1 - p$.

例 1.2.11　袋中有大小形状相同的 4 个白球和 2 个红球. 从袋中先后无放回地各随机抽取 1 个球. 设 A 表示事件"第一次取到白球", B 表示事件"第二次取到白球". 试求:

（1）第一次取到白球的概率;

（2）两次都取到白球的概率;

（3）第一次取到红球，第二次取到白球的概率；

（4）第二次取到白球的概率；

（5）两次取到的球颜色不同的概率；

（6）两次取到的球颜色相同的概率；

（7）两次至少取到一个白球的概率.

解　（1）第一次取到白球的概率，即 $P(A) = \dfrac{2}{3}$；

（2）两次都取到白球的概率，即 $P(AB) = \dfrac{P_4^1 P_3^1}{P_6^2} = \dfrac{2}{5}$；

（3）第一次取到红球，第二次取到白球的概率，即 $P(\bar{A}B) = \dfrac{P_2^1 P_4^1}{P_6^2} = \dfrac{4}{15}$；

（4）第二次取到白球的概率，即

$$P(B) = p(AB \bigcup \bar{A}B) = P(AB) + P(\bar{A}B) = \frac{P_4^1 P_3^1}{P_6^2} + \frac{P_2^1 P_4^1}{P_6^2} = \frac{2}{3};$$

（5）两次取到的球颜色不同的概率，即

$$P(A\bar{B} \bigcup \bar{A}B) = P(A\bar{B}) + P(\bar{A}B) = \frac{P_4^1 P_2^1}{P_6^2} + \frac{P_2^1 P_4^1}{P_6^2} = \frac{8}{15};$$

（6）两次取到的球颜色相同的概率，即

$$P(AB \bigcup \bar{A}\bar{B}) = P(AB) + P(\bar{A}\bar{B}) = \frac{P_4^1 P_3^1}{P_6^2} + \frac{P_2^1 P_1^1}{P_6^2} = \frac{7}{15};$$

（7）两次至少取到一个白球的概率，即

$$P(A \bigcup B) = 1 - P(\bar{A}\bar{B}) = 1 - \frac{P_2^1 P_1^1}{P_6^2} = \frac{14}{15}.$$

不论采用哪种概率定义，把握概率的含义都应注意两点：

第一，概率是试验之前对事件发生的可能性大小的一种度量，试验之后结果是确定的. 概率体现了可能性和现实性的对立统一，可能性是潜在的、尚未成为现实的东西，现实性则是已经实现了的可能性. 可能性和现实性相互依存，相互关联，相互渗透，并在一定条件下相互转化.

第二，概率体现的是多次试验中频率的稳定性. 概率又体现了现象和本质的对立统一. 现象是外在的、个别的、具体的，本质则是内在的、一般的、抽象的. 二者又是统一的，没有脱离本质的现象，也没有脱离现象的本质，现象是本质的外露和表现，现象背后隐藏着事物的本质. 例如，掷一枚均匀的硬币，出现正面的概率为 $\dfrac{1}{2}$ 不能简单地理解为'两次试验中一定会出现一次正面'，而是大量重复试验，正面出现的次数接近 $\dfrac{1}{2}$，这是本质. 同样，产品的次品率为 2%，不能理解为取 100 件必定出现 2 件次品，而是取出充分多件产品时，次品数接近 2%.

习题 1.2

1. 下列叙述正确的是（　　）.

（A）人们使用主观概率的原因是该事件的概率无法计算

（B）因为主观概率不精确，所以在实践中不能用

（C）主观概率就是随口说一下事件发生的可能性大小

（D）主观概率是对事件发生的可能性大小的主观判断，其准确性有待检验

2. 下列叙述正确的是（　　）.

（A）概率是频率的极限值

（B）频率是概率的近似值

（C）试验次数相同，频率就相同

（D）某事件的概率为 0.5，则试验次数大于某个数 N 后，频率与 0.5 之差的绝对值就会小于 0.001

3. 古典概型的特点有（　　）.

（A）样本点比较少

（B）样本空间是有限集

（C）样本点的个数可以用排列组合数计算

（D）各样本点是等可能发生的

4. 一部 4 册的文集随机地放到书架上去，试求各册自右向左或自左向右恰成 1，2，3，4 顺序的概率.

5. 掷 3 枚硬币，试求至少出现一个正面的概率.

6. 口袋中有大小形状都相同的 7 个白球和 3 个黑球，从中不放回地随机取 2 个，试求取到的 2 个球颜色相同的概率.

7. 袋中有标号为 0 至 9 的 10 个大小形状都相同的球，从中随机取 3 个球，试求：

（1）最小号码为 5 的概率；

（2）最大号码为 5 的概率.

8. 10 个人从第 1 层进入有 30 层楼的电梯，假如每个人在任一层走出电梯是等可能的，试求这 10 个人在不同楼层走出的概率.

9. 随机取两个正整数，试求它们的和为偶数的概率.

10. 有 10 个砝码，其质量分别为 1 克、2 克、……、10 克，从中随机取出 3 个，试求取出的 3 个砝码中，一个小于 5 克、一个等于 5 克、另一个大于 5 克的概率.

11. 设 9 件产品中有 7 件合格品和 2 件不合格品. 从中不放回地随机取 2 件，分别求取出的 2 件中全是合格品、仅有一件合格品和没有合格品的概率.

12. 从一副扑克牌中随机取 4 张，试求下列事件的概率：

（1）全是黑桃；（2）同花；（3）没有两张同一花色；（4）同色.

13. 几何概型的特点有（　　）.

（A）样本空间是无限集　　　　　　　（B）样本点是等可能发生的

（C）样本空间是可测的　　　　　　　（D）样本空间是二维空间

14. 在半径为 R 的圆内画平行弦，设这些弦与垂直于它们的直径的交点在该直径上的位置是等可能的. 试求所画弦长度大于半径 R 的概率.

15. 在区间 $(0,1)$ 中随机地取两个不同的数，求两数之和小于 1.2 的概率.

16. 设一个质点落在 xOy 平面上由 x 轴、y 轴及直线 $x+y=1$ 所围成的三角形内，而落在这三角形内各点处的可能性相等. 试求此质点落在直线 $x=0.5$ 的左边的概率.

17. 甲、乙两艘轮船驶向一个不能同时停泊两艘轮船的码头，它们在一昼夜内到达的时间是等可能的. 如果甲船的停泊时间是 1 小时，乙船的停泊时间是 2 小时. 试求它们中任何一艘都不需要等候码头空出的概率.

18. 设 A,B 是两个事件，$P(A)=0.6, P(B)=0.7$. 试问在什么条件下 $P(AB)$ 最大，在什么条件下 $P(AB)$ 最小？

19. 设 A 和 B 是两个事件，则 $P(A-B)=$ （　　　　）.

（A）$P(A)-P(B)$　　　　　　　　（B）$P(A)-P(B)+P(\overline{A}B)$

（C）$P(A)-P(AB)$　　　　　　　　（D）$P(A)+P(\overline{B})-P(AB)$

20. 设事件 A 与 B 互不相容，则（　　　　）.

（A）$P(\overline{A}\overline{B})=0$　　　　　　　　（B）$P(AB)=P(A)P(B)$

（C）$P(\overline{A})=1-P(B)$　　　　　　　（D）$P(\overline{A}\cup\overline{B})=1$

21. 设 A,B 是两个事件，$P(A)=0.4, P(B)=0.3, P(A\cup B)=0.6$. 试求 $P(AB)$，$P(\overline{A}B)$，$P(A\overline{B})$，$P(\overline{A}\overline{B})$.

22. 某城市共发行三种报纸 A,B,C，该城市居民订购了 A 的有 45%，订购了 B 的有 35%，订购了 C 的有 30%，同时订购了 A,B 的有 10%，同时订购了 B,C 的有 5%，同时订购了 C,A 的有 8%，同时订购了 A,B,C 的有 3%. 试求：

（1）只订购 A 的概率；

（2）只订购 A 与 B 的概率；

（3）只订购一种报纸的概率；

（4）恰好订购两种报纸的概率；

（5）至少订购一种报纸的概率；

（6）不订购报纸的概率.

§1.3　条件概率与事件的独立性

事件的发生可能影响事件 B 的发生，也可能不影响事件 B 的发生. 1990 年 9 月，美国畅销杂志 *Parade* 的"玛丽莲"专栏刊登了一道趣味数学题：有三扇门供选择，其中一扇门的后面是汽车，另外两扇门的后面都是山羊，你当然想选中汽车. 主持人先让你随意选，比如你选了一号门，这时主持人打开了三号门，门的后面是一只山羊，现在主持人问："为了以较大概率选中汽车，你是坚持选一号门，还是愿意换选二号门？"

这道数学题引起了美国 1000 多所大、中、小学师生们的激烈争论. 在给"玛丽莲"专栏的 1 万多封读者来信中，有 1000 多封是具有博士学位的读者写的，他们都说"玛丽莲"专栏所公布的答案"应该换选二号门"是错的. 之所以有如此的争论，其原因是主持人打开了三号门影响了得到汽车的概率. 你认为该如何选择呢？

1.3.1　条件概率

袋中有形状大小都相同的 3 个球，其中 1 个纯白色球、1 个纯黑色球、1 个黑白两色球. 从中随机取 1 个球，设 A 表示事件"取到纯黑色球"，B 表示事件"取到带黑颜色球"，$A|B$ 表示事件"已知取到带黑颜色球的情况下是纯黑色球".

显然 $P(A)=\dfrac{1}{3}, P(B)=\dfrac{2}{3}, P(AB)=\dfrac{1}{3}, P(A|B)=\dfrac{1}{2}$ ，不难发现 $P(A|B)=\dfrac{P(AB)}{P(B)}$.

定义 1.3.1　设 A 和 B 是两个事件，$P(B)>0$ ，称

$$P(A|B)=\frac{P(AB)}{P(B)} \tag{1.3.1}$$

为在已知事件 B 发生的条件下，事件 A 发生的**条件概率**.

由条件概率的定义可知，对任意两个事件 A 和 B ，若 $P(A)>0, P(B)>0$ ，则有

$$P(AB)=P(B)P(A|B)=P(A)P(B|A) , \tag{1.3.2}$$

称式（1.3.2）为概率的**乘法公式**.

例 1.3.1　某班有 18 名男生 12 名女生，其中男学生干部 3 名、女学生干部 2 名，从班里随机选一名学生. 试求：

（1）选到男生的概率；

（2）选到男学生干部的概率；

（3）选到男生情况下是学生干部的概率.

解　设 B 表示事件"随机选一名学生是男生"，A 表示事件"是学生干部"，则

（1）选到男生的概率为 $P(B)=\dfrac{18}{30}=0.6$ ；

（2）选到男学生干部的概率为 $P(AB)=\dfrac{3}{30}=0.1$ ；

（3）选到男生情况下是学生干部的概率为 $P(A|B)=\dfrac{P(AB)}{P(B)}=\dfrac{0.1}{0.6}=\dfrac{1}{6}$.

例 1.3.2　设有 1000 件产品，其中 850 件是正品、150 件是次品，从中先后不放回地随机抽取 2 件. 试求 2 件都是次品的概率.

解　设 $A_i(i=1,2)$ 表示事件"第 i 次抽取到的是次品"，则 2 件都是次品的概率为 $P(A_1A_2)$. 有

$$P(A_1) = \frac{150}{1000}, P(A_2 | A_1) = \frac{149}{999},$$

故　　　　　　$$P(A_1 A_2) = P(A_1)P(A_2 | A_1) = \frac{150}{1000} \times \frac{149}{999} \approx 0.0224 .$$

下面给出一个事件在多种条件下发生的概率计算公式，先看一个例子.

例 1.3.3　一批某种产品是由三家工厂生产的，其中第一家工厂生产了 50%，其余两家工厂各生产了 25%. 已知第一、第二、第三家工厂生产的产品不合格率分别是 2%，3%，4%. 现从该批产品中随机取一件产品，试问取到不合格品的概率是多少？

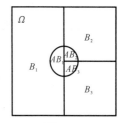

图 1.3.1

解　设 $B_i(i = 1,2,3)$ 表示事件"取到第 i 家工厂生产的产品"，A 表示事件"取到的产品不合格". 事件 B_1, B_2, B_3, A 的关系如图 1.3.1 所示. 由题意可知，

$$P(B_1) = 0.5 , P(B_2) = P(B_3) = 0.25 ,$$

$$P(A | B_1) = 0.02 , P(A | B_2) = 0.03 , P(A | B_3) = 0.04 .$$

由 $\Omega = B_1 \bigcup B_2 \bigcup B_3$ 且 B_1, B_2, B_3 互不相容，得

$$A = A\Omega = A(B_1 \bigcup B_2 \bigcup B_3) = AB_1 \bigcup AB_2 \bigcup AB_3 .$$

再由 AB_1, AB_2, AB_3 两两互不相容，得

$$\begin{aligned}
P(A) &= P(AB_1 \bigcup AB_2 \bigcup AB_3) = P(AB_1) + P(AB_2) + P(AB_3) \\
&= P(B_1)P(A | B_1) + P(B_2)P(A | B_2) + P(B_3)P(A | B_3) \\
&= 0.5 \times 0.02 + 0.25 \times 0.03 + 0.25 \times 0.04 = 0.0275 .
\end{aligned}$$

定理 1.3.1　设 $B_i(i = 1,2,\cdots,n)$ 是一列互不相容的事件，且有 $\bigcup\limits_{i=1}^{n} B_i = \Omega$ 与 $P(B_i) > 0 (i = 1,2,\cdots,n)$，则对任一事件 A，有

$$P(A) = \sum_{i=1}^{n} P(B_i)P(A | B_i) , \qquad\qquad (1.3.3)$$

称式（1.3.3）为**全概率公式**.

例 1.3.4（敏感性问题调查）*　对涉及个人隐私或不便公开自己见解的敏感性问题进行调查，需要精心设计调查方案，既要取得真实的数据又不能泄露被调查者的观点. 美国社会学家沃纳（Warner）1965 年首先引入随机化回答技术（Randomized Response Technique，RRT），称为 Warner 模型. 被调查者被请进一间没有调查者的单独调查室，自己完成调查过程. 调查室的桌子上有一个密封的投票箱、一个装有红球和白球的罐子、一张只有 A 和 B 两个问题的调查问卷. A 问题和 B 问题是对一个敏感问题提出的两个相关联却又相反的描述语句（有敏感问题与没有敏感问题），例如：

A 问题：你有×××观点吗？	□是	□否
B 问题：你没有×××观点吗？	□是	□否

调查过程分三步：第一步是被调查者先从装有红球和白球的罐子里随机摸出一球，若摸到红球，则回答 A 问题，若摸到白球，则回答 B 问题．第二步是完成问卷，被调查者无论回答 A 问题还是 B 问题只需在问卷上认可的方框内打"√"或打"×"．第三步是将完成的问卷放入密封的投票箱内．这样调查者就无从知晓被调查者回答的是 A 问题还是 B 问题，是认可观点还是否认观点．

1967 年西蒙斯（Simmons）对 Warner 模型做了一定改进，改用与敏感问题 A 无关的非敏感问题 B 替代前述的对立问题从而得到了 Simmons 模型．例如：

A 问题：你有×××观点吗？	□是	□否
B 问题：你的生日是在 7 月 1 日之前吗？	□是	□否

例如，在对某个敏感性问题的调查中，共收回了 1000 份问卷，其中有 250 份问卷回答"是"．而罐子里有 20 个白球、30 个红球．

设 B 表示事件"摸到白球"，$\overline{B}$ 表示事件"摸到红球"，A 表示事件"回答'是'"，有

$$P(B) = 0.4, P(\overline{B}) = 0.6, P(A|B) = 0.5, P(A|\overline{B}) = p，$$

则

$$P(A) = P(B)P(A|B) + P(\overline{B})P(A|\overline{B}) = 0.4×0.5 + 0.6×p，$$

1000 份问卷中回答"是"的频率为 0.25，以此作为概率 $P(A)$ 的估计值，即

$$0.25 ≈ 0.4×0.5 + 0.6×p，$$

故 $p ≈ 0.0833$．这表明有 8.33%的被调查者持有×××观点．

1.3.2　事件的独立性

如果事件 A 的发生对事件 B 的发生没有影响，则自然应该有 $P(A) = P(A|B)$，此时必有 $P(AB) = P(A)P(B)$．

定义 1.3.2　对任意两个事件 A 和 B，若

$$P(AB) = P(A)P(B) \tag{1.3.4}$$

成立，则称事件 A 和 B **相互独立**．

通俗地讲，事件 A 和 B 相互独立是指 A 是否发生与 B 是否发生没有关系，如先后掷两枚均匀的硬币，令 $A = \{$第一枚硬币出现正面$\}$，$B = \{$第二枚硬币出现正面$\}$，显然 A 与 B 相互独立，因为 A 或 B 是否发生互不影响．

定理 1.3.2　设 A 和 B 是两个事件．

（1）若 $P(B) > 0$，则 A 与 B 独立的充要条件是

$$P(A) = P(A|B)． \tag{1.3.5}$$

（2）若 A 与 B 相互独立，则 A 与 $\bar{B}$，$\bar{A}$ 与 B，$\bar{A}$ 与 $\bar{B}$ 也相互独立.

事件的独立性概念可推广到 n 个事件的情形.

定义 1.3.3 若从 n 个事件 $A_i(i=1,2,\cdots,n)$ 中随机取 $r(r=2,3,\cdots,n)$ 个事件 $A_{i_1},A_{i_2},\cdots,A_{i_r}$ 都有

$$P(A_{i_1}A_{i_2}\cdots A_{i_r})=P(A_{i_1})P(A_{i_2})\cdots P(A_{i_r}),\qquad（1.3.6）$$

则称事件 $A_i(i=1,2,\cdots,n)$ **相互独立**.

事件的独立性在实际问题中往往不是用定义来检验的，而是根据具体情况来判断的.

例 1.3.5 双色球彩票是一种大盘玩法游戏，属乐透型彩票范畴，由中国福利彩票发行管理中心统一组织发行，在全国范围内销售. 双色球投注区分为红球号码区和蓝球号码区，红球号码范围为 01～33，蓝球号码范围为 01～16. 双色球每期从 33 个红球中开出 6 个号码、从 16 个蓝球中开出 1 个号码作为中奖号码，双色球玩法即竞猜开奖号码的 6 个红球号码和 1 个蓝球号码，顺序不限. 一等奖为 6 个红球和 1 个蓝球的号码全猜中. 试求：

（1）购买一张双色球彩票中一等奖的概率；

（2）每周买一张，连续买 10 年至少中一次一等奖的概率（一年按 52 周算）.

解 设 A 表示事件"购买一张双色球彩票中一等奖"，B 表示事件"每周买一张，连续买 10 年至少中一次一等奖".

（1）6 个红球号码和 1 个蓝球号码共有 $C_{16}^1 C_{33}^6$ 中排列组合方式，所以样本空间中的样本点个数为 $n=C_{16}^1 C_{33}^6$. 一等奖只有唯一的一组号码，因此 A 中的样本点个数为 $m=1$. 由古典概率的定义，有

$$P(A)=\frac{m}{n}=\frac{1}{C_{16}^1 C_{33}^6}=\frac{1}{17\,721\,088}\approx 0.000\,000\,06.$$

（2）每周买一张，连续买 10 年，每次是否中一等奖是相互独立的，这样 10 年都不中一等奖的概率为 $(1-P(A))^{520}$. 因此

$$P(B)=1-(1-P(A))^{520}\approx 0.000\,029\,34.$$

如果一个事件发生的概率非常小，我们称其为**小概率事件**."小概率事件在一次试验中几乎是不可能发生的"称为**小概率事件的实际不可能性原理**.

例 1.3.6 加工某种零件需经过三道工序，设第一、第二、第三道工序出现不合格品的概率分别是 2%，3% 和 5%，设三道工序的工作互不影响. 试求随机抽取一个零件是不合格品的概率.

解 设 A_1,A_2,A_3 分别表示事件"第一、第二、第三道工序出现不合格品"，B 表示事件"随机抽取一个零件是不合格品". 由题意知，

$$P(A_1)=0.02,P(A_2)=0.03,P(A_3)=0.05,P(\bar{A}_1)=0.98,P(\bar{A}_2)=0.97,P(\bar{A}_3)=0.95,$$

$$P(B)=P(A_1\bigcup A_2\bigcup A_3)=1-P(\bar{A}_1\bar{A}_2\bar{A}_3).$$

由于 A_1, A_2, A_3 相互独立，所以 $\overline{A}_1, \overline{A}_2, \overline{A}_3$ 也相互独立，则

$$P(B) = 1 - P(\overline{A}_1)P(\overline{A}_2)P(\overline{A}_3) = 1 - 0.98 \times 0.97 \times 0.95 \approx 0.0969.$$

例 1.3.7　对某一目标依次进行三次独立的射击，设第一、第二、第三次射击的命中率分别为 40%，50% 和 70%. 试求：

（1）三次射击中恰好有一次命中的概率；

（2）三次射击中至少有一次命中的概率.

解　设 $A_i (i = 1, 2, 3)$ 分别表示事件"第 i 次射击命中目标"，B 表示事件"三次中恰好有一次命中目标"，C 表示事件"三次中至少有一次命中目标". 由题意知，

$$B = \overline{A}_1\overline{A}_2 A_3 \cup \overline{A}_1 A_2 \overline{A}_3 \cup A_1 \overline{A}_2 \overline{A}_3, \quad C = A_1 \cup A_2 \cup A_3,$$

$$P(A_1) = 0.4, P(A_2) = 0.5, P(A_3) = 0.7, P(\overline{A}_1) = 0.6, P(\overline{A}_2) = 0.5, P(\overline{A}_3) = 0.3.$$

由 $A_i (i = 1, 2, 3)$ 的独立性知，

（1）$P(B) = P(\overline{A}_1)P(\overline{A}_2)P(A_3) + P(\overline{A}_1)P(A_2)P(\overline{A}_3) + P(A_1)P(\overline{A}_2)P(\overline{A}_3)$

$\qquad = 0.6 \times 0.5 \times 0.7 + 0.6 \times 0.5 \times 0.3 + 0.4 \times 0.5 \times 0.3 = 0.36;$

（2）$P(C) = 1 - P(\overline{A}_1\overline{A}_2\overline{A}_3) = 1 - P(\overline{A}_1)P(\overline{A}_2)P(\overline{A}_3) = 1 - 0.6 \times 0.5 \times 0.3 = 0.91.$

例 1.3.8　设某个系统由 4 个部件构成，其中每个部件的可靠性均为 99%，且各个部件的工作是彼此独立的. 现用这 4 个部件分别构成图 1.3.2 所示的系统 1 和图 1.3.3 所示的系统 2，试比较这两个系统可靠性的大小.

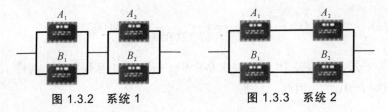

图 1.3.2　系统 1　　　　　　　图 1.3.3　系统 2

解　由题意可知，

$$P(A_1) = P(A_2) = P(B_1) = P(B_2) = 0.99.$$

系统 1 要正常工作，A_1 和 B_1 至少有一个是正常的，同时 A_2 和 B_2 至少有一个是正常的. 由于各个部件的工作是彼此独立的，所以系统 1 的可靠性为

$$P((A_1 \cup B_1) \cap (A_2 \cup B_2)) = (P(A_1) + P(B_1) - P(A_1 B_1))(P(A_2) + P(B_2) - P(A_2 B_2))$$

$$= (P(A_1) + P(B_1) - P(A_1)P(B_1))(P(A_2) + P(B_2) - P(A_2)P(B_2))$$

$$= (2 \times 0.99 - 0.99^2)^2 = 0.9998.$$

系统 2 要正常工作，A_1 和 A_2 都必须正常，或 B_1 和 B_1 都必须正常. 由于各个部件的工作是彼此独立的，所以系统 2 的可靠性为

$$P((A_1A_2)\bigcup(B_1B_2)) = P(A_1A_2) + P(B_1B_2) - P(A_1A_2B_1B_2)$$
$$= P(A_1)P(A_2) + P(B_1)P(B_2) - P(A_1)P(A_2)P(B_1)P(B_2)$$
$$= 2 \times 0.99^2 - 0.99^4 \approx 0.9996.$$

显然系统 1 的可靠性要高于系统 2.

习题 1.3

1. 在有三个孩子的某个家庭中，已知有一个女孩，试求此时至少有一个男孩的概率.

2. 设 A,B 是两个事件，且 $B \subset A$，则下列式子正确的是（　　）.

（A）$P(A\bigcup B) = P(A)$　　　　　　（B）$P(AB) = P(A)$

（C）$P(B|A) = P(B)$　　　　　　　　（D）$P(B-A) = P(B) - P(A)$

3. 已知事件 A,B 互不相容，$P(A) = 0.5, P(B) = 0.3$，试求 $P(A|B)$，$P(\overline{A}|B)$，$P(A|\overline{B})$ 和 $P(\overline{A}|\overline{B})$.

4. 设 A,B 是两个事件，$P(A) = 0.5, P(B) = 0.6, P(AB) = 0.3$，试求 $P(A|B)$，$P(\overline{A}|B)$，$P(A|\overline{B})$ 和 $P(\overline{A}|\overline{B})$.

5. 设某种动物活到 10 岁的概率为 0.8，而活到 15 岁的概率为 0.4. 试求现年 10 岁的动物能活到 15 岁的概率.

6. 设 20 件产品中有 5 件不合格品和 15 件合格品，从中任取 2 件，已知 2 件中有一件是不合格品. 试求另一件也是不合格品的概率.

7. 设 A,B 是两个事件，$P(B) \neq 0$. 证明 $P(\overline{A}|B) = 1 - P(A|B)$.

8. 某学生钥匙掉了，掉在宿舍里、掉在教室里、掉在路上的概率分别是 40%，35%和25%，而掉在上述三处地方被找到的概率分别是 80%，30%和 10%. 试求找到钥匙的概率.

9. 某批一等小麦种子中混有 2%的二等种子、1.5%的三等种子和 1%的四等种子. 已知一、二、三、四等种子能长成优良小麦的概率分别为 50%，15%，10%，5%. 试求这批种子能长成优良小麦的概率.

10. 某种无线电通信中，发出信号为"·"或"–". 由于随机干扰，当发出信号"·"时，收到的信号是"·""不清"和"–"的概率分别是 0.7，0.2，0.1；当发出信号"–"时，收到的信号是"·""不清"和"–"的概率分别是 0.02，0.08，0.9. 设整个发报过程中"·"和"–"发出的概率分别为 0.6 和 0.4，试求收到信号为"·""不清"和"–"的概率.

11. 根据以往的临床记录，患有某种疾病而血液化验呈阳性的概率为 0.95，未患有该种疾病而血液化验呈阳性的概率为 0.005，经普查得知人群中患有该疾病的概率为 0.003. 某被普查对象的血液化验呈阳性，试求他确实患有该疾病的概率.

12. 某学生在做一道有 4 个选项的单项选择题时，如果他不知道正确答案，就作随机猜测. 现从卷面上看题是答对了，试求在以下情况下，学生确实知道正确答案的概率：

（1）学生知道正确答案和胡乱猜测的概率都是 0.5；

（2）学生知道正确答案的概率是 0.2.

13. 在对"是否持有×××观点"的敏感性问题调查中，提出两个问题：①你是否持有×××观点？②你是否是龙年出生的？调查用 RRT 方法进行，抽到红球回答问题①，抽到白球回答问题②. 已知红球比例为 0.8，白球比例为 0.2，在一般人群中，龙年出生的比例为 0.09. 调查结果总的回答"是"的比例为 0.3，试求持有×××观点的比例.

14. 设 A,B 是两个事件，$P(A)=0.3,P(B)=0.5,P(AB)=0.15$，则（　　　）.

（A）$P(B|A)=P(B)$ 　　　　　　（B）$P(B|\overline{A})=P(B)$

（C）$P(A|B)=P(A)$ 　　　　　　（D）$P(A|\overline{B})=P(A)$

15. 事件 A 与 B 互相对立的充要条件是（　　　）.

（A）$P(AB)=P(A)P(B)$ 　　　　（B）$P(AB)=0$ 且 $P(A\cup B)=1$

（C）$AB=\varnothing$ 且 $A\cup B=\Omega$ 　　（D）$AB=\varnothing$

16. 设 A,B 为两个互逆事件，且 $P(A)>0,P(B)>0$，则（　　　）.

（A）$P(B|A)>0$ 　　　　　　　（B）$P(A|B)=P(A)$

（C）$P(A|B)=0$ 　　　　　　　（D）$P(AB)=P(A)P(B)$

17. 设 A,B 为两个事件，$P(A)=0.8,P(B)=0.7,P(A|B)=0.8$，则下列结论正确的是（　　　）.

（A）$B\supset A$ 　　　　　　　（B）$P(A\cup B)=P(A)+P(B)$

（C）事件 A 与事件 B 相互独立 　（D）事件 A 与事件 B 互逆

18. 设 A,B 为两个事件，$0<P(A)<1,0<P(B)<1,P(A|B)+P(\overline{A}|\overline{B})=1$，则（　　　）.

（A）事件 A 与 B 互不相容 　　（B）事件 A 与 B 互逆

（C）事件 A 与 B 不相互独立 　　（D）事件 A 与 B 相互独立

19. 证明：若事件 A 与 B 相互独立，则 A 与 $\overline{B}$，$\overline{A}$ 与 B，$\overline{A}$ 与 $\overline{B}$ 也相互独立.

20. 设 A,B 为两个事件，$P(A)=0.5,P(B)=0.6$，且 A 与 B 相互独立. 试求 $P(A\cup B)$，$P(A\overline{B})$，$P(A|B)$，$P(\overline{A}|B)$，$P(A|\overline{B})$ 和 $P(\overline{A}|\overline{B})$.

21. 设 A 与 B 为两个事件，已知 $P(A)=p,P(B)=0.3,P(\overline{A}\cup B)=0.7$.

（1）若事件 A 与 B 互不相容，试求 p 的值；

（2）若事件 A 与 B 相互独立，试求 p 的值.

22. 袋中有 4 个大小形状相同但颜色不同的球，其中 1 个是红色、1 个是白色、1 个黑色、1 个带有红白黑三色的彩色球. 随机取出 1 个球，设 A_1,A_2,A_3 分别表示事件"取到红色球""取到白色球""取到黑色球". 证明：事件 A_1,A_2,A_3 两两独立但三个事件不独立.

23. 某类灯泡使用时数在 1000 小时以上的概率是 0.2，试求 3 个灯泡都使用不到 1000 小时、都使用超过 1000 小时的概率.

24. 三人独立地破译一个密码，他们能单独译出的概率分别为 35%，30% 和 25%. 试求此密码被译出的概率.

25. 一射手对同一目标进行四次独立的射击，若至少射中一次的概率为 $\dfrac{80}{81}$. 试求此射手每次射击的命中率.

26. 向三个相邻的军火库投掷一枚炸弹，炸中第一个军火库的概率为 0.3，炸中其余两个军火库的概率各为 0.1. 只要炸中一个则另外两个必然爆炸. 试求军火库发生爆炸的概率.

27. 有甲、乙两批种子，发芽率分别为 0.8 和 0.9，在两批种子中各任取一粒. 试求：（1）两粒种子都能发芽的概率；（2）至少有一粒种子能发芽的概率；（3）恰好有一粒种子能发芽的概率.

28. 甲、乙两人独立地对同一目标射击一次，其命中率分别为 0.6 和 0.7，现已知目标至少被击中一次. 试求它是甲射中的概率.

29. 袋中有黑球、白球各 1 个，每次从袋中随机取 1 个球，取出的球不放回，但再放进 1 个白球. 试求第 n 次取得白球的概率.

30. 设电路由 A,B,C 三个元件组成，若元件 A,B,C 发生故障的概率分别是 0.3，0.2，0.2，且各元件独立工作. 试求在以下情况下，此电路发生故障的概率：

（1）A,B,C 三个元件串联；

（2）A,B,C 三个元件并联；

（3）元件 A 与两个并联的元件 B 及 C 串联.

31. 甲、乙、丙三人同时各用一发子弹对目标进行射击，三人各自击中目标的概率分别是 0.4，0.5，0.7. 目标被击中一发而冒烟的概率为 0.2，被击中两发而冒烟的概率为 0.6，被击中三发则必定冒烟. 试求目标冒烟的概率.

§1.4　Excel 在计算古典概率中的应用

Excel 是微软公司开发的集文字、数据、图形、图表于一身对数据进行计算、统计分析的一款优秀的办公软件. Excel 内置有许多常用函数和统计工具，利用这些函数或统计工具可以很方便地对一些问题进行统计分析，以后在各章中将陆续介绍这些函数或统计工具的使用.

古典概率的计算常常需要计算一些组合数、排列数、阶乘或幂，Excel 内置有这些常用函数，使用方法是点击"公式→插入函数 fx"，显示"插入函数"对话框，如图 1.4.1 所示，在"或选择类别(C):"中选择"数学与三角函数"，再在"选择函数(N):"中选择要应用的函数，点击"确定".

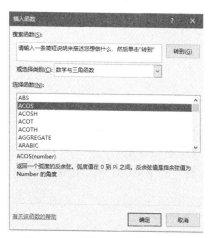

图 1.4.1　"插入函数"对话框

1.4.1　组合数

组合数的计算公式为

$$C_n^k = \frac{n!}{k!(n-k)!} ,$$

Excel 中的组合数函数为

COMBIN(number, number_chosen)

其中，number 表示对象的总个数，number_chosen 表示每个组合中选择的对象个数.

例 1.4.1　用 Excel 对例 1.2.4 进行求解.

解　在空白单元格输入函数=COMBIN(950,95)*COMBIN(50,5)/COMBIN(1000,100)，得所要求的概率约等于 0.1897.

1.4.2　排列数

排列数的计算公式为

$$P_n^k = \frac{n!}{(n-k)!} ,$$

Excel 中的排列数函数为

PERMUT(number, number_chosen)

其中，number 表示对象的总个数，number_chosen 表示每个排列中选择的对象个数.

1.4.3　阶乘

阶乘为 $n!$，Excel 中的阶乘函数为

FACT(number)

其中，number 表示阶乘 $n!$ 中的数 n.

例 1.4.2　用 Excel 对例 1.2.5 进行求解.

解　在空白单元格输入函数=10* FACT (99)/ FACT (100)，得所要求的概率约等于 0.1.

1.4.4　数的幂 x^n 函数

Excel 中的数的幂函数为

POWER(number, power)

其中，number 为底数 x，可以为任意实数；power 为指数 n.

例 1.4.3　用 Excel 对例 1.2.2 进行求解.

解　在空白单元格输入函数= PERMUT(365,10)/POWER(365,10)，得所要求的概率约等于 0.8831.

第 2 章　随机变量的分布及其数字特征

实践中只了解某个事件的概率是不够的. 制鞋厂需要了解某一消费人群脚的大小分布情况, 即大小不同的脚所占的比例, 以保证所生产的鞋不出现滞销或脱销. 人寿保险公司需要了解不同年龄的人出现意外死亡的概率, 以便针对不同年龄的投保人收取不同的保费.

对于投资者来讲, 风险资产的收益是不确定的, 投资者可能更关注其平均收益和风险 (可用方差刻画) 的大小. 日常的考试, 我们喜欢计算平均成绩, 为了考察成绩是否两极分化, 我们会计算成绩的方差或标准差. 平均成绩、平均收益、风险 (用方差刻画) 的大小和成绩的方差的理论基础是随机变量的数字特征.

荷兰数学家、物理学家惠更斯 (C. Huygens, 1629—1695), 法国数学家费尔马 (P. Fermat, 1601—1665)、帕斯卡 (B. Pascal, 1623—1662) 通过对随机博弈现象的深入研究, 建立了概率和数学期望等概念, 并对其基本性质和演算方法进行了研究, 塑造了概率论的雏形. 拉普拉斯 (P. S. Laplace, 1749—1827) 的《分析概率》, 实现了概率论由单纯的组合计算到分析方法的过渡. 切比雪夫最早建立并提倡使用随机变量概念, 并利用微积分方法对随机变量的分布进行了开创性的研究, 奠定了今天的连续性随机变量的基本研究方法.

本章主要内容有随机变量及其分布、随机变量的数字特征、常用分布和 Excel 中常用分布的函数等.

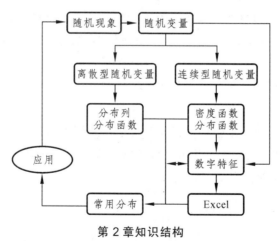

第 2 章知识结构

☆ 用数学方法处理随机现象, 首先需要对试验结果进行量化, 由此引入随机变量的概念.

☆ 随机变量可分为离散型随机变量和连续型随机变量. 离散型随机变量可用分布列或分布函数来刻画, 连续型随机变量可用密度函数或分布函数来刻画. 利用随机变量的分布可以计算概率和数字特征.

☆ 除了解随机变量的分布外, 还需要了解随机变量的某些数字特征, 如期望、方差等. 风险资产的平均收益、风险（可用方差刻画）都是数字特征的具体应用.

☆ 常用的随机变量有两点分布、二项分布、几何分布、负二项分布、泊松分布、均匀分布、指数分布、正态分布、χ^2 分布、t 分布、F 分布等, 其中正态分布在概率论与数理统计中占有重要地位. 利用常用分布可以计算现实中某类事件的概率或满足一定概率的事件临界值.

☆ Excel 内置有常用分布的函数, 利用这些函数可以进行常用分布的计算.

§2.1　随机变量及其分布

2.1.1　随机变量与分布函数

在第 1 章中, 许多事件都是用语言文字来描述的, 语言文字描述有其直观性的优点, 但不利于数学上的处理和计算. 为了用数学工具研究试验的结果及其概率, 需要对试验的样本点与样本空间以及事件进行量化.

例如, 用 X 表示掷一枚骰子出现的点数, X 的可能取值为 1, 2, 3, 4, 5 或 6, 所以 X 是一个不确定的变量. 再如, 用 Y 表示一台电视机的寿命, Y 的可能取值为 $(0, +\infty)$ 中的任何一个实数, 所以 Y 是一个不确定的变量. 掷一枚硬币的结果是"正面向上"或"正面向下", 如果用 Z 表示出现正面的次数, 则 Z 的可能取值为 0 或 1, Z 是一个不确定的变量, Z 取 0 时表明出现了反面, Z 取 1 时表明出现了正面.

定义 2.1.1　用来表示随机试验结果的变量称为**随机变量**, 常用大写字母 X, Y, Z 等表示.

可以用随机变量表示事件及其概率. 例如, 设 X 是掷一颗骰子出现的点数, 则 X 是随机变量, 事件"点数小于 3"可表示为 $\{X < 3\}$, 随机事件"点数小于 3"的概率可表示为 $P\{X < 3\}$.

对于随机变量 X, 有时会关心随着 X 的取值范围 $X \leqslant x$ 的增大, $P\{X \leqslant x\}$ 的变化情况. 如人寿保险公司需要知道随着人们年龄的增大, 发生意外死亡的概率变化, 以便设置合理的保费, 既吸引人们购买保险, 又使公司的利润达到最佳.

另外, 对于在一个区间上取值的随机变量 X, 由几何概率知, X 取任何实数的概率皆为 0, 只能考虑在某个区间上的概率, 也有必要了解 $P\{X \leqslant x\}$ 的变化情况.

定义 2.1.2　设 X 为随机变量, 称函数

$$F(x) = P\{X \leqslant x\}, -\infty < x < +\infty \tag{2.1.1}$$

为 X 的**累积概率分布函数**, 简称**分布函数**, 记作 $X \sim F(x)$, "$\sim$"读作服从.

由分布函数的定义可知,

$$P\{a < X \leqslant b\} = P\{X \leqslant b\} - P\{X \leqslant a\} = F(b) - F(a). \tag{2.1.2}$$

随机变量的分布函数 $F(x)$ 具有以下性质:

（1）单调性：若 $x_1 < x_2$，则 $F(x_1) \leqslant F(x_2)$.

（2）$F(-\infty) = \lim\limits_{x \to -\infty} F(x) = 0$；$F(+\infty) = \lim\limits_{x \to +\infty} F(x) = 1$.　　　　　　　（2.1.3）

（3）右连续：$F(x+0) = F(x), \forall x \in R$.

可以证明，满足上述三条性质的函数一定是某个随机变量的分布函数.

2.1.2　离散型随机变量及其概率分布

定义 2.1.3　若随机变量 X 的全部可能取值 $x_1, x_2, \cdots$ 是有限个或可列无穷多个，且

$$P\{X = x_i\} = p(x_i) = p_i, \quad i = 1, 2, \cdots,$$　　　　　　　（2.1.4）

则称 X 是一个**离散型随机变量**，并称 $P\{X = x_i\} = p(x_i) = p_i$ $(i = 1, 2, \cdots)$ 为 X 的**概率分布函数**或**分布列**，记作 $X \sim \{p(x_i), i = 1, 2, \cdots\}$.

离散型随机变量的分布列也可用表格表示，见表 2.1.1.

表 2.1.1　离散型随机变量的分布列

X	x_1	x_2	$\cdots$	x_i	$\cdots$
p_i	p_1	p_2	$\cdots$	p_i	$\cdots$

例如，设 X 为掷一枚硬币出现正面的次数，则 X 的分布列为

X	0	1
p_i	0.5	0.5

离散型随机变量 X 的分布列 $\{p(x_i), i = 1, 2, \cdots\}$ 具有以下性质：

（1）$p(x_i) \geqslant 0$.

（2）$\sum\limits_{i=1}^{+\infty} p(x_i) = 1$.　　　　　　　（2.1.5）

离散型随机变量 X 的分布函数为

$$F(x) = P\{X \leqslant x\} = \sum_{x_i \leqslant x} p(x_i), \quad -\infty < x < +\infty$$　　　　　　　（2.1.6）

例 2.1.1　袋中装有标记分别为 1，2，3 的大小形状相同的 3 个球，设 X 为从中随机取出 2 个球的最大号码. 试求：

（1）X 的分布列；

（2）分布函数值 $F(3.5)$；

（3）分布函数 $F(x)$.

解　（1）X 的可能取值为 2 或 3. $P\{X = 2\} = \dfrac{1}{3}$，$P\{X = 3\} = \dfrac{2}{3}$，故 X 的分布列为

X	2	3
p_i	$\dfrac{1}{3}$	$\dfrac{2}{3}$

如图 2.1.1 所示，将分布列表示在平面直角坐标系中，就是散点图.

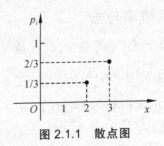

图 2.1.1　散点图

（2）由公式（2.1.6）知，

$$F(3.5) = P\{X \le 3.5\} = \sum_{x_i \le 3.5} p(x_i) = p(2) + p(3) = \frac{1}{3} + \frac{2}{3} = 1.$$

（3）X 的可能取值为 2 或 3，将数轴分割为三个区间 $(-\infty, 2), [2, 3), [3, +\infty)$，下面依次在这三个区间上求分布函数. 由式（2.1.6）知，

当 $x < 2$ 时，$F(x) = P\{X \le x\} = P(\varnothing) = 0$；

当 $2 \le x < 3$ 时，$F(x) = P\{X \le x\} = P\{X = 2\} = \dfrac{1}{3}$；

当 $x \ge 3$ 时，$F(x) = P\{X \le x\} = P\{X = 2\} + P\{X = 3\} = 1$.

所以 X 的分布函数为

$$F(x) = \begin{cases} 0, & x < 2, \\ \dfrac{1}{3}, & 2 \le x < 3, \\ 1, & x \ge 3. \end{cases}$$

从例 2.1.1 可以看出，离散型随机变量的分布函数是分布列累加的结果，从 0 累加到 1. 例 2.1.1 中 X 的分布函数 $F(x)$ 图像如图 2.1.2 所示，$F(x)$ 是跳跃形状的分段阶梯函数，X 的可能取值是 $F(x)$ 的间断点，这是所有离散型随机变量分布函数的共同特征.

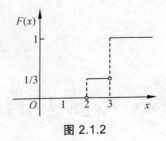

图 2.1.2

离散型随机变量的分布函数是分布列累加的结果，所以分布函数累减即可得到分布列.

例 2.1.2 设随机变量 X 的分布函数为 $F(x)=\begin{cases} 0, & x<-1, \\ 0.4, & -1\leqslant x<1, \\ 0.8, & 1\leqslant x<3, \\ 1, & x\geqslant 3. \end{cases}$ 试求 X 的分布列.

解 显然 $F(x)$ 的间断点，即 X 的可能取值为 -1，1 或 3. 从而

$$P\{X=3\}=1-0.8=0.2, P\{X=1\}=0.8-0.4=0.4, P\{X=-1\}=0.4-0=0.4,$$

即 X 的分布列为

X	-1	1	3
p_i	0.4	0.4	0.2

例 2.1.3 一汽车沿一街道行驶，需要通过 3 个均设有红绿信号灯的路口，3 个路口信号灯相互独立，且红绿两种信号显示的时间相等，以 X 表示该汽车首次遇到红灯前已通过的路口个数. 试求 X 的分布列.

解 由题设可知，X 的可能值为 0，1，2 或 3. 设 $A_i(i=1,2,3)$ 表示事件"汽车在第 i 个路口遇到红灯"，则事件 $A_i(i=1,2,3)$ 相互独立，且 $P(A_i)=P(\overline{A_i})=0.5(i=1,2,3)$. 故有

$$P\{X=0\}=P(A_1)=0.5,$$

$$P\{X=1\}=P(\overline{A_1}A_2)=P(\overline{A_1})P(A_2)=0.5^2=0.25,$$

$$P\{X=2\}=P(\overline{A_1}\,\overline{A_2}A_3)=P(\overline{A_1})P(\overline{A_2})P(A_3)=0.5^3=0.125,$$

$$P\{X=3\}=P(\overline{A_1}\,\overline{A_2}\,\overline{A_3})=P(\overline{A_1})P(\overline{A_2})P(\overline{A_3})=0.5^3=0.125,$$

所以 X 的分布列为

X	0	1	2	3
p_i	0.5	0.25	0.125	0.125

利用离散型随机变量 X 的分布列，可以计算用 X 表示的事件概率.

例 2.1.4 设随机变量 X 的分布列为

X	-1	0	1	2
p_i	0.125	0.25	0.125	0.5

试求：

（1）$P\{X<-1\}$；

（2）$P\{X\leqslant -1\}$；

（3）$P\{X<1\}$；

（4）$P\{-1 < X \leqslant 1\}$；

（5）$P\{X \leqslant 2.5\}$；

（6）$P\{X > -1\}$；

（7）$P\{X > 2\}$.

解　（1）$P\{X < -1\} = P(\varnothing) = 0$；

（2）$P\{X \leqslant -1\} = P\{X = -1\} = 0.125$；

（3）$P\{X < 1\} = P\{X = -1\} + P\{X = 0\} = 0.125 + 0.25 = 0.375$；

（4）$P\{-1 < X \leqslant 1\} = P\{X = 0\} + P\{X = 1\} = 0.25 + 0.125 = 0.375$；

（5）$P\{X \leqslant 2.5\} = P\{\Omega\} = 1$；

（6）$P\{X > -1\} = P\{X = 0\} + P\{X = 1\} + P\{X = 2\} = 0.25 + 0.125 + 0.5 = 0.875$；

（7）$P\{X > 2\} = P(\varnothing) = 0$.

一般地，随机变量的函数也是随机变量，可以利用已知随机变量的分布求已知随机变量函数的分布. 例如，中国女鞋码与脚长（单位：cm）有如下关系：

$$鞋码 = 脚长 \times 2 - 10,$$

即鞋码与脚长有表 2.1.2 所示的对应关系. 在生产鞋时，如果知道了脚的长度分布，就可以确定鞋码的分布.

表 2.1.2　中国女鞋码与脚长的对应关系

脚长/cm	22.5	23	23.5	24	24.5	25	25.5	26
中国女鞋/码	35	36	37	38	39	40	41	42

例 2.1.5　已知随机变量 X 的分布列为

X	-2	-1	0	1	2
p_i	0.1	0.2	0.3	0.3	0.1

试求 $Y = X^2 - 1$ 的分布列.

解　X 可能的取值为 -2，-1，0，1 或 2，所以 $Y = X^2 - 1$ 的可能取值为 -1，0 或 3.

$$P\{Y = -1\} = P\{X = 0\} = 0.3 ,$$

$$P\{Y = 0\} = P\{X = -1\} + P\{X = 1\} = 0.2 + 0.3 = 0.5 ,$$

$$P\{Y = 3\} = P\{X = -2\} + P\{X = 2\} = 0.1 + 0.1 = 0.2 ,$$

所以 $Y = X^2 - 1$ 的分布列为

Y	-1	0	3
p_i	0.3	0.5	0.2

2.1.3　连续型随机变量及其分布

下面先看几个例子，在区间 $[a,b]$ 内做随机投点试验，假设每次都能投中 $[a,b]$，且 $[a,b]$ 内的每个点被投中的可能性相同．再设 X 为被投中点的坐标．由几何概率知，当 $x<a$ 时，$F(x)=P\{X\leqslant x\}=0$ ；当 $a\leqslant x<b$ 时，$F(x)=P\{X\leqslant x\}=P\{a\leqslant X\leqslant x\}=\dfrac{x-a}{b-a}$ ；当 $x\geqslant b$ 时，$F(x)=P\{X\leqslant x\}=P\{a\leqslant X\leqslant b\}=1$ ．所以 X 的分布函数为

$$F(x)=\begin{cases}0, & -\infty<x<a,\\[2mm]\dfrac{x-a}{b-a}, & a\leqslant x<b,\\[2mm]1, & b\leqslant x<+\infty.\end{cases}$$

令函数

$$f(x)=\begin{cases}\dfrac{1}{b-a}, & a\leqslant x<b,\\[2mm]0, & \text{其他,}\end{cases}$$

由定积分知识可知，

当 $x<a$ 时，$\displaystyle\int_{-\infty}^{x}f(t)\mathrm{d}t=\int_{-\infty}^{x}0\mathrm{d}t=0$ ；

当 $a\leqslant x<b$ 时，$\displaystyle\int_{-\infty}^{x}f(t)\mathrm{d}t=\int_{-\infty}^{a}f(t)\mathrm{d}t+\int_{a}^{x}f(t)\mathrm{d}t=\int_{-\infty}^{a}0\mathrm{d}t+\int_{a}^{x}\frac{1}{b-a}\mathrm{d}t=\frac{x-a}{b-a}$ ；

当 $x\geqslant b$ 时，

$$\int_{-\infty}^{x}f(t)\mathrm{d}t=\int_{-\infty}^{a}f(t)\mathrm{d}t+\int_{a}^{b}f(t)\mathrm{d}t+\int_{b}^{x}f(t)\mathrm{d}t=\int_{-\infty}^{a}0\mathrm{d}t+\int_{a}^{b}\frac{1}{b-a}\mathrm{d}t+\int_{b}^{x}0\mathrm{d}t=1,$$

故有 $F(x)=\displaystyle\int_{-\infty}^{x}f(t)\mathrm{d}t$ ．

再如，已知某机器加工的零件尺寸（单位：mm）与设计尺寸的偏差 X 在 $[-3,3]$ 上，现随机抽取 2000 件，将测得的数据从小到大排序，分为 12 组，每组的间隔为 0.5，令落在第 i 组中的频数为 f_i，则落在第 i 组中的频率为 $\dfrac{f_i}{2000}$ ．以 $\dfrac{2f_i}{2000}$ 为高在第 i 组所在区间上做小矩形，如图 2.1.3 所示，则小矩形的面积就是 X 落在该区间上的频率．显然，零件的偏差不超过 -1 的频率 $F_n\{X\leqslant -1\}=\displaystyle\sum\frac{2f_i}{2000}$ 为前 4 个小矩形面积之和．过每个小矩形的上边的中点作一条曲线，记作 $f(x)$，由定积分的定义，有

$$F_n\{X\leqslant -1\}\approx\int_{-\infty}^{-1}f(x)\mathrm{d}x.$$

试想，抽取的零件数越多，分组越多，组距越小，曲线 $f(x)$ 就越光滑，频率越趋近于概率，也就是说，零件的偏差小于 -1 的概率，即

$$P\{X\leqslant -1\}\approx\int_{-\infty}^{-1}f(x)\mathrm{d}x.$$

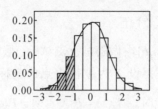

图 2.1.3　分布函数与频率的联系

定义 2.1.4　设随机变量 X 的分布函数为 $F(x)$，如果存在一个非负可积函数 $f(x)$，使得

$$F(x) = P\{X \leqslant x\} = \int_{-\infty}^{x} f(t)\mathrm{d}t ，\tag{2.1.7}$$

则称 X 为**连续型随机变量**，并称 $f(x)$ 为 X 的**概率密度函数**，简称**密度**.

连续型随机变量的密度函数 $f(x)$ 和分布函数 $F(x)$ 的图像分别如图 2.1.4 和图 2.1.5 所示. 密度函数的几何意义是：密度函数 $f(x)$，直线 $y = 0, x = x$ 所围成的曲边图形面积为分布函数 $F(x)$ 的值.

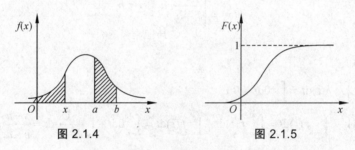

图 2.1.4　　　　　　　　　　　　图 2.1.5

连续型随机变量 X，密度函数 $f(x)$ 和分布函数 $F(x)$ 具有以下性质：

（1）$f(x) \geqslant 0, x \in (-\infty, +\infty)$.

（2）$\displaystyle\int_{-\infty}^{+\infty} f(x)\mathrm{d}x = 1$.　　　　　　　　　　　　　　　　　　　　（2.1.8）

（3）若 $f(x)$ 在 x 处可导，则 $F'(x) = f(x)$.　　　　　　　　　　　　　　（2.1.9）

（4）$P\{a < X \leqslant b\} = F(b) - F(a) = \displaystyle\int_{a}^{b} f(x)\mathrm{d}x$.　　　　　　　　　（2.1.10）

（5）$P\{X = a\} = 0$.

（6）$P\{a < X < b\} = P\{a \leqslant X < b\} = P\{a \leqslant X \leqslant b\} = P\{a < X \leqslant b\}$.　（2.1.11）

例 2.1.6　设随机变量 X 的密度函数为 $f(x) = \begin{cases} \lambda\mathrm{e}^{-\lambda x}, & x \geqslant 0, \\ 0, & x < 0, \end{cases}$ 其中 $\lambda > 0$ 为参数. 试求 X 的分布函数.

解　当 $x < 0$ 时，$F(x) = P\{X \leqslant x\} = \displaystyle\int_{-\infty}^{x} f(t)\mathrm{d}t = \int_{-\infty}^{x} 0\mathrm{d}t = 0$；

当 $x \geqslant 0$ 时，$F(x) = P\{X \leqslant x\} = \displaystyle\int_{-\infty}^{x} f(t)\mathrm{d}x = \int_{-\infty}^{0} 0\mathrm{d}t + \int_{0}^{x} \lambda\mathrm{e}^{-\lambda t}\mathrm{d}t = -\mathrm{e}^{-\lambda t}\Big|_{0}^{x} = 1 - \mathrm{e}^{-\lambda x}$，

所以 X 的分布函数为

$$F(x) = \begin{cases} 1 - \mathrm{e}^{-\lambda x}, & x \geqslant 0, \\ 0, & x < 0. \end{cases}$$

例 2.1.7　设随机变量 X 的密度函数为 $f(x) = \begin{cases} cx^2, 0 \leqslant x < 1, \\ 0, \quad \text{其他}. \end{cases}$ 试求常数 c 的值和 $P\{0.5 < X < 3\}$.

解　由密度函数的性质 $\int_{-\infty}^{+\infty} f(x)\mathrm{d}x = 1$ 知，

$$\int_{-\infty}^{0} 0\mathrm{d}x + \int_{0}^{1} cx^2\mathrm{d}x + \int_{1}^{+\infty} 0\mathrm{d}x = 1,$$

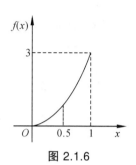

解得 $c = 3$.

所以，X 的密度函数为

$$f(x) = \begin{cases} 3x^2, 0 \leqslant x < 1, \\ 0, \quad \text{其他}, \end{cases}$$

X 的密度函数的图像如图 2.1.6 所示. 故

图 2.1.6

$$P\{0.5 < X < 3\} = \int_{0.5}^{3} f(x)\mathrm{d}x = \int_{0.5}^{1} 3x^2\mathrm{d}x + \int_{1}^{3} 0\mathrm{d}x = 0.875.$$

例 2.1.8　设连续型随机变量 X 的分布函数为 $F(x) = \begin{cases} 0, & x \leqslant 0, \\ cx^2, 0 < x \leqslant 1, \\ 1, & x > 1. \end{cases}$ 试求：

（1）常数 c 的值及 X 的密度函数；

（2）$P\{0.5 < X \leqslant 0.8\}$.

解　（1）设 X 的密度函数为 $f(x)$，由密度函数的性质知，

$$f(x) = F'(x) = \begin{cases} 2cx, 0 < x \leqslant 1, \\ 0, \quad \text{其他}. \end{cases}$$

再由性质 $\int_{-\infty}^{+\infty} f(x)\mathrm{d}x = 1$ 得 $c = 1$. 故 X 的密度函数为

$$f(x) = \begin{cases} 2x, 0 < x \leqslant 1, \\ 0, \quad \text{其他}. \end{cases}$$

X 的密度函数 $f(x)$ 和分布函数 $F(x)$ 的图像分别如图 2.1.7 和图 2.1.8 所示.

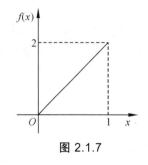
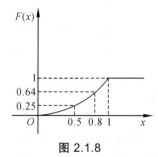

图 2.1.7　　　　　　　　图 2.1.8

（2）$P\{0.5 < X \leqslant 0.8\} = F(0.8) - F(0.5) = 0.8^2 - 0.5^2 = 0.39$.

对例 2.1.8 也可以利用分布函数的右连续性求常数 c 的值. 由已知的分布函数知，

$\lim\limits_{x \to 1^+} F(x) = \lim\limits_{x \to 1^+} 1 = 1, F(1) = c \times 1^2 = 1$，因为 $F(x)$ 右连续，所以 $c = F(1) = \lim\limits_{x \to 1^+} F(x) = 1$.

例 2.1.9　设随机变量 X 的密度函数为 $f(x) = \begin{cases} 0.2, 0 < x < 5, \\ 0, \quad 其他. \end{cases}$ 试求 $Y = X^2$ 的分布.

解　设 Y 的分布函数为 $F_Y(y)$，$Y = X^2$ 是区间 $(0,5)$ 上的严格单调函数，当 $0 < x < 5$ 时，$0 < y < 25$.

当 $y < 0$ 时，

$$F_Y(y) = P\{Y \leqslant y\} = P\{X^2 \leqslant y\} = P(\varnothing) = 0 ;$$

当 $0 \leqslant y < 25$ 时，

$$\begin{aligned} F_Y(y) &= P\{Y \leqslant y\} = P\{X^2 \leqslant y\} = P\{-\sqrt{y} \leqslant X \leqslant \sqrt{y}\} \\ &= \int_{-\sqrt{y}}^{\sqrt{y}} f(x)\mathrm{d}x = \int_{-\sqrt{y}}^{0} f(x)\mathrm{d}x + \int_{0}^{\sqrt{y}} f(x)\mathrm{d}x \\ &= \int_{-\sqrt{y}}^{0} 0\mathrm{d}x + \int_{0}^{\sqrt{y}} 0.2\mathrm{d}x = 0.2\sqrt{y} ; \end{aligned}$$

当 $y \geqslant 25$ 时，

$$\begin{aligned} F_Y(y) &= P\{Y \leqslant y\} = P\{X^2 \leqslant y\} = P\{-\sqrt{y} \leqslant X \leqslant \sqrt{y}\} \\ &= \int_{-\sqrt{y}}^{\sqrt{y}} f(x)\mathrm{d}x = \int_{-\sqrt{y}}^{0} f(x)\mathrm{d}x + \int_{0}^{5} f(x)\mathrm{d}x + \int_{5}^{\sqrt{y}} f(x)\mathrm{d}x \\ &= \int_{-\sqrt{y}}^{0} 0\mathrm{d}x + \int_{0}^{5} 0.2\mathrm{d}x + \int_{5}^{\sqrt{y}} 0\mathrm{d}x = 1. \end{aligned}$$

因此 Y 的分布函数为

$$F_Y(y) = \begin{cases} 0, & y < 0, \\ 0.2\sqrt{y}, & 0 \leqslant y < 25, \\ 1, & y \geqslant 25. \end{cases}$$

习题 2.1

1. 袋中装有大小形状相同、编号分别标为 0 至 9 的 10 个球，从中任取 1 个，将观察号码记录下来. 试按"小于 5""等于 5""大于 5"三种情况来定义一个随机变量.

2. 设函数 $F(x) = \begin{cases} 0, & x < 0, \\ 0.5x, & 0 \leqslant x < 1, \\ 1, & x \geqslant 1, \end{cases}$ 则（　　）.

（A）$F(x)$ 是某随机变量的分布函数

（B）$F(x)$ 不是随机变量的分布函数

（C）$F(x)$ 是某离散型随机变量的分布函数

（D）$F(x)$ 是某连续型随机变量的分布函数

3. 设 $F(x)$ 为随机变量 X 的分布函数，则（　　　）.

（A）$P\{a < X < b\} = F(b) - F(a)$　　　（B）$P\{a < X \le b\} = F(b) - F(a)$

（C）$P\{a \le X < b\} = F(b) - F(a)$　　　（D）$P\{a \le X \le b\} = F(b) - F(a)$

4. 设 $F(x)$ 为随机变量 X 的分布函数，则（　　　）.

（A）$F(x)$ 是严格增函数　　　　　　（B）$F(x)$ 一定连续

（C）$F(x)$ 一定右连续　　　　　　　（D）$F(x)$ 一定左连续

5. 设 $F(x)$ 为随机变量 X 的分布函数，则（　　　）.

（A）若 $x_1 < x_2$ ，则 $F(x_1) < F(x_2)$　　　（B）右连续

（C）连续　　　　　　　　　　　　　（D）$F(-\infty) = F(+\infty) = 0$

6. 设 $F(x)$ 为随机变量 X 的分布函数，$F(2) = 0.3, F(6) = 0.7$，则下列式子正确的是（　　　）.

（A）$P\{X \ge 6\} = 1 - F(6) = 0.3$　　　（B）$P\{2 < X < 6\} = F(6) - F(2) = 0.4$

（C）$P\{X < 2\} + P\{X > 6\} = 0.6$　　　（D）$P\{2 < X \le 6\} = F(6) - F(2) = 0.4$

7. 离散型随机变量 X 的分布列 $p(x_i)$ 与分布函数 $F(x)$ 具有的性质有（　　　）.

（A）$p(x_i) \ge 0$　　　　　　　　　（B）$\sum_{i=1}^{n} p(x_i) = 1$

（C）$P\{a < X < b\} = F(b) - F(a)$　　　（D）$F(x) = \sum_{x_i < x} p(x_i), -\infty < x < +\infty$

8. 某篮球运动员投中篮圈的概率是 0.9，试求他两次独立投篮投中次数的概率分布.

9. 将一颗骰子投掷两次，试求两次投掷中出现的最小点数的概率分布.

10. 设有 10 件同类型的产品，其中有 2 件次品、8 件合格品，从中不放回地随机取 3 件. 试求 3 件中次品数的概率分布.

11. 某射手参加射击比赛，共有 4 发子弹，该射手的命中率为 p ，各次射击是相互独立的. 试求直至命中目标为止需射击次数的概率分布.

12. 袋中有形状大小相同的 5 个球，编号分别为 1 至 5. 从中不放回地随机取 3 个球. 试求取出的 3 个球中的最大号码的分布列和分布函数.

13. 设随机变量 X 的分布列为

X	0	1	2	3
p_i	0.1	0.4	0.2	a

其中 a 为常数，试求 $P\{X < 2\}, P\{X < 3\}, P\{X \le 3\}$ 和 $P\{X > 1.5\}$.

14. 设随机变量 X 的分布函数为 $F(x) = \begin{cases} 0, & x < 0, \\ 1/4, & 0 \le x < 1, \\ 1/3, & 1 \le x < 2, \\ 1/2, & 2 \le x < 3 \\ 1, & 3 \le x. \end{cases}$ 试求 X 的分布列及

$P\{X < 2\}, P\{X \le 2\}, P\{X > 1\}$ 和 $P\{X \ge 1\}$.

15. 设随机变量 X 的分布列为

X	-2	-1	0	1
p_i	0.1	0.3	0.4	0.2

试求 $Y = 1 + X^2$ 的分布列.

16. 设 $f(x)$ 和 $F(x)$ 分别为连续型随机变量 X 的密度函数和分布函数，则（　　）.

（A） $P\{a < X < b\} = F(b) - F(a)$ 　　　　（B） $P\{a \leqslant X < b\} = \int_a^b f(x)\mathrm{d}x$

（C） $P\{X = a\} \neq 0$ 　　　　　　　　　　（D） $P\{a < X < b\} = P\{a < X \leqslant b\}$

17. 设 $f(x)$ 和 $F(x)$ 分别为连续型随机变量 X 的密度函数和分布函数，则（　　）.

（A） $F(x) = \int_0^x f(t)\mathrm{d}t$ 　　　　　　（B） $F'(x) = f(x)$

（C） $\int_{-\infty}^{+\infty} f(t)\mathrm{d}t = 1$ 　　　　　　（D） $f(x) > 0$

18. 设随机变量 X 的密度函数为 $f(x) = \begin{cases} x, & 0 \leqslant x < 1, \\ 2 - x, 1 \leqslant x \leqslant 2, \\ 0, & \text{其他}, \end{cases}$ 试求 $P\{X \leqslant 1.5\}$.

19. 设随机变量 X 的密度函数为 $f(x) = \begin{cases} 1 - x, 0 \leqslant x < 1, \\ x - 1, 1 \leqslant x \leqslant 2, \\ 0, & \text{其他}. \end{cases}$ 试求 $P\{X < 0.5\}$,

$P\{X > 0.5\}$, $P\{-0.5 < X < 0.5\}$ 和 $P\{X > 1\}$.

20. 设随机变量 X 的密度函数为 $f(x) = \begin{cases} \dfrac{a}{\sqrt{1 - x^2}}, |x| < 1, \\ 0, \quad\quad |x| > 1. \end{cases}$ 试求系数 a 和 $P\{-0.5 < X < 0.5\}$.

21. 设随机变量 X 的密度函数为 $f(x) = \begin{cases} ax + b, 1 < x < 3, \\ 0, \quad \text{其他}. \end{cases}$ 已知 $P\{2 < X < 3\} = 2P\{-1 < X < 2\}$.

试求 $P\{0 \leqslant X \leqslant 1.5\}$.

22. 设随机变量 X 的密度函数为 $f(x) = \begin{cases} 2x, 0 \leqslant x \leqslant 1, \\ 0, \quad \text{其他}. \end{cases}$ 试求 X 的分布函数.

23. 设随机变量 X 的分布函数为 $F(x) = \begin{cases} 0, \quad x < 1, \\ \ln x, 1 \leqslant x < \mathrm{e}, \\ 1, \quad x \geqslant \mathrm{e}. \end{cases}$ 试求 $P\{X < 2\}$, $P\{0 < X < 3\}$ 和

$P\{2 < X < 2.5\}$.

24. 设随机变量 X 的分布函数为 $F(x) = \begin{cases} 1 - ax^{-1}, x \geqslant 10, \\ 0, \quad\quad x < 10. \end{cases}$ 试求：

（1）常数 a 及 X 的密度函数；（2） $P\{X < 20\}$.

25. 设随机变量 X 的分布函数为 $F(x) = \begin{cases} 0, \quad x \leqslant 0, \\ ax^4, 0 < x \leqslant 1, \\ 1, \quad x > 1, \end{cases}$ 其中 a 为常数. 试求

$P\{X < 0.5\}$, $P\{X > 0.5\}$ 和 $P\{-0.5 < X < 0.5\}$.

26. 设随机变量 X 的分布函数为 $F(x) = \begin{cases} ae^x, & x \leqslant 0, \\ b, & 0 < x \leqslant 1, \\ 1 - ae^{1-x}, & x > 1. \end{cases}$ 试求：（1）a 和 b 的值；（2）X 的概率密度；（3）$P\{X > 0.4\}$.

27. 设随机变量 X 的密度函数为 $f(x) = \begin{cases} 1, 0 < x < 1, \\ 0, 其他. \end{cases}$ 试求下列函数的分布：（1）$Y = X^2 + 1$；（2）$Y = e^X$；（3）$Y = \ln X$；（4）$Y = \dfrac{1}{X}$.

28. 设随机变量 X 的密度函数为 $f(x) = \begin{cases} e^{-x}, x \geqslant 0, \\ 0, \quad x < 0. \end{cases}$ 试求 $Y = e^X$ 的分布.

§2.2　随机变量的数学期望与方差

除了需要研究随机变量的分布外，还需要研究它的期望、方差、分位数等数字特征. 这些数字特征既刻画了随机变量的分布特征，又有着重要的应用.

2.2.1　随机变量的数学期望

下面通过一个例子引出离散型随机变量数学期望的概念. 例如，将一枚均匀的骰子掷了 100 次，出现的点数分布情况如下：

点数 x_i	1	2	3	4	5	6
频数 f_i	15	16	19	17	18	15
频率 $\dfrac{f_i}{n}$	$\dfrac{15}{100}$	$\dfrac{16}{100}$	$\dfrac{19}{100}$	$\dfrac{17}{100}$	$\dfrac{18}{100}$	$\dfrac{15}{100}$

则点数的平均数为

$$\bar{x} = \frac{1 \times 15 + 2 \times 16 + 3 \times 19 + 4 \times 17 + 5 \times 18 + 6 \times 15}{100} = 3.52,$$

上式也可变形为

$$\bar{x} = 1 \times \frac{15}{100} + 2 \times \frac{16}{100} + 3 \times \frac{19}{100} + 4 \times \frac{17}{100} + 5 \times \frac{18}{100} + 6 \times \frac{15}{100} = 3.52,$$

式中 $\dfrac{15}{100}, \dfrac{16}{100}, \dfrac{19}{100}, \dfrac{17}{100}, \dfrac{18}{100}, \dfrac{15}{100}$ 分别是在 100 次掷骰子中，点数 1，2，3，4，5，6 出现的频率.

当试验次数充分大时，频率稳定于概率，而均匀骰子每种点数出现的概率都是 $\dfrac{1}{6}$，因此，若掷 10000 次，可用概率来估算点数的平均数，即

$$\bar{x} \approx 1 \times \frac{1}{6} + 2 \times \frac{1}{6} + 3 \times \frac{1}{6} + 4 \times \frac{1}{6} + 5 \times \frac{1}{6} + 6 \times \frac{1}{6} = 3.5 .$$

定义 2.2.1 设离散型随机变量 X 的分布列为 $P\{X = x_i\} = p(x_i)(i = 1, 2, \cdots)$，如果 $\sum\limits_{i=1}^{+\infty} |x_i| p(x_i) < +\infty$，则称

$$E(X) = \sum_{i=1}^{+\infty} x_i p(x_i) \tag{2.2.1}$$

为离散型随机变量 X 的**数学期望**，简称**期望**或**均值**. 若 $\sum\limits_{i=1}^{+\infty} |x_i| p(x_i)$ 不收敛，则称离散型随机变量 X 的数学期望不存在.

数学期望是随机变量在一次试验中的平均取值.

例 2.2.1 已知随机变量 X 的分布列如下：

X	-2	0	4
p_i	0.3	0.3	0.4

试求 $E(X)$.

解 $E(X) = \sum\limits_{i=1}^{3} x_i p(x_i) = -2 \times 0.3 + 0 \times 0.3 + 4 \times 0.4 = 1 .$

例 2.2.2 已知某种彩票的中奖金额为随机变量 X，其分布列如下：

X	500 000	50 000	5000	500	50	10	0
p_i	0.000 001	0.000 009	0.000 09	0.000 9	0.009	0.09	0.9

试计算购买一张该种彩票的平均中奖金额.

解 由数学期望的计算公式，买一张彩票的平均中奖金额为

$$E(X) = \sum_{i=1}^{7} x_i p(x_i)$$
$$= 500\,000 \times 0.000\,001 + 50\,000 \times 0.000\,009 + 5000 \times 0.000\,09 +$$
$$500 \times 0.0009 + 50 \times 0.009 + 10 \times 0.09 + 0 \times 0.9 = 3.2 .$$

再通过一个例子引出连续型随机变量数学期望的概念. 设某机器加工的零件尺寸与设计尺寸的偏差为随机变量 X. 现随机抽取 n 件零件，将测得的零件尺寸偏差数据从小到大排序，分为 k 组，第 i 组的组距为 Δx，组中值为 x_i，频数为 f_i. 如图 2.2.1 所示，$f(x)$ 为过小矩形上边中点的曲线，小矩形的高为 $\dfrac{f_i}{n\Delta x} = f(x_i)$，则这 n 件零件尺寸偏差的加权算术平均数为

$$\bar{x} = \sum_{i=1}^{k} x_i \left(\frac{f_i}{n} \right) = \sum_{i=1}^{k} x_i f(x_i) \Delta x ,$$

当 $n=\sum_{i=1}^{k}f_i\to+\infty$ 且 $\Delta x\to0$ 时，$f(x)$ 逼近 X 的密度曲线，并且由定积分的定义有

$$\overline{x}=\int_{-\infty}^{+\infty}xf(x)\mathrm{d}x.$$

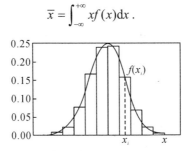

图 2.2.1　连续型随机变量的期望计算

定义 2.2.2　设连续型随机变量 X 的密度函数为 $f(x)$，如果 $\int_{-\infty}^{+\infty}|x|f(x)\mathrm{d}x<+\infty$，则称

$$E(X)=\int_{-\infty}^{+\infty}xf(x)\mathrm{d}x \qquad (2.2.2)$$

为连续型随机变量 X 的**数学期望**. 若 $\int_{-\infty}^{+\infty}|x|f(x)\mathrm{d}x$ 不收敛，则称随机变量 X 的数学期望不存在.

例 2.2.3　设随机变量 X 的密度函数为 $f(x)=\begin{cases}x,&0\leqslant x<1,\\2-x,&1\leqslant x<2,\\0,&\text{其他}.\end{cases}$ 试求 $E(X)$.

解　　　$E(X)=\int_{-\infty}^{+\infty}xf(x)\mathrm{d}x=\int_{0}^{1}x^2\mathrm{d}x+\int_{1}^{2}x(2-x)\mathrm{d}x=1.$

例 2.2.4　设随机变量 X 的密度函数为 $f(x)=\begin{cases}\mathrm{e}^{-x},&x>0,\\0,&x\leqslant0.\end{cases}$ 试求 $E(X)$.

解　　　$E(X)=\int_{-\infty}^{+\infty}xf(x)\mathrm{d}x=\int_{0}^{+\infty}x\mathrm{e}^{-x}\mathrm{d}x=-x\mathrm{e}^{-x}\Big|_{0}^{+\infty}-\int_{0}^{+\infty}-\mathrm{e}^{-x}\mathrm{d}x=1.$

一般地，随机变量的函数也是随机变量，可以利用已知随机变量的分布求已知随机变量函数的数字特征. 随机变量函数的期望具有以下定理.

定理 2.2.1　若随机变量 X 的分布列为 $p(x_i)$，或密度函数为 $f(x)$，若函数 $Z=g(X)$ 的期望存在，则 $Z=g(X)$ 的期望为

$$E(Z)=\begin{cases}\sum_{i=1}^{+\infty}g(x_i)p(x_i),&\text{在离散型场合},\\\int_{-\infty}^{+\infty}g(x)f(x)\mathrm{d}x,&\text{在连续型场合}.\end{cases} \qquad (2.2.3)$$

定理 2.2.1 的证明需要较多的数学工具，此处证明省略. 但是定理 2.2.1 的应用是非常广泛的，它可以让我们在不知道 $g(X)$ 的分布情况下，直接使用随机变量 X 的分布计算 $g(X)$ 的期望.

例 2.2.5　已知随机变量 X 的分布列如下：

X	-1	0	1	2
p_i	0.2	0.3	0.4	0.1

试求 X^2-1 的数学期望.

解
$$E(X^2-1)=\sum_{i=1}^{4}(x_i^2-1)p(x_i)$$
$$=[(-1)^2-1]\times 0.2+(0^2-1)\times 0.3+(1^2-1)\times 0.4+(2^2-1)\times 0.1=0.$$

对任何随机变量 X 与任意常数 a，利用期望的定义和定理 2.2.1 可以立即得到期望的以下性质：

（1）$E(a)=a$.　　　　　　　　　　　　　　　　　　　　　　　　　　（2.2.4）

（2）$E(X+a)=E(X)+a$.　　　　　　　　　　　　　　　　　　　　（2.2.5）

（3）$E(aX)=aE(X)$.　　　　　　　　　　　　　　　　　　　　　　（2.2.6）

证明　这里只以连续型随机变量为例证明性质 $E(X+a)=E(X)+a$，其余两个性质请读者自行证明. 由定理 2.2.1 和期望的定义知，

$$E(X+a)=\int_{-\infty}^{+\infty}(x+a)f(x)\mathrm{d}x=\int_{-\infty}^{+\infty}xf(x)\mathrm{d}x+a\int_{-\infty}^{+\infty}f(x)\mathrm{d}x=E(X)+a.$$

例 2.2.6　历史资料表明：某公司经销的某种原料的市场需求量（单位：吨）X 的密度函数为

$$f(x)=\begin{cases}0.005, & 300\leqslant x<500, \\ 0, & \text{其他}.\end{cases}$$

已知每售出 1 吨，公司可获利 1.5 千元；若积压 1 吨，公司损失 0.5 千元. 试问公司组织多少货源可使平均收益最大？

分析　由于市场需求量是随机的，公司的收益也是随机的，收益是关于市场需求量的函数，所以首先应找到收益与需求量的函数关系，然后再计算平均收益即可.

解　由 X 的密度函数可知 $P\{X<300\}=P\{X\geqslant 500\}=0$，所以市场需求量 $300\leqslant X<500$，若设公司组织该原料 a 吨，显然 $300\leqslant a\leqslant 500$. 当 $X\geqslant a$ 时，收益为 $1.5a$；当 $X<a$ 时，收益为 $1.5X-0.5(a-X)=2X-0.5a$，公司的收益函数为

$$Z=\begin{cases}2X-0.5a, & X<a, \\ 1.5a, & X\geqslant a.\end{cases}$$

公司的平均收益为

$$E(Z)=\int_{300}^{a}0.005(2x-0.5a)\mathrm{d}x+\int_{a}^{500}0.005\times 1.5a\mathrm{d}x=-0.005a^2+4.5a-450.$$

对上式求导并令其为 0，解得 $a=450$（吨）. 所以公司组织原料 450 吨时平均收益最大.

2.2.2　随机变量的方差

期望刻画了随机变量的集中程度或平均取值. 比较甲、乙两个班的学习成绩, 若甲班的平均成绩比乙班的平均成绩高, 则认为甲班的成绩总体上比乙班要好. 若两个班的平均成绩一样, 则成绩较集中、在平均成绩附近的班级成绩较好, 成绩过于分散, 说明该班的成绩出现了两极分化, 好的特别好, 差的特别差. 比较两项投资, 期望收益率越高越值得投资. 若两项投资的期望收益率一样, 显然收益率波动越小风险越小. 考虑如下两项特殊的风险资产 A 和 B, 它们的收益率都为随机变量, 其分布列分别为

R_A	3%	5%	7%
p_{Ai}	0.3	0.4	0.3

R_B	1%	5%	11%
p_{Bi}	0.3	0.4	0.3

容易算得 $E(R_A) = E(R_B) = 5\%$, 即期望收益率一样. 然而风险资产 B 的潜在风险可能比风险资产 A 要高, 但风险资产 B 的潜在收益可能比风险资产 A 也要高. 对于那些风险厌恶者来讲, 可能会选择风险资产 A 进行投资. 对于那些风险喜好者来讲, 可能会选择风险资产 B 进行投资. 潜在风险和潜在收益不同的原因是两项风险资产的收益率取值的分散程度不同, 如何用一个数字来刻画这两项风险资产收益率的分散程度呢?

随机变量的取值与其期望的差称为**离差 (偏差)**, 离差也是随机变量. 上述两项资产的离差分布如下:

$R_A - E(R_A)$	2%	0%	2%
p_{Ai}	0.3	0.4	0.3

$R_B - E(R_B)$	6%	0%	6%
p_{Bi}	0.3	0.4	0.3

离差取值的大小反映了随机变量取值偏离其期望的程度, 不难发现, 两项资产的离差的期望都等于 0, 即 $E(R_A - E(R_A)) = 0, E(R_B - E(R_B)) = 0$, 其原因是离差有正有负, 正负正好抵消. 所以不能用离差的期望来度量收益率的分散程度. 为此, 可选择离差的绝对值的期望来刻画收益率的分散程度, 但绝对值函数会给许多计算带来不便. 离差的绝对值越大, 离差的平方就越大, 反之亦然. 因此可以选择离差的平方的期望来度量风险资产收益率的分散程度. 上述两项风险资产的离差的平方的期望分别为

$$E(R_A - E(R_A))^2 = 0.3 \times (-2\%)^2 + 0.4 \times 0 + 0.3 \times (2\%)^2 = 0.00024,$$

$$E(R_B - E(R_B))^2 = 0.3 \times (-6\%)^2 + 0.4 \times 0 + 0.3 \times (6\%)^2 = 0.00216,$$

由此可知, 资产 B 比资产 A 风险高.

定义 2.2.3　设 X 为随机变量, 若 $E(X - E(X))^2$ 存在, 则称

$$D(X) = E(X - E(X))^2 \tag{2.2.7}$$

为随机变量 X 的**方差**, 并称 $\sigma(X) = \sqrt{D(X)}$ 为 X 的**标准差**.

随机变量的方差刻画了随机变量取值相对其均值的离散程度或波动程度．方差越小，随机变量的取值越集中；方差越大，随机变量的取值越分散．

若 X 为离散型随机变量，其分布列为 $p(x_i)(i = 1, 2, \cdots, n, \cdots)$，则

$$D(X) = \sum_{i=1}^{+\infty} (x_i - E(X))^2 p(x_i). \tag{2.2.8}$$

若 X 为连续型随机变量，其密度函数为 $f(x)$，则

$$D(X) = \int_{-\infty}^{+\infty} (x - E(X))^2 f(x) \mathrm{d}x. \tag{2.2.9}$$

例 2.2.7　已知随机变量 X 的分布列为

X	-2	0	4
p_i	0.3	0.3	0.4

试求 $D(X)$．

解　$E(X) = -2 \times 0.3 + 0 \times 0.3 + 4 \times 0.4 = 1$，

$$D(X) = \sum_{i=1}^{3} (x_i - E(X))^2 p(x_i) = (-2-1)^2 \times 0.3 + (0-1)^2 \times 0.3 + (4-1)^2 \times 0.4 = 6.6.$$

对随机变量 X 与任意常数 a，利用方差的定义和期望的性质可以得到方差的以下性质：

（1）$D(a) = 0$. $\hspace{6cm}$ (2.2.10)

（2）$D(X+a) = D(X)$. $\hspace{5cm}$ (2.2.11)

（3）$D(aX) = a^2 D(X)$. $\hspace{5cm}$ (2.2.12)

（4）$D(X) = E(X^2) - (E(X))^2$. $\hspace{4cm}$ (2.2.13)

证明　这里只证明性质 $D(X) = E(X^2) - (E(X))^2$，其余性质可自行证明．由方差的定义知，

$$D(X) = E(X - E(X))^2 = E(X^2 - 2E(X)X + (E(X))^2)$$
$$= E(X^2) - 2E(X)E(X) + (E(X))^2 = E(X^2) - (E(X))^2.$$

例 2.2.8　设随机变量 X 的密度函数为 $f(x) = \begin{cases} \mathrm{e}^{-x}, & x > 0, \\ 0, & x \leq 0. \end{cases}$ 试求 $D(X)$．

解　$\hspace{1cm} E(X) = \int_{-\infty}^{+\infty} x f(x) \mathrm{d}x = \int_{0}^{+\infty} x \mathrm{e}^{-x} \mathrm{d}x = 1$，

$$E(X^2) = \int_{-\infty}^{+\infty} x^2 f(x) \mathrm{d}x = \int_{0}^{+\infty} x^2 \mathrm{e}^{-x} \mathrm{d}x = -x^2 \mathrm{e}^{-x} \Big|_{0}^{+\infty} + \int_{0}^{+\infty} 2x \mathrm{e}^{-x} \mathrm{d}x = 2,$$

$$D(X) = E(X^2) - (E(X))^2 = 2 - 1 = 1.$$

例 2.2.9　设甲、乙两家工厂生产的灯泡使用寿命（单位：h）X 和 Y 的分布列分别为

X	900	1000	1100
p_i	0.1	0.8	0.1

Y	950	1000	1050
p_i	0.3	0.4	0.3

试问哪家生产的灯泡质量较稳定？

解　$E(X) = 900 \times 0.1 + 1000 \times 0.8 + 1100 \times 0.1 = 1000$，

$E(Y) = 950 \times 0.3 + 1000 \times 0.4 + 1050 \times 0.3 = 1000$，

$E(X^2) = 900^2 \times 0.1 + 1000^2 \times 0.8 + 1100^2 \times 0.1 = 1\,002\,000$，

$E(Y^2) = 950^2 \times 0.3 + 1000^2 \times 0.4 + 1050^2 \times 0.3 = 1\,001\,500$，

$D(X) = E(X^2) - (E(X))^2 = 1\,002\,000 - 1\,000\,000 = 2000$，

$D(Y) = E(Y^2) - (E(Y))^2 = 1\,001\,500 - 1\,000\,000 = 1500$，

由于 $E(X) = E(Y)$，　$D(X) > D(Y)$，所以乙厂生产的灯泡质量较稳定.

例 2.2.10　某种贴现债券（期中不付息，期末还本付息）的到期收益率为随机变量 $R\%$，R 的密度函数为 $f(r) = \begin{cases} 0.2, 0 \leqslant r < 5, \\ 0, \quad \text{其他}. \end{cases}$ 试求：

（1）这种债券的期望收益率和风险（用收益率的方差刻画）；

（2）若这种债券承诺到期还本付息共计 1025 元，则这种债券的期初平均价格是多少？

解　（1）债券的期望收益率为 $R\%$ 的期望 $E(R\%)$，由于 $E(R) = \int_{-\infty}^{+\infty} rf(r)\mathrm{d}r = \int_0^5 0.2r\mathrm{d}r = 2.5$，所以 $E(R\%) = 2.5\%$.

$$E(R^2) = \int_{-\infty}^{+\infty} r^2 f(r)\mathrm{d}r = \int_0^5 0.2r^2 \mathrm{d}r = \frac{25}{3}，$$

$$D(R) = E(R^2) - (E(R))^2 = \frac{25}{3} - 2.5^2 = \frac{25}{12}.$$

所以这种债券的风险为

$$D(R\%) = \frac{1}{10\,000} \times \frac{25}{12} \approx 0.0002.$$

（2）将贴现债券到期还本付息所得收益折现即现在的价格. 所以这种债券的期初平均价格是

$$\frac{1025}{1 + 2.5\%} = 1000（元）.$$

习题 2.2

1. 下列说法正确的是（　　　）.

（A）数学期望一定存在　　　　　　　　　　（B）数学期望不一定存在

（C）数学期望是随机变量的某个取值　　　（D）数学期望是随机变量的平均取值

2. 关于离散型随机变量的数学期望，下列说法正确的是（　　　）.

（A）数学期望是随机变量的某个取值

（B）数学期望是随机变量取值的算术平均数

（C）数学期望是随机变量取值的加权平均数

（D）数学期望是随机变量取值的中位数

3. 下列说法正确的是（　　　）.

（A）方差是随机变量偏差的期望

（B）方差一定是正数

（C）方差越小随机变量取值越小

（D）方差越小随机变量的取值距均值的平均距离越小

4. 设 X 是随机变量，a 和 b 为任意实数，则（　　　）.

（A）$E(a+X)=E(X)$　　　　　　　（B）$E(a-X)=a+E(X)$

（C）$E(a+bX)=a+bE(X)$　　　　　（D）$E(a+bX)=b^2E(X)$

5. 设 X 是随机变量，a 和 b 是任意实数，则（　　　）.

（A）$D(a+bX)=bD(X)$　　　　　　（B）$D(a+bX)=a+bD(X)$

（C）$D(a+bX)=b^2D(X)$　　　　　（C）$D(a+bX)=a+b^2D(X)$

6. 设随机变量 X 的分布列为

X	0	1	2
p_i	0.2	0.3	0.5

试求 $E(X)$ 和 $D(X)$.

7. 设随机变量 X 的分布列为

X	x_1	x_2
p_i	p	$1-p$

试求 $E(X)$ 和 $D(X)$.

8. 设随机变量 X 的分布列为

X	1	0	1	2	3
p_i	0.1	0.2	0.3	0.3	0.1

试求 $E(X),D(X),E(-X+1)$ 和 $D(3X+7)$.

9. 设 X 是随机变量，$P\{X=0\}=1-P\{X=1\}$，$E(X)=3D(X)$. 试求 $P\{X=0\}$.

10. 设盒子里有形状大小相同的 5 个球，其中 2 个白球、3 个黑球，从中不放回地随机取 3 个球，X 为取得的白球数. 试求 $E(X)$ 和 $D(X)$.

11. 保险公司的某险种规定：如果某事件 A 在一年内发生，则保险公司应付给投保人金

额 a 元，而事件 A 在一年内发生的概率为 p，如果保险公司向投保人收取保费 ka，试问 k 为多少，才能使保险公司的期望收益达到 a 的 10%？

12. 某时装店根据以往的销售情况得知，每位顾客在该店中购买时装的件数 X 服从以下分布列：

X	0	1	2	3	4	5
p_i	0.1	0.1	0.2	0.3	0.2	0.1

试求一位顾客在该店购买时装的平均件数和方差.

13. 已知投资某项目的收益率 R 是一个随机变量，其分布列为

R	1%	2%	3%	4%	5%	6%
p_i	0.1	0.1	0.2	0.3	0.2	0.1

一位投资者在该项目投资了 10 万元，试求他的预期收入和风险（用方差来刻画）.

14. 某工程队完成某项工程的时间 X（单位：月）是一个随机变量，它的分布列为

X	10	11	12	13
p_i	0.4	0.3	0.2	0.1

（1）试求该工程队完成此项工程的平均月数；

（2）设该工程队所获利润为 $Y = 50(13 - X)$（单位：万元），试求工程队的平均利润.

15. 设随机变量 X 的密度函数为 $f(x) = \begin{cases} \dfrac{1}{b-a}, & a \leqslant x < b, \\ 0, & 其他. \end{cases}$ 试求 $E(X)$ 和 $D(X)$.

16. 设随机变量 X 的密度函数为 $f(x) = \begin{cases} cx^2, & 0 \leqslant x < 1, \\ 0, & 其他. \end{cases}$ 试求 $E(X)$ 和 $D(X)$.

17. 设随机变量 X 的密度函数为 $f(x) = \begin{cases} \lambda e^{-\lambda x}, & x > 0, \\ 0, & x \leqslant 0, \end{cases}$ 其中 $\lambda > 0$ 为常数. 试求 $E(2X + 5)$ 和 $D(2X + 5)$.

18. 设随机变量 X 的密度函数为 $f(x) = \dfrac{1}{2} e^{-|x|}$，$-\infty < x < +\infty$. 试求 $E(X)$，$D(X)$ 和 $E(|X|)$.

19. 设随机变量 X 的密度函数为 $f(x) = \begin{cases} a + bx^2, & 0 \leqslant x < 1, \\ 0, & 其他. \end{cases}$ 如果 $E(X) = \dfrac{2}{3}$，试求 $E(X)$ 和 $D(X)$.

20. 设随机变量 X 的密度函数为 $f(x) = \begin{cases} -x, & -1 \leqslant x < 0, \\ x, & 0 \leqslant x < 1, \\ 0, & 其他. \end{cases}$ 试求 $E(X)$ 和 $D(X)$.

21. 设随机变量 X 的密度函数为 $f(x) = \begin{cases} 1+x, -1 < x \leqslant 0, \\ 1-x, 0 < x \leqslant 1, \\ 0, \quad 其他. \end{cases}$ 试求 $E(3X+2)$ 和 $D(3X+2)$.

22. 设随机变量 X 的密度函数为 $f(x) = \begin{cases} \dfrac{3x^2}{8}, 0 < x < 2 \\ 0, \quad 其他. \end{cases}$，试求 $E\left(\dfrac{1}{X}\right)$ 和 $D\left(\dfrac{1}{X}\right)$.

23. 某新产品在未来市场上的占有率 X 是随机变量，其密度函数为 $f(x) = \begin{cases} 4(1-x)^3, 0 < x < 1, \\ 0, \quad\quad 其他. \end{cases}$ 试求平均市场占有率和方差.

§2.3　常用离散型分布

实践中具有不确定性的变量都可以理解为随机变量．实践中经常用到的某些随机变量具有相同的分布特点，将这些随机变量归为一类，称为常用分布．常用离散型分布有两点分布、二项分布、几何分布、负二项分布、超几何分布、泊松分布等．这些分布的计算量有时比较大，可借助于计算器或 Excel 表等统计软件进行计算．

2.3.1　两点分布

两点分布用来描述只有两个取值的随机变量及其分布．

若随机变量 X 只有两个可能的取值 x_1, x_2，其分布列为

X	x_1	x_2
p_i	p	$1-p$

则称 X 服从**两点分布**.

容易计算，两点分布的期望与方差分别为：

（1）$E(X) = px_1 + (1-p)x_2$，　　　　　　　　　　　　　　　　　　（2.3.1）

（2）$D(X) = p(1-p)(x_1 - x_2)^2$.　　　　　　　　　　　　　　　　　（2.3.2）

例 2.3.1　某种产品的成本为 5 元，售价为 15 元，合格率为 0.98，不合格品可退货，试求卖出这种产品 100 件的平均利润.

解　设 X 为该产品的利润，则 X 服从两点分布，分布列为

X	10	-5
p_i	0.98	0.02

所以 $E(X) = 10 \times 0.98 - 5 \times 0.02 = 9.7$，售出 100 件该产品的平均利润为 970 元.

特别地，称 $x_1 = 0, x_2 = 1$ 的两点分布为 **0-1 分布**．0-1 分布常用来描述某一类别在总体中所占的比例，或一次试验中某事件发生的次数分布．如某种产品的合格率为 p，则合格品所

占的比例为 p，从一大批该种产品中随机取一个产品，取得的合格品数 X 服从 0-1 分布．又如 X 为在一次掷硬币的试验中正面出现的次数，则 X 服从 0-1 分布．0-1 分布的分布列亦可表示为

$$P\{X = x\} = p^x(1-p)^{1-x},\ x = 0,1.$$

0-1 分布的期望与方差分别为：

（1）$E(X) = p$，　　　　　　　　　　　　　　　　　　　　　　（2.3.3）

（2）$D(X) = p(1-p)$．　　　　　　　　　　　　　　　　　　　（2.3.4）

2.3.2　n 个点上的均匀分布

若随机变量 X 的分布列为

X	x_1	x_2	$\cdots$	x_n
p_i	$\dfrac{1}{n}$	$\dfrac{1}{n}$	$\cdots$	$\dfrac{1}{n}$

则称 X 服从 n 个点 $\{x_1, x_2, \cdots, x_n\}$ 上的**均匀分布**．显然，

（1）$E(X) = \dfrac{1}{n}\sum_{i=1}^{n} x_i = \bar{x}$，　　　　　　　　　　　　　　　（2.3.5）

（2）$D(X) = \dfrac{1}{n}\sum_{i=1}^{n} (x_i - \bar{x})^2$．　　　　　　　　　　　　　　（2.3.6）

例 2.3.2　设 X 为掷一颗骰子出现的点数，则 X 服从 6 个点上的均匀分布．试求 $E(X)$，$E(X^2)$ 和 $D(X)$．

$$E(X) = \frac{1}{6}(1+2+3+4+5+6) = \frac{7}{2},$$

$$E(X^2) = \frac{1}{6}(1^2+2^2+3^2+4^2+5^2+6^2) = \frac{91}{6},$$

$$D(X) = E(X^2) - (E(X))^2 = \frac{91}{6} - \left(\frac{7}{2}\right)^2 = \frac{35}{12}.$$

2.3.3　二项分布

二项分布常用来描述 n 重伯努利试验中某事件"成功"次数的分布．

概率论的奠基人瑞士数学家雅各布·伯努利（Jacob Bernoulli，1654—1705）的遗著《猜度术》（1713 年）给出了二项分布公式．

在许多随机试验中，试验的结果都可以分为两种．如随机选一个人，要么是男性要么是女性；掷一颗骰子出现的点数要么大于 3 要么不大于 3；从一大批产品中随机抽取一个产品，要么是合格品要么是不合格品；射击时要么击中目标要么击不中目标，等等．

伯努利

一般地，如果试验只有两个可能的结果 A 及 $\overline{A}$ ，并且 $P(A) = p$ ，则把该试验称作**伯努利试验**. 将伯努利试验独立地重复 n 次构成了一个试验，称作 **n 重伯努利试验**. n 重伯努利试验中事件 A 恰好发生 x 次的概率为

$$P\{X = x\} = C_n^x p^x (1-p)^{n-x}, 0 < p < 1, x = 0,1,2,\cdots,n .\qquad(2.3.7)$$

若随机变量 X 的分布列为式（2.3.7），则称 X 服从参数为 n, p 的**二项分布**，记作 $X \sim B(n, p)$.

$B(10,0.3)$ ， $B(20,0.3)$ 和 $B(30,0.3)$ 的散点图如图 2.3.1 所示. $B(10,0.15)$ ， $B(10,0.5)$ 和 $B(10,0.8)$ 的散点图如图 2.3.2 所示. 读者可以自行探寻其中的规律.

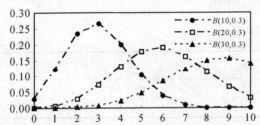

图 2.3.1 $B(10,0.3), B(20,0.3), B(30,0.3)$ 的散点图

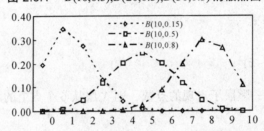

图 2.3.2 $B(10,0.15), B(10,0.5), B(10,0.8)$ 的散点图

可以证明二项分布的期望和方差分别为：

（1） $E(X) = np$ ，$\qquad\qquad\qquad\qquad\qquad\qquad\qquad\qquad\qquad(2.3.8)$

（2） $D(X) = np(1-p)$.$\qquad\qquad\qquad\qquad\qquad\qquad\qquad\qquad(2.3.9)$

例如，一个袋子中装有 N 个球，其中 M 个白球、$N-M$ 个黑球，从中依次有放回地随机抽取 n 个球，设 X 为取到白球的数目，那么 X 服从二项分布. 事实上，每次取球要么取到白球要么取不到白球，且取到白球的概率皆为 $p = \dfrac{M}{N}$ ，有放回地抽取 n 个球相当于做 n 重伯努利试验. 所以 $X \sim B\left(n, \dfrac{M}{N}\right)$ ，分布列为

$$P\{X = x\} = C_n^x \left(\frac{M}{N}\right)^x \left(\frac{N-M}{N}\right)^{n-x}, x = 0,1,2,\cdots,n .$$

例 2.3.3 已知某厂生产的某种产品规定合格率要达到 95%，从该厂生产的一大批产品中随机取 100 件. 试求：

（1）若生产正常，100 件产品中恰有 5 件次品的概率.

（2）若生产正常，100 件产品中至多有 5 件次品的概率.

（3）若生产正常，100 件产品中的平均次品数.

（4）100 件产品中最多允许出现多少个次品，才能保证这 100 件产品合格率达到 95%.

　　解　设 100 件中的次品数为 X ，依题意 $X \sim B(100, 0.05)$ ，所以

（1）若生产正常，100 件中恰有 5 件次品的概率为

$$P\{X = 5\} = \mathrm{C}_{100}^{5} 0.05^{5} 0.95^{95} \approx 0.1800 .$$

（2）若生产正常，100 件产品中至多有 5 件次品的概率为

$$P\{X \leqslant 5\} = \sum_{x=0}^{5} \mathrm{C}_{100}^{x} 0.05^{x} 0.95^{100-x} \approx 0.6160 .$$

（3）若生产正常，100 件产品中的平均次品数为

$$E(X) = 100 \times 0.05 = 5 .$$

（4）设 100 件产品中最多允许出现 a 个次品，才能保证这 100 件产品合格率达到 95%，即不合格率小于 5%. 则

$$P\{X \leqslant a\} = \sum_{x=0}^{a} \mathrm{C}_{100}^{x} 0.05^{x} 0.95^{100-x} < 0.05 ,$$

借助于 Excel 表中的函数 BINOM.INV(100,0.05,0.05)可得 $a = 2$ ，所以最多允许出现 2 个次品.

　　例 2.3.4　某保险公司多年的统计资料表明在索赔户中被盗户占 20%，试求在随机抽查的 100 家索赔户中被盗户数不少于 14 户且不多于 30 户的概率.

　　解　设在随机抽查的 100 家索赔户中被盗户数为 X ，据题意可知 $X \sim B(100, 0.2)$ ，所以在随机抽查的 100 家索赔户中被盗户数不少于 14 户且不多于 30 户的概率为

$$P\{14 \leqslant X \leqslant 30\} = P\{X \leqslant 30\} - P\{X \leqslant 13\}$$

$$= \sum_{x=0}^{30} \mathrm{C}_{100}^{x} 0.2^{x} (1-0.2)^{100-x} - \sum_{x=0}^{13} \mathrm{C}_{100}^{x} 0.2^{x} (1-0.2)^{100-x} \approx 0.9470 .$$

2.3.4　几何分布与负二项分布（巴斯卡分布）

　　几何分布常用来描述某事件第一次出现时试验次数的分布. 负二项分布常用来描述某事件出现 r 次时试验次数的分布.

　　例如，袋子中有 1 个白球、3 个黑球，每次从袋中有放回地摸出 1 个球，则第一次摸到白球时，试验次数为 3 的概率是

$$P\{X = 3\} = (1-0.25)(1-0.25)0.25 = 0.25(1-0.25)^{2} ,$$

试验继续独立重复地进行下去，则第二次摸到白球时，试验次数为 5 的概率是

$$P\{X = 5\} = (1-0.25)(1-0.25)0.25(1-0.25)0.25 = 0.25^{2}(1-0.25)^{3} .$$

无论第一次白球何时出现，第二次摸到白球时，试验次数为 5 的概率是

$$P\{X = 5\} = 0.25C_4^1 0.25(1 - 0.25)^3 = C_4^1 0.25^2 (1 - 0.25)^3.$$

这是因为在 5 重伯努利试验中，最后一次是摸到白球，而前 4 次摸球中白球出现了 1 次，由二项分布可知其概率为 $C_4^1 0.25(1 - 0.25)^3$，再乘以最后一次摸到白球的概率 0.25，即 $C_4^1 0.25^2 (1 - 0.25)^3$.

一般地，设在伯努利试验中事件 A 发生的概率为 p，则在独立重复的伯努利试验中，事件 A 首次发生时，试验次数为 x 的概率为

$$P\{X = x\} = p(1 - p)^{x-1}, 0 < p < 1, x = 1, 2, \cdots. \tag{2.3.10}$$

而事件 A 第 r 次发生时，试验次数为 x 的概率为

$$P\{X = x\} = C_{x-1}^{r-1} p^r (1 - p)^{x-r}, 0 < p < 1, x = r, r+1, r+2, \cdots. \tag{2.3.11}$$

若随机变量 X 的分布列为式（2.3.10），则称 X 服从**几何分布**，记作 $X \sim Ge(p)$. 几何分布的期望与方差分别为：

（1）$E(X) = \dfrac{1}{p}$, $\qquad\qquad\qquad\qquad\qquad\qquad\qquad\qquad\qquad$ （2.3.12）

（2）$D(X) = \dfrac{1-p}{p^2}$. $\qquad\qquad\qquad\qquad\qquad\qquad\qquad\qquad$ （2.3.13）

若随机变量 X 的分布列为式（2.3.11），则称 X 服从**负二项分布**，记作 $X \sim Nb(r, p)$. 当 $r = 1$ 时，负二项分布即几何分布. 负二项分布的期望与方差分别为：

（1）$E(X) = \dfrac{r}{p}$, $\qquad\qquad\qquad\qquad\qquad\qquad\qquad\qquad\qquad$ （2.3.14）

（2）$D(X) = \dfrac{r(1-p)}{p^2}$. $\qquad\qquad\qquad\qquad\qquad\qquad\qquad\qquad$ （2.3.15）

例 2.3.5　某射手连续对某目标进行射击，假设每次命中目标的概率均为 0.75. 试求：

（1）第 4 次射击才命中目标的概率；

（2）射击次数不超过 5 次就能把目标击中的概率；

（3）第 1 次命中目标所需要的平均射击次数；

（4）第 3 次命中目标，射击了 5 次的概率；

（5）第 3 次命中目标，需要的平均射击次数.

解　设 X 为第 1 次命中目标时的射击次数，依题意 $X \sim Ge(0.75)$.

（1）第 4 次射击才命中目标的概率为

$$P\{X = 4\} = 0.25^3 \times 0.75 \approx 0.0117.$$

（2）射击次数不超过 5 次就能把目标击中的概率为

$$P\{X \leqslant 5\} = \sum_{x=1}^{5} 0.75 \times (1-0.75)^{x-1} \approx 0.9990 .$$

（3）第 1 次命中目标所需要的平均射击次数为

$$E(X) = \frac{1}{p} = \frac{1}{0.75} \approx 1.3333 .$$

设 Y 为第 3 次命中目标时的射击次数，依题意知 $Y \sim Nb(3, 0.75)$ ．

（4）第 3 次命中目标，射击了 5 次的概率为

$$P\{Y = 5\} = C_{5-1}^{3-1} 0.75^3 (1-0.75)^{5-3} \approx 0.1582 .$$

（5）第 3 次命中目标，需要的平均射击次数为

$$E(Y) = \frac{r}{p} = \frac{3}{0.75} = 4 .$$

例 2.3.6　如果要找 10 个反应敏捷的人，已知具有这种特征的候选人的概率为 0.6．试求在找到 10 个合格候选人之前，需要对 5 个不合格候选人进行面试的概率．

解　设 X 为在找到 10 个合格候选人时所面试的人数，则 $X \sim Nb(10, 0.6)$．在找到 10 个合格候选人之前，需要对 5 个不合格候选人进行面试，则共要进行面试 15 人次，故所求概率为

$$P\{X = 15\} = C_{15-1}^{10-1} 0.6^{10} (1-0.6)^{15-10} \approx 0.1240 .$$

2.3.5　超几何分布

超几何分布常用来描述类似于在有限总体中摸球的分布．

一个袋子中装有 N 个球，其中 M 个白球、$N-M$ 个黑球，从中不放回地随机抽取 n 个球，X 为取到白球的数目，那么 X 不再服从二项分布，此时 X 的分布列为

$$P\{X = x\} = \frac{C_M^x C_{N-M}^{n-x}}{C_N^n}, \quad x = 0,1,2,\cdots,r . \tag{2.3.16}$$

其中 $r = \min\{M,n\}$，$M \leqslant N, n \leqslant N, N, M, n$ 均为正整数．

若随机变量 X 的分布列为式（2.3.16），则称 X 服从**超几何分布**，记作 $X \sim h(n, N, M)$．超几何分布的期望和方差分别为：

（1）$E(X) = \dfrac{nM}{N}$， $\tag{2.3.17}$

（2）$D(X) = \dfrac{nM(N-M)(N-n)}{N^2(N-1)}$． $\tag{2.3.18}$

例 2.3.7　一批产品共有 80 个合格品和 20 个次品．试求：

（1）从中随机取 30 个产品出现 5 个次品的概率；

（2）从中随机取 30 个产品的平均次品数．

解　设 X 为随机取 30 个产品中出现的次品个数，则 $X \sim h(30,100,20)$.

（1）$P\{X=5\} = \dfrac{C_{20}^5 C_{80}^{25}}{C_{100}^{30}} \approx 0.1918$；

（2）$E(X) = \dfrac{30 \times 20}{100} = 6$.

2.3.6　泊松分布

泊松分布常用来描述某种单位过程的计数分布.

泊松分布是 1837 年法国数学家泊松（S. D. Poisson，1781—1840）在推广伯努利大数定律时，研究得出的一种概率分布.

例如，电话交换台在单位时间内收到的呼叫次数分布；单位时间内售票窗口到达的顾客数分布；单位时间内通过收费站的轿车数分布；保险公司在单位时间内被索赔的次数分布，等等，均可认为是服从泊松分布.

泊松

若随机变量 X 的分布列为

$$P\{X=x\} = \frac{\lambda^x}{x!}\mathrm{e}^{-\lambda}, \quad x=0,1,2,\cdots, \tag{2.3.19}$$

其中 $\lambda > 0$ 为参数，则称 X 服从**泊松分布**，记作 $X \sim P(\lambda)$. 泊松分布的期望和方差皆为参数 λ，即

$$E(X) = D(X) = \lambda. \tag{2.3.20}$$

$P(3)$，$P(5)$ 和 $P(7)$ 的散点图如图 2.3.3 所示. 读者可以自行探寻其中的规律.

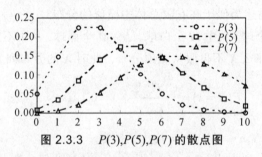

图 2.3.3　$P(3),P(5),P(7)$ 的散点图

例 2.3.8　某商店根据过去的销售记录知道，某种商品每月的需求量可以用参数为 5 的泊松分布来描述. 为了以 95% 以上的概率保证不脱销，商店月底应存多少件商品？

解　设 X 为每月的需求量，则 $X \sim P(5)$. 又设商店月底存货为 a. 若保证不脱销需要存货量大于等于需求量，由题意知，

$$P\{X \leqslant a\} = \sum_{x=0}^{a} \frac{5^x}{x!}\mathrm{e}^{-5} \geqslant 0.95,$$

查泊松分布表知，

$$\sum_{x=0}^{8}\frac{5^x}{x!}e^{-5}=0.932<0.95, \quad \sum_{x=0}^{9}\frac{5^x}{x!}e^{-5}=0.968>0.95,$$

于是月底存货应不少于 9 件商品.

泊松分布还有一个非常实用的特性,即可以用泊松分布作为二项分布的近似.

定理 2.3.1（泊松定理） 在 n 重伯努利试验中,记事件 A 在一次试验中发生的概率为 p_n（与试验次数 n 有关）,如果当 $n\to\infty$ 时, $np_n\to\lambda$,则

$$\lim_{n\to\infty}C_n^x p_n^x(1-p_n)^{n-x}=\frac{\lambda^x}{x!}e^{-\lambda}. \tag{2.3.21}$$

例 2.3.9 已知某种疾病的发病率为 0.001,某单位共有 5000 人,试求该单位患有这种疾病的人数不超过 5 人的概率.

解 设该单位患有这种疾病的人数为 X ,则 $X\sim B(5000,0.001)$,所求概率为

$$P\{X\leqslant 5\}=\sum_{x=0}^{5}C_{5000}^x 0.001^x(1-0.001)^{5000-x},$$

这个概率计算量很大,由于 n 很大, $p=0.001$ 很小,且 $np=5000\times0.001=5$,所以可用泊松分布近似求二项分布的概率,即

$$P\{X\leqslant 5\}\approx\sum_{x=0}^{5}\frac{5^x}{x!}e^{-5},$$

查泊松分布函数表,可得 $P\{X\leqslant 5\}\approx 0.6160$.

习题 2.3

1. 设有 10 件同类型的产品,其中有 2 件次品、8 件合格品,从中有放回地随机取 3 件. 记 X 为 3 件中的次品数,试求 X 的分布.

2. 从家中乘汽车到学校的途中有 3 个交通岗,假设在每个交通岗遇到红灯的事件是相互独立的,并且概率都是 $\frac{1}{3}$,设 X 为途中遇到红灯的次数. 试求 X 的分布.

3. 某特效药的临床有效率为 0.95,今有 100 人服用. 试问平均有多少人能治愈呢?

4. 保险公司的某险种规定:每一保单有效期为一年,有效理赔一次,每个保单收取保费 500 元,理赔额为 20 000 元. 据估计每个保单索赔概率为 0.005,设公司共卖出这种保单 800 个. 试求该公司在该险种上获得的平均利润.

5. 一种射击游戏规定:每 10 元可以射击 10 次,击中至少 5 次奖 20 元,否则不奖. 某游戏参与者每次射击的命中率为 0.6,且前后两次射击互不影响. 试问他获奖的概率有多大?

6. 甲、乙两选手进行比赛,假定每局比赛甲胜的概率为 0.6,乙胜的概率为 0.4,前后

两场比赛互不影响. 试问采用 3 局 2 胜制还是 5 局 3 胜制, 对甲更有利?

7. 某产品的次品率为 0.1, 检验员每天检验 4 次, 每次随机抽取 10 个产品进行检验, 如发现次品多于 1 个就要调整设备. 试求 1 天中要调整设备的平均次数.

8. 进行 4 次独立的试验, 每次试验中事件 A 发生的概率均为 0.3, 若 A 不发生, 则事件 B 也不发生; 若 A 发生一次, 则 B 发生的概率为 0.6; 若 A 至少发生二次, 则 B 一定发生. 试求 B 发生的概率.

9. 设有一大批某种产品, 其次品率为 0.02, 现对该批产品不放回地一个一个地进行检查, 直到检查出次品为止. 试求需要检查 60 个的概率.

10. 从一个装有 8 个白球、2 个黑球的袋中有放回地摸球, 直到摸到黑球为止. 试求取出白球数的期望.

11. 某人有一串 10 把外形相似的钥匙, 其中只有一把能打开家门. 有一天该人酒醉后回家, 下意识地每次从 10 把钥匙中随便拿一把去开门. 试问该人在第 3 次才把门打开的概率多大? 平均试几次才能把门打开?

12. 证明: 若 $X \sim Ge(p)$, 则对任意两个正整数 m, n, 都有 $P\{X > m + n \mid X > m\} = P\{X > n\}$, 即几何分布具有无记忆性.

13. 某优秀射手命中 10 环的概率为 0.8, 试问在他第 5 次命中 10 环时平均要射击几次?

14. 设轮胎仓库中有 5% 的轮胎是坏的, 一辆车需要有 4 个好轮胎, 为此在轮胎仓库中随机地抽取轮胎. 试求: (1) 找到 4 个好轮胎之前, 遇到 2 个坏轮胎的概率; (2) 在找到 4 个好轮胎之前平均会遇到的坏轮胎数目.

15. 设有 10 件同类型的产品, 其中有 2 件次品. 从中有放回抽取 1 件. 试求: (1) 在抽到 5 件合格品之前遇到 4 件次品的概率; (2) 抽到 5 件合格品时的平均抽产品次数.

16. 设路过某十字路口的出租车空车的概率为 10%, 某旅客在此十字路口等出租车, 但他前面还有两人在等出租车. 试求: (1) 该旅客坐上出租车前路过十字路口已载有乘客而不停的出租车数量为 3 的概率; (2) 该旅客坐上出租车前过去的出租车平均数量.

17. 4 名男生和 2 名女生中任选 3 人参加演讲比赛, 试求所选 3 人中女生人数不超过 1 的概率.

18. 某导游团有外语导游 10 人, 其中 6 人会说日语, 现要选出 4 人去完成一项任务. 试求有两人会说日语的概率.

19. 一批产品共 100 件, 其中有 10 件次品, 为了检验其质量, 从中不放回地随机抽取 5 件. 试求抽到的 5 件产品中至少有 1 件次品的概率.

20. 一部电话交换台每分钟接到的呼叫次数服从参数为 4 的泊松分布. 试求: (1) 每分钟恰有 6 次呼叫的概率; (2) 每分钟的呼叫次数大于 5 的概率.

21. 一铸件的砂眼数服从参数为 0.5 的泊松分布, 试求此铸件上至多 1 个砂眼的概率和至少有 2 个砂眼的概率.

22. 设随机变量 $X \sim P(1)$, 试求 $P\{X = E(X^2)\}$.

23. 假如生三胞胎的概率为 0.0001, 试求 100000 次分娩中, 有 2 次生三胞胎的概率.

24. 设一个纺织工照顾 800 个纺锭, 每个纺锭在某一段时间内发生断头的概率为 0.005.

试求 x，使发生断头次数超过 x 的概率为 0.7619.

25.　为了保证设备正常工作，需配备适量的维修工人，现有同类型设备 300 台，各台工作是相互独立的，发生故障的概率都是 0.01. 在通常情况下一台设备的故障可由一个人来处理. 试问至少需配备多少工人，才能保证设备发生故障但不能及时维修的概率小于 0.01?

§2.4　常用连续型分布

常用连续型分布有均匀分布、指数分布、正态分布、卡方分布、t 分布、F 分布等，本节先介绍均匀分布、指数分布和正态分布. 卡方分布、t 分布和 F 分布将在第四章介绍.

2.4.1　均匀分布

均匀分布用来描述在一个区间上取每一点的可能性均相等的随机变量及其分布.

若随机变量 X 的密度函数为

$$f(x)=\begin{cases}\dfrac{1}{b-a}, & a<x<b, \\ 0, & \text{其他,}\end{cases} \tag{2.4.1}$$

则称 X 服从 (a,b) 上的**均匀分布**，记作 $X\sim U(a,b)$. 均匀分布的分布函数为

$$F(x)=\begin{cases}0, & x<a, \\ \dfrac{x-a}{b-a}, & a\leqslant x<b, \\ 1, & x\geqslant b.\end{cases} \tag{2.4.2}$$

均匀分布的密度函数 $f(x)$ 和分布函数 $F(x)$ 的图像分别如图 2.4.1 和图 2.4.2 所示.

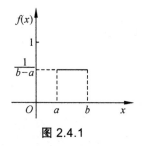

图 2.4.1

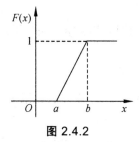

图 2.4.2

均匀分布的期望和方差分别为：

（1）$E(X)=\dfrac{a+b}{2}$, $\qquad\qquad\qquad\qquad\qquad\qquad$（2.4.3）

（2）$D(X)=\dfrac{(b-a)^2}{12}$. $\qquad\qquad\qquad\qquad\qquad\qquad$（2.4.4）

例 2.4.1　设随机变量 $X\sim U(2,5)$，现在对 X 进行三次独立观测. 试求至少有两次观测值

大于 3 的概率.

解　由题意知，X 的密度函数为

$$f(x) = \begin{cases} \dfrac{1}{3}, & 2 < x < 5, \\ 0, & \text{其他}, \end{cases}$$

所以

$$P(A) = P\{X > 3\} = \int_3^5 \frac{1}{3} \mathrm{d}x = \frac{2}{3}.$$

设 Y 为三次独立观测中 X 值大于 3 的次数，则 $Y \sim B\left(3, \dfrac{2}{3}\right)$，从而所求概率为

$$P\{Y \geqslant 2\} = P\{Y = 2\} + P\{Y = 3\} = \mathrm{C}_3^2 \left(\frac{2}{3}\right)^2 \frac{1}{3} + \mathrm{C}_3^3 \left(\frac{2}{3}\right)^3 = \frac{20}{27}.$$

例 2.4.2　已知某种圆盘形构件的半径（单位：cm）服从 $(99.5, 100.5)$ 上的均匀分布，试求该种构件的周长 L 和面积 S 的平均值.

解　设 R，L 和 S 分别为该种构件的半径、周长和面积. 依题意知，$R \sim U(99.5, 100.5)$，其密度函数为

$$f(r) = \begin{cases} 1, & 99.5 < r < 100.5, \\ 0, & \text{其他}, \end{cases}$$

$$E(R) = \frac{99.5 + 100.5}{2} = 100,$$

$$E(L) = E(2\pi R) = 2\pi E(R) = 2\pi \times 100 \approx 628.3,$$

$$E(S) = E(\pi R^2) = \pi E(R^2) = \pi \int_{99.5}^{100.5} r^2 \mathrm{d}r = \frac{\pi}{3} r^3 \Big|_{99.5}^{100.5} \approx 31\,416.2,$$

故该种构件的平均周长为 628.3cm，平均面积为 $31\,416.2\,\mathrm{cm}^2$.

2.4.2　指数分布

指数分布用来描述对某一事物发生的等待时间分布.

例如，乘客在汽车站的等车时间、电子元器件的可靠性、电视机的寿命等符合指数分布. 在日本的工业标准和美国军用标准中，半导体器件的抽验方案都是采用指数分布. 指数分布还用来描述大型复杂系统（如计算机）的平均故障间隔时间.

若随机变量 X 的密度函数为

$$f(x) = \begin{cases} \lambda \mathrm{e}^{-\lambda x}, & x \geqslant 0, \\ 0, & x < 0, \end{cases} \tag{2.4.5}$$

其中 $\lambda > 0$ 为参数，则称 X 服从参数为 λ 的**指数分布**，记作 $X \sim Exp(\lambda)$. 指数分布的分布函数为

$$F(x) = \begin{cases} 1 - e^{-\lambda x}, & x \geq 0, \\ 0, & x < 0. \end{cases} \tag{2.4.6}$$

指数分布的密度函数图像如图 2.4.3 所示，不同参数的指数分布的密度函数都是单调递减的.

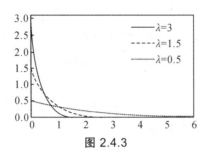

图 2.4.3

指数分布的期望和方差分别为：

（1）$E(X) = \dfrac{1}{\lambda}$， $\qquad\qquad\qquad\qquad\qquad\qquad$ （2.4.7）

（2）$D(X) = \dfrac{1}{\lambda^2}$. $\qquad\qquad\qquad\qquad\qquad\qquad$ （2.4.8）

指数分布具有无记忆性（证明留作课后习题），该特性是指，若 $X \sim Exp(\lambda)$，则对任意两个正数 $x_1, x_2 > 0$，都有

$$P\{X > x_1 + x_2 \mid X > x_2\} = P\{X > x_1\}, \tag{2.4.9}$$

即指数分布对过去的时间信息遗忘了. 指数分布具有无记忆性与机械零件的疲劳、磨损、腐蚀、蠕变等损伤过程的实际情况是完全矛盾的，它违背了产品损伤累积和老化这一过程. 所以，指数分布不能作为机械零件功能参数的分布形式. 但是，指数分布可以近似地作为高可靠性的复杂部件、机器或系统的失效分布模型，特别是在部件或机器的整机试验中得到广泛的应用.

例 2.4.3　已知某种电子元件的寿命服从指数分布，其平均寿命为 1000 小时. 试求 3 个这样的电子元件使用 1000 小时，至少已有 1 个损坏的概率.

解　设 X 为这种电子元件的寿命，依题意知，$X \sim Exp(\lambda)$, $\lambda = \dfrac{1}{E(X)} = \dfrac{1}{1000}$. X 的分布函数为

$$F(x) = \begin{cases} 1 - e^{-\frac{x}{1000}}, & x \geq 0, \\ 0, & x < 0. \end{cases}$$

每个电子元件使用 1000 小时已损坏的概率为

$$p = P\{X \leqslant 1000\} = 1 - e^{-1}.$$

设 Y 为 3 个电子元件中使用 1000 小时已经损坏的个数，3 个电子元件相互独立，则 $Y \sim B(3, 1-e^{-1})$．所以 3 个电子元件使用 1000 小时至少已有 1 个损坏的概率为

$$P\{Y \geqslant 1\} = 1 - P\{Y = 0\} = 1 - C_3^0 p^0 (1-p)^3$$
$$= 1 - [1 - (1 - e^{-1})]^3 = 1 - e^{-3}.$$

2.4.3　正态分布

正态分布是最重要的一类分布，数理统计中的许多统计推断都是建立在正态分布基础之上的．法国数学家棣谟佛（Abraham de Moivre，1667—1754）发现了一个二项分布的近似公式，这一公式被认为是正态分布的首次露面，由于德国数学家高斯（C. F. Gauss，1777—1855）在研究误差理论时首先使用了正态分布，故正态分布又称**高斯分布**.

高斯

1）一般正态分布

如果随机变量 X 的密度函数为

$$\varphi(x) = \frac{1}{\sqrt{2\pi}\sigma} \exp\left\{ -\frac{(x-\mu)^2}{2\sigma^2} \right\}, \quad -\infty < x < +\infty, \tag{2.4.10}$$

其中 μ 和 σ^2 为参数，则称 X 服从参数为 μ 和 σ^2 的**正态分布**，记作 $X \sim N(\mu, \sigma^2)$．

可以证明，正态分布密度函数中的参数 μ 和 σ^2 分别为其期望和方差，即

（1）$E(X) = \mu$，

（2）$D(X) = \sigma^2$．

正态分布的密度函数图像如图 2.4.4 所示，不同参数的正态分布密度函数 $\varphi(x)$ 关于参数 μ 对称，μ 越大 $\varphi(x)$ 的曲线越往右平移，参数 σ^2 越大曲线越平坦.

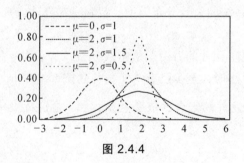

图 2.4.4

$X \sim N(\mu, \sigma^2)$ 的分布函数为

$$\Phi(x) = \frac{1}{\sqrt{2\pi}\sigma} \int_{-\infty}^{x} \exp\left\{ -\frac{(t-\mu)^2}{2\sigma^2} \right\} dt. \tag{2.4.11}$$

2）标准正态分布

均值为 0、方差为 1 的正态分布，即 $Z \sim N(0,1)$ 称为**标准正态分布**，其密度函数为

$$\varphi_0(z) = \frac{1}{\sqrt{2\pi}} \exp\left\{-\frac{z^2}{2}\right\}, \quad -\infty < z < +\infty, \tag{2.4.12}$$

$Z \sim N(0,1)$ 的分布函数为

$$\Phi_0(z) = \frac{1}{\sqrt{2\pi}} \int_{-\infty}^{z} \exp\left\{-\frac{t^2}{2}\right\} \mathrm{d}t. \tag{2.4.13}$$

$N(0,1)$ 的密度函数不含参数且关于原点对称，因此，

（1）$\Phi_0(-a) = 1 - \Phi_0(a)$， $\tag{2.4.14}$

（2）对于 $a > 0$， $P\{|Z| < a\} = 2\Phi_0(a) - 1$， $\tag{2.4.15}$

（3）对于 $a > 0$， $P\{|Z| > a\} = 2 - 2\Phi_0(a)$. $\tag{2.4.16}$

正态分布的分布函数不能用初等函数来表示，人们利用数值计算方法编制了标准正态分布概率分布表（见附表 2），在实际计算时可以查表.

例 2.4.4　设随机变量 $Z \sim N(0,1)$，试求：

（1）$P\{Z \leqslant 1.96\}$， $P\{Z \leqslant -1.96\}$， $P\{|Z| \leqslant 1.96\}$ 和 $P\{-1 < Z \leqslant 2\}$；

（2）已知 $P\{Z \leqslant a\} = 0.7019$， $P\{Z \leqslant b\} = 0.2981$， $P\{|Z| \leqslant c\} = 0.90(c > 0)$，试求 a, b, c.

解　（1）查标准正态分布概率分布表得

$$P\{Z \leqslant 1.96\} = \Phi_0(1.96) = 0.975,$$

$$P\{Z \leqslant -1.96\} = 1 - P\{Z \leqslant 1.96\} = 1 - \Phi_0(1.96) = 0.025,$$

$$P\{|Z| \leqslant 1.96\} = 2\Phi_0(1.96) - 1 = 0.95,$$

$$P\{-1 < Z \leqslant 2\} = \Phi_0(2) - \Phi_0(-1) = \Phi_0(2) + \Phi_0(1) - 1$$
$$\approx 0.9772 + 0.8413 - 1 = 0.8185.$$

（2）$P\{Z \leqslant a\} = 0.7019$，查标准正态分布概率分布表得 $a = 0.53$.

由于 $P\{Z \leqslant b\} = 0.2981 < 0.5$，所以 $b < 0$. 又

$$\Phi_0(-b) = 1 - \Phi_0(b) = 1 - P\{Z \leqslant b\} = 0.7019,$$

查表得 $-b = 0.53, b = -0.53$.

因为 $P\{|Z| \leqslant c\} = 2\Phi_0(c) - 1 = 0.90$，故

$$\Phi_0(c) = \frac{1 + 0.90}{2} = 0.95,$$

查标准正态分布概率分布表得 $c = 1.65$.

3）一般正态分布的标准化

定理 2.4.1　若随机变量 $X \sim N(\mu, \sigma^2)$， $Y = aX + b$， $a(a \neq 0), b$ 为常数，则

$$Y \sim N(a\mu+b, a^2\sigma^2). \tag{2.4.17}$$

例 2.4.5 设随机变量 $X \sim N(0,2^2)$，试求 $Y_1 = 3X+5$ 和 $Y_2 = -X$ 的分布.

解 由定理 2.4.1 知，Y_1, Y_2 都服从正态分布，其期望与方差分别为

$$E(Y_1) = E(3X+5) = 3\times 0+5 = 5 , \quad D(Y_1) = D(3X+5) = 9\times 2^2 = 6^2 ,$$

$$E(Y_2) = E(-X) = 0, D(Y_2) = D(-X) = 2^2 ,$$

所以，$Y_1 \sim N(5, 6^2), Y_2 \sim N(0, 2^2)$.

在例 2.4.5 中，$Y_2 = -X$ 和 X 都服从 $N(0, 2^2)$，但这是两个完全不同的随机变量，因此分布相同与随机变量相等是两个完全不同的概念，不能混淆.

推论 2.4.1 随机变量 $X \sim N(\mu, \sigma^2)$ 的充要条件是

$$Z = \frac{X-\mu}{\sigma} \sim N(0,1). \tag{2.4.18}$$

对于一般随机变量 X，令

$$X^* = \frac{X - E(X)}{\sqrt{D(X)}}, \tag{2.4.19}$$

由期望和方差的性质知，$E(X^*) = 0$，$D(X^*) = 1$，称 X^* 为 X 的**标准化随机变量**.

正态分布的标准化随机变量仍然为正态分布，但其他类型的分布标准化后却不一定是原有的同类型分布.

推论 2.4.2 设随机变量 $X \sim N(\mu, \sigma^2)$，$\Phi(x), \varphi(x)$ 分别表示其分布函数和密度函数，$\Phi_0(x), \varphi_0(x)$ 分别表示 $N(0,1)$ 的分布函数和密度函数，则有

$$P\{X \leqslant x\} = \Phi(x) = \Phi_0\left(\frac{x-\mu}{\sigma}\right). \tag{2.4.20}$$

由推论 2.4.2 可知，利用 $N(0,1)$ 可以计算一般正态分布 $X \sim N(\mu, \sigma^2)$ 的概率.

例 2.4.6 已知随机变量 $X \sim N(8, 0.5^2)$，试求：

（1）$P\{X < 9\}, P\{X < 7\}$，$P\{7.5 \leqslant X < 8.5\}$，$P\{|X-8| < 1\}$ 和 $P\{|X-8| > 1\}$；

（2）若 $P\{X \leqslant a\} = 0.7019$，求 a 的值.

解 （1）由推论 2.4.2 知，$P\{X < 9\} = \Phi_0\left(\dfrac{9-8}{0.5}\right) = \Phi_0(2) \approx 0.9772$，

$$P\{X < 7\} = \Phi_0\left(\frac{7-8}{0.5}\right) = \Phi_0(-2) = 1-\Phi_0(2) \approx 0.0228 ,$$

$$P\{7.5 \leqslant X < 8.5\} = \Phi_0\left(\frac{8.5-8}{0.5}\right) - \Phi_0\left(\frac{7.5-8}{0.5}\right) = \Phi_0(1)-\Phi_0(-1) = 2\Phi_0(1)-1 \approx 0.6827 ,$$

$$P\{|X-8| < 1\} = P\{7 < X < 9\} = P\{X < 9\} - P\{X < 7\} \approx 0.9545 ,$$

$$P\{|X-8|>1\}=1-P\{|X-8|<1\}\approx 0.0455.$$

（2）$P\{X\leqslant a\}=\varPhi_0\left(\dfrac{a-8}{0.5}\right)=0.7019$ ，

查标准正态分布概率分布表得，$\dfrac{a-8}{0.5}\approx 0.53$ ，$a\approx 8.265$.

例 2.4.7　已知某单位招聘员工，共有 10 000 人报考. 假设考试成绩服从正态分布，且已知 90 分以上有 359 人，60 分以下有 1151 人. 现按考试成绩从高分到低分依次录取 2500 人，试确定本次招聘的录取分数线.

解　设 X 为考试成绩，$X\sim N(\mu,\sigma^2)$ ，由于试验次数充分大时，频率可以看作概率的近似值，所以

$$P\{X\leqslant 90\}=\varPhi_0\left(\dfrac{90-\mu}{\sigma}\right)\approx\dfrac{10\,000-359}{10\,000}=0.9641,$$

$$P\{X\leqslant 60\}=\varPhi_0\left(\dfrac{60-\mu}{\sigma}\right)\approx\dfrac{1151}{10\,000}=0.1151,$$

查标准正态分布概率分布表，得 $\dfrac{90-\mu}{\sigma}\approx 1.8,\dfrac{60-\mu}{\sigma}\approx -1.2$ ，解得 $\mu\approx 72,\sigma\approx 10$. 若按考试成绩从高分到低分依次录取 2500 人，录取分数线 a 分，则

$$P\{X\geqslant a\}=1-P\{X<a\}=1-\varPhi_0\left(\dfrac{a-72}{10}\right)\approx\dfrac{2500}{10\,000}=0.25,$$

$$\varPhi_0\left(\dfrac{a-72}{10}\right)\approx 0.75,$$

查正态分布表，得 $\dfrac{a-72}{10}\approx 0.67$ ，解得 $a\approx 78.7$.

所以，本次招聘的录取分数线为 78.7 分.

例 2.4.8*　设随机变量 $X\sim N(\mu,\sigma^2)$ ，试求 $Y=\mathrm{e}^X$ 的分布.

解　$Y=\mathrm{e}^X$ 是严格递增函数，其反函数为 $X=\ln Y$.

当 $y\leqslant 0$ 时，$F_Y(y)=P\{Y\leqslant y\}=P\{\mathrm{e}^X\leqslant y\}=P(\varnothing)=0$ ；

当 $y>0$ 时，$F_Y(y)=P\{Y\leqslant y\}=P\{\mathrm{e}^X\leqslant y\}=P\{X\leqslant\ln y\}=\varPhi(\ln y)$.

因此，Y 的分布函数为

$$F_Y(y)=\begin{cases}\varPhi(\ln y), & y>0,\\ 0, & y\leqslant 0,\end{cases}$$

Y 的密度函数为

$$f_Y(y)=\begin{cases}\dfrac{1}{\sqrt{2\pi}\,\sigma y}\exp\left\{-\dfrac{1}{2\sigma^2}(\ln y-\mu)^2\right\}, & y>0,\\[2mm] 0, & y\leqslant 0.\end{cases}$$

称上述分布为**对数正态分布**.

金融学中，常用对数正态分布描述风险资产的价格分布. 设风险资产的收益率 R 是连续复合收益率且服从正态分布 $N(\mu, \sigma^2)$，资产的期初价格为 P_0，则期末价格 $P_1 = P_0 e^R$ 为随机变量. 由于假设 R 服从正态分布，所以 $P_1 = P_0 e^R$ 服从对数正态分布. 进而有

$$R = \ln(P_1 / P_0) = \ln P_1 - \ln P_0 ,$$

所以连续复合收益率也称为对数收益率.

例 2.4.9* 正态分布的应用可以从六西格玛管理中得到具体体现. 六西格玛（6σ）作为品质管理概念，最早是由摩托罗拉公司的比尔·史密斯（Bill Smith）于 1986 年提出，其目的是设计一个目标：在生产过程中降低产品及流程的缺陷次数，防止产品变异，提升品质. 杰克·韦尔奇（Jack Welch）于 20 世纪 90 年代发展起来的六西格玛管理总结了全面质量管理的成功经验，

杰克·韦尔奇

提炼了其中流程管理技巧的精华和最行之有效的方法，如今成为一种提高企业业绩与竞争力的管理模式. 该管理方法在摩托罗拉、通用电气、戴尔、惠普、西门子、索尼、东芝、华硕等众多跨国企业的实践中证明是卓有成效的. 六西格玛管理要求产品、或服务、或过程的输出要达到顾客要求或不能超出规格规定，超出规格即缺陷. 下面简要介绍六西格玛的统计学定义和应用.

设短期中产品, 或服务, 或过程值为随机变量 $X \sim N(\mu, \sigma^2)$，顾客要求或规格上限为 USL，下限为 LSL，并设 USL 和 LSL 关于 μ 对称，$X > ULS$ 或 $X < LSL$ 即缺陷. 六西格玛管理水准通常以 $USL - \mu = z\sigma(z > 0)$ 或 $\mu - LSL = z\sigma(z > 0)$ 来衡量，z 称为**西格玛水平**. 六西格玛管理的终极目标是通过控制标准差 σ 最终达到西格玛水平 $z \geq 6$. 正态分布 $X \sim N(\mu, \sigma^2)$ 与其 6σ 区间如图 2.4.5 所示.

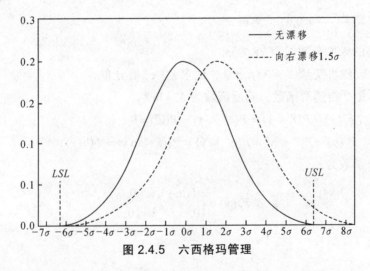

图 2.4.5　六西格玛管理

$X > USL = \mu + z\sigma$ 或 $X < LSL = \mu - z\sigma$ 即缺陷，所以出现缺陷的概率为

$$P\{X < \mu - z\sigma\} + P\{X > \mu + z\sigma\} = P\{|X - \mu| > z\sigma\} ,$$

由正态分布知，

$$P\{|X-\mu|>z\sigma\}=P\left\{\left|\frac{X-\mu}{\sigma}\right|>z\right\}=2-2\Phi_0(z).$$

六西格玛管理中，机会缺陷率（Defects Per Opportunity，DPO），表示每个样本量中总的缺陷数占全部机会数的比例，即

$$DPO=\frac{总的缺陷数}{产品数\times机会数},$$

将 DPO 视作试验的频率，当"产品数×机会数"充分大时，DPO 约等于出现缺陷的概率，即

$$DPO\approx2-2\Phi_0(z).$$

DPO 又常以百万机会缺陷率（Defects Per Million Opportunity，DPMO）表示，即

$$DPMO=DPO\times10^6.$$

令

$$DPMO=10^6(2-2\Phi_0(z)),$$

即可得到西格玛水平 z 和对应的百万机会缺陷率的关系，见表 2.4.1.

表 2.4.1　短期中西格玛水平和对应的百万机会缺陷数

西格玛水平 z	规格落在规范限内概率	发生缺陷的概率	DPMO
1	0.682 689 492 1	0.317 310 507 9	317 310.507 9
2	0.954 499 736 1	0.045 500 263 9	45 500.263 9
3	0.997 300 203 9	0.002 699 796 1	2699.7961
4	0.999 936 657 5	0.000 063 342 5	63.3425
5	0.999 999 426 7	0.000 000 573 3	0.5733
6	0.999 999 998 0	0.000 000 002 0	0.0020

例如，假定 100 块电路板中，每一个电路板都含有 100 个缺陷机会，若在制造这 100 块电路板时共发现 21 个缺陷，则短期的 DPO 为

$$DPO=\frac{21}{100\times100}=0.0021=0.21\%,$$

$$DPMO=\frac{21\times10^6}{100\times100}=2100,$$

令

$$DPO=0.0021\approx2-2\Phi_0(z),$$

借助 Excel 中的标准正态分布函数，可得六西格玛水平 $z\approx3.08$.

实践表明，在长期过程中会发生漂移．美国学者 Bender 和 Gilson 花了近 30 年的时间独立研究生产流程中的漂移，获得的结果是 1.49 个标准差(σ)，为了方便，人们把这种漂移看成 1.5 个 σ 的位移，如图 2.4.5 所示．如长期过程中发生了右漂移，事件 $\{|X-\mu-1.5\sigma|>z\sigma\}$ 发生即认为是缺陷．出现缺陷的概率为

$$P\{|X-\mu-1.5\sigma|>z\sigma\}=P\left\{\left|\frac{X-\mu}{\sigma}\right|>z+1.5\right\}=2-2\Phi_0(z+1.5).$$

所以，在长期过程中产品、服务、过程设计的百万机会缺陷数会发生变化，见表 2.4.2.

表 2.4.2　过程右漂移时的西格玛水平和对应的百万机会缺陷数

西格玛水平 z	规格落在规范限内概率	发生缺陷的概率	DPMO
1	0.302 327 873 4	0.697 672 126 6	697 672.126 6
2	0.691 229 832 2	0.308 770 167 8	308 770.167 8
3	0.933 189 401 1	0.066 810 598 9	66 810.598 9
4	0.993 790 315 7	0.006 209 684 3	6209.6843
5	0.999 767 370 9	0.000 232 629 1	232.6291
6	0.999 996 602 3	0.000 003 397 7	3.3977

因此，在长期过程中六西格玛管理的目标是西格玛水平达到 6、百万机会缺陷数小于 3.4 个．

习题 2.4

1. 设随机变量 $X\sim U(0,1)$，现有常数 a，任取 4 个 X 值，已知至少有 1 个大于 a 的概率为 0.9．试求 a 的值．

2. 某种型号的电子表的快慢误差（单位：s）服从 $(-5,5)$ 上的均匀分布，试求该种电子表快慢绝对误差超过 3 秒的概率．

3. 设公共汽车站从上午 7 时起每隔 15 分钟来一班车，如果某乘客到达此站的时间在 7:00 到 7:30 之间是可能的．试求该乘客候车时间不超过 5 分钟的概率．

4. 在某公共汽车站，甲、乙、丙三人分别等 1、2、3 路公共汽车，设每个人等车时间（单位：分钟）均服从 $(0,5)$ 上的均匀分布．试求 3 人中至少有两个人等车时间不超过 2 分钟的概率．

5. 设某种商品每周的需求量（单位：吨）服从 $(10,30)$ 上的均匀分布．商店每销售 1 吨商品可获利 500 元；若供大于求，则削价处理，每处理 1 吨商品亏损 100 元；若供不应求，则可从外部调剂供应，此时每 1 吨商品仅获利 300 元．为使商店所获利润期望不少于 9280 元，试确定最少进货量．

6. 设随机变量 $X \sim Exp(1)$ ，试求 $E(X + \mathrm{e}^{-2X})$.

7. 证明：若随机变量 $X \sim Exp(\lambda)$ ，则对任意两个正数 $x_1 > 0, x_2 > 0$ ，都有

$$P\{X > x_1 + x_2 | X > x_2\} = P\{X > x_1\} ,$$

即指数分布具有无记忆性，也即指数分布对过去的时间信息被遗忘了.

8. 某机械发生故障后的维修时间（单位：h）服从参数为 0.02 的指数分布. 试求该机械平均维修时间.

9. 若一次电话通话时间（单位：min）服从参数为 0.25 的指数分布. 试求一次通话的平均时间.

10. 某银行的服务窗口需要客户等待服务的时间（单位：min）服从参数为 0.2 的指数分布. 某顾客每次到该银行的服务窗口办事都不想超过 10 分钟. 试求他一个月要到银行 5 次等待时间至少 1 次超过 10 分钟的概率.

11. 3 个电子元件并联成一个系统，若 3 个元件损坏两个或两个以上时，系统便报废，已知电子元件的寿命（单位：h）服从参数为 0.001 的指数分布. 试求系统的寿命超过 1000 小时的概率.

12. 某电子元件的使用寿命（单位：h）服从参数为 0.0001 的指数分布. 试求 5 个同类型的元件在使用 6000 小时前恰有 2 个需要更换的概率.

13. 某种设备的使用寿命（单位：年）服从指数分布，其平均寿命为 4 年. 制造此种设备的厂家规定，若设备在使用一年之内损坏，则予以调换. 如果设备制造厂每售出一台设备可盈利 100 元，而制造厂调换一台设备需花费 300 元. 试求每台设备的平均利润.

14. 设随机变量 $X \sim N(\mu, \sigma^2)$ ，则随 σ 的增大，$P\{X - \mu < \sigma\}$（   ）.

（A）单调增大   （B）单调减小

（C）保持不变   （D）增减不定

15. 设随机变量 $X \sim N(\mu, \sigma^2)$ ，则随 μ 的增大，$P\{X - \mu < \sigma\}$（   ）.

（A）单调增大   （B）单调减小

（C）保持不变   （D）增减不定

16. 设随机变量 $X \sim N(\mu_1, \sigma_1^2), Y \sim N(\mu_2, \sigma_2^2)$ ，且 $P\{|X - \mu_1| < 1\} > P\{|Y - \mu_2| < 1\}$ ，则必有（   ）.

（A）$\sigma_1^2 < \sigma_2^2$ （B）$\sigma_1^2 > \sigma_2^2$

（C）$\mu_1 < \mu_2$ （D）$\mu_1 < \mu_2$

17. 已知 $X^3 \sim N(1, 7^2)$ ，则 $P\{1 < X < 2\}$ 等于（   ）.

（A）$\Phi_0(2) - \Phi_0(1)$ （B）$\Phi_0(2^3) - \Phi_0(1)$

（C）$\Phi_0(1) - 0.5$ （D）$\Phi_0(3^3) - \Phi_0(2^3)$

18. 设随机变量 $X \sim N(2, 9)$ ，则随机变量 $3X + 1$ 的分布为（   ）.

（A）$N(6, 81)$ （B）$N(7, 81)$

（C）$N(6, 9)$ （D）$N(7, 9)$

19. 设随机变量 $X \sim N(-2, 0.4^2)$ ，试求 $E(X + 3)^2$.

20. 设随机变量 $X \sim N(3,4)$，试求：（1）$P\{2 < X \leqslant 5\}$；（2）$P\{|X| > 2\}$；（3）确定 c 使得 $P\{X > c\} = P\{X < c\}$.

21. 设随机变量 $X \sim N(2, \sigma^2)$，$P\{2 < X < 4\} = 0.3$，试求 $P\{X < 0\}$.

22. 某中学高考数学成绩服从均值为 100、方差为 100 的正态分布，试求此校数学成绩在 120 分以上的考生占总人数的百分比.

23. 设某项竞赛成绩服从均值为 65、方差为 100 的正态分布，若按参赛人数的 10% 发奖. 试问获奖分数线应定为多少?

24. 某投资者有两个投资项目可供选择. 第一个投资项目的利润（单位：万元）服从均值为 8、方差为 9 的正态分布，第二个投资项目的利润（单位：万元）服从均值为 6、方差为 4 的正态分布，投资者希望利润超过 5 万元的概率尽量大. 试问他应选择哪一个项目?

25. 公共汽车门的高度是按照确保 99% 以上的成年男子头部不跟车门顶部碰撞设计的，若某地成年男子的身高（单位：cm）服从均值为 173、方差为 49 的正态分布. 试问车门应设计多高（精确到 1cm）?

26. 某种型号电池的寿命近似服从正态分布，平均寿命为 μ. 已知其寿命在 250 小时以上的概率和寿命不超过 350 小时的概率均为 92.36%. 试问为使其寿命在 $\mu - x$ 和 $\mu + x$ 之间的概率不小于 0.9，x 至少为多少?

27. 在电源电压（单位：伏特）不超过 200、介于 200 ~ 240 之间和超过 240 三种情形下，某种电子元件损坏的概率分别为 0.1，0.001 和 0.2. 假设电源电压服从均值为 220、方差为 625 的正态分布. 试求该电子元件损坏的概率.

§2.5　随机变量的其他数字特征

除期望和方差外，还可以定义其他数字特征来描述随机变量的分布.

2.5.1　k 阶原点矩和 k 阶中心矩

定义 2.5.1　设 X 是随机变量，k 为正整数. 如果期望

$$\mu_k = E(X^k) \text{ 和 } \upsilon_k = E(X - E(X))^k \qquad (2.5.1)$$

存在，则分别称 μ_k 与 υ_k 为 X 的 k 阶原点矩和 k 阶中心矩.

显然随机变量的一阶原点矩就是期望，二阶中心矩就是方差.

例 2.5.1　试求 $Z \sim N(0,1)$ 的 μ_k.

解
$$\mu_k = E(Z^k) = \frac{1}{\sqrt{2\pi}} \int_{-\infty}^{+\infty} z^k \exp\left\{-\frac{z^2}{2}\right\} \mathrm{d}z .$$

当 k 为奇数时，上述被积函数为奇函数，故 $\mu_k = 0 (k = 1, 3, 5, \cdots)$；

当 k 为偶数时，上述被积函数为偶函数，$\mu_k = (k-1)(k-3) \cdots 1 (k = 2, 4, 6, \cdots)$.

故 $N(0,1)$ 分布的前四阶原点矩为

$$\mu_1 = 0, \mu_2 = 1, \mu_3 = 0, \mu_4 = 3 .$$

一般地，当随机变量的分布关于期望对称时，若奇数阶中心矩存在则必为 0.

2.5.2　变异系数

由于方差和标准差受随机变量总体取值大小的影响，用方差和标准差比较两个随机变量取值的离散程度就缺乏可比性. 为了克服随机变量的总体取值大小对方差和标准差的影响，定义随机变量的变异系数.

定义 2.5.2　设 X 是随机变量且二阶矩存在，则称

$$\gamma = \frac{\sqrt{D(X)}}{E(X)} \tag{2.5.2}$$

为 X 的**变异系数**.

变异系数较小的随机变量离散程度相对较小.

例 2.5.2　设 X 为某品种同龄树的高度（单位：m），Y 为另一品种同龄树的高度（单位：m）. X 的期望和标准差分别为 10.5 m 和 14 m，Y 的期望和标准差分别为 8.5 m 和 13 m. 试问两个品种的同龄树，哪一个高度变异程度大？

解　此例观测值虽然都是高度，单位相同，但它们的平均数不相同，只能用变异系数来比较其变异程度的大小. 由于 X 的变异系数为

$$\gamma_X = \frac{\sqrt{D(X)}}{E(X)} = \frac{14}{10.5} \approx 1.3333 ,$$

Y 的变异系数为

$$\gamma_Y = \frac{\sqrt{D(Y)}}{E(Y)} = \frac{13}{8.5} \approx 1.5294 ,$$

所以，X 的变异程度小于 Y 的变异程度.

注意，变异系数的大小，同时受期望和标准差两个数字特征的影响，因而在利用变异系数表示随机变量的变异程度时，最好将期望和标准差也列出.

例 2.5.3　作为变异系数的应用，可以考察变异系数的倒数 $\dfrac{E(X)}{\sqrt{D(X)}}$. 诺贝尔经济学奖获得者威廉·夏普（William F. Sharpe）将风险资产的期望收益率与无风险资产收益率之差比上风险资产的标准差定义为夏普率，用以评价承担单位风险获得超额收益率的高低. 例如，风险资产 X 和 Y 的期望收益率分别为 $E(X) = 0.0038, E(Y) = 0.0030$，标准差分别为 $\sigma(X) = 0.0229$，$\sigma(Y) = 0.0389$，无风险利率为 $r_f = 0.0017$，则风险资产 X 和 Y 的夏普率分别为

$$Sr_X = \frac{E(X) - r_f}{\sigma(X)} = \frac{0.0038 - 0.0017}{0.0229} = 0.0917 ,$$

$$Sr_Y = \frac{E(Y) - r_f}{\sigma(Y)} = \frac{0.0030 - 0.0017}{0.0389} = 0.0334 \,,$$

$Sr_X > Sr_Y$，即风险资产 X 的单位风险超额收益率高于风险资产 Y，所以投资者应选择风险资产 X 进行投资.

2.5.3　偏度系数与峰度系数

标准正态分布的密度函数关于期望对称，为了与标准正态分布做比较以及刻画随机变量的密度函数的形态，定义随机变量的峰度系数和偏度系数.

定义 2.5.3　设随机变量 X 前三阶矩存在，则称

$$\beta_s = \frac{\upsilon_3}{(\upsilon_2)^{3/2}} = \frac{E(X - E(X))^3}{(D(X))^{3/2}} \tag{2.5.3}$$

为 X 的**偏度系数**，简称**偏度**；

$$\beta_k = \frac{\upsilon_4}{(\upsilon_2)^2} - 3 = \frac{E(X - E(X))^4}{(D(X))^2} - 3 \tag{2.5.4}$$

为 X 的**峰度系数**，简称**峰度**.

为了说明偏度系数和峰度系数的意义，将随机变量 X 标准化，即令

$$X^* = \frac{X - E(X)}{\sqrt{D(X)}} \,,$$

则 X 的偏度系数为

$$\beta_s = \frac{E(X - E(X))^3}{(D(X))^{3/2}} = E(X^{*3}) \,,$$

X 的峰度系数为

$$\beta_k = \frac{E(X - E(X))^4}{(D(X))^2} - 3 = E(X^{*4}) - 3 \,.$$

可以证明，随机变量的分布关于期望对称时 3 阶中心矩 $\upsilon_3 = 0$，分布关于期望不对称时 3 阶中心矩 $\upsilon_3 \neq 0$. 偏度系数是 3 阶中心矩除以标准差的立方，是一个相对数，相当于对 3 阶中心矩进行标准化. 如图 2.5.1 所示，当 $\beta_s < 0$ 时，称分布是**左偏态分布**，此时分布的"左尾长右尾短"；当 $\beta_s = 0$ 时，称分布是对称分布；当 $\beta_s > 0$ 时，称分布是**右偏态分布**，此时分布的"左尾短右尾长".

可以证明，标准正态分布的 4 阶原点矩等于 3，所以随机变量 X 的峰度系数是 X 的标准化变量与标准正态分布的 4 阶矩之差.

如图 2.5.2 所示，三个均值相等、方差相等、偏度皆为 0 的密度函数，其峰度有很大区别. $\beta_k > 0$，表示标准化后的分布比标准正态分布更尖峭和（或）尾部更粗；$\beta_k = 0$，表示标准化后的分布与标准正态分布在尖峭程度和尾部粗细程度上相当；$\beta_k < 0$，表示标准化后的分布比标准正态分布更平坦和（或）尾部更细.

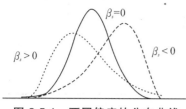

图 2.5.1　不同偏度的分布曲线

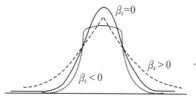

图 2.5.2　不同峰度的分布曲线

2.5.4　分位数

定义 2.5.4　设 X 是连续型随机变量，称满足条件

$$P\{X \leqslant x_\alpha\} = \alpha \ (0 < \alpha < 1) \tag{2.5.5}$$

的数 x_α 为 X 的**左尾 α 分位数**或**下分位数**，如图 2.5.3 所示.

称满足条件

$$P\{X > x_\alpha\} = \alpha \ (0 < \alpha < 1) \tag{2.5.6}$$

的数 x_α 为 X 的**右尾 α 分位数**或**上分位数**，如图 2.5.4 所示.

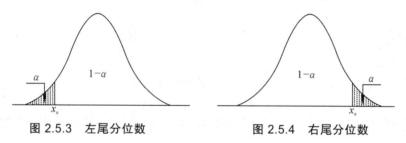

图 2.5.3　左尾分位数　　　　　图 2.5.4　右尾分位数

随机变量的分位数在区间估计、假设检验、方差分析等数理统计方法中有重要应用.

例 2.5.4　标准正态分布 $N(0,1)$ 的部分左尾分位数近似值见表 2.5.1.

表 2.5.1　标准正态分布的部分左尾分位数

α	0.025	0.05	0.1	0.5	0.90	0.95	0.975
分位数	-1.96	-1.65	-1.28	0	1.28	1.65	1.96

定义 2.5.5　设 X 是连续型随机变量，称 0.5 分位数 $x_{0.5}$ 为随机变量 X 的**中位数**.

中位数是描述随机变量的中心位置的数字特征. 中位数和均值不同，它表示随机变量的累积概率正好等于 0.5 的随机变量取值. 如 X 为某班级的数学成绩，且中位数为 80 分，则说明该班有 50% 的同学成绩在 80 分以上.

例 2.5.5　设随机变量 $X \sim Exp(\lambda)$，试求中位数 $x_{0.5}$.

解　由指数分布的分布函数知，

$$F(x_{0.5}) = 1 - e^{-\lambda x_{0.5}} = 0.5 ,$$

$$x_{0.5} = -\frac{\ln 0.5}{\lambda} = \frac{\ln 2}{\lambda} .$$

习题 2.5

1. 设随机变量 X 的分布列为

X	-3	-2	0	3	7
p_i	0.2	0.2	0.2	0.2	0.2

试求 X 的偏度系数和峰度系数.

2. 设随机变量 $X \sim U(0,1)$，试求 X 的偏度系数和峰度系数.

3. 设随机变量 $X \sim U(0,a)$，试求此分布的变异系数.

4. 设随机变量 $X \sim Exp(\lambda)(\lambda > 0)$，试求此分布的变异系数.

5. 设随机变量 X 的密度函数为 $f(x) = \begin{cases} 2x, 0 < x < 1, \\ 0, \ \text{其他}. \end{cases}$ 试求 X 的中位数和左尾 0.95 分位数.

6. 设随机变量 $X \sim N(65,100)$，试求 X 的左尾 0.05 分位数和变异系数.

7. 设随机变量 $X \sim N(0,1)$，对给定的 $0 < \alpha < 1$，数 z_α 满足 $P\{X > z_\alpha\} = \alpha$，若 $P\{|X| < x\} = \alpha$，则 x 等于（　　）.

（A）$z_{\alpha/2}$ 　　　　　　　　　　　（B）$z_{1-\alpha/2}$

（C）$z_{(1-\alpha)/2}$ 　　　　　　　　　（D）$z_{1-\alpha}$

8. 设随机变量 $X \sim Exp(\lambda)$，试求 X 的右尾 0.05 分位数.

9. 已知自由度为 2 的 χ^2 分布的密度函数为 $f(x) = \begin{cases} \dfrac{1}{2}e^{-\frac{x}{2}}, x > 0, \\ 0, \quad x \leqslant 0. \end{cases}$ 试求此分布的分布函数及其右尾 0.05 分位数 $\chi^2_{0.05}$.

§ 2.6　Excel 在计算常用分布中的应用

Excel 内置有常用分布的分布函数、密度函数和分位数函数等，利用这些函数可以很方便地求常用分布的分布函数值、密度函数值或分位数值. 调用这些函数的方法：点击"公式→插入函数→或选择类别(C)：统计→选择函数(N)："，选择要应用的函数.

2.6.1　计算离散型随机变量的期望与方差

例 2.6.1　设离散型随机变量 X 的分布列为

X	-1	0	1	2	3
p_i	0.1	0.2	0.3	0.3	0.1

试求 $E(X), D(X), E(-X+1)$ 和 $D(3X+7)$.

解　步骤 1：将数据输入单元格区域 A1:F2.

⊿	A	B	C	D	E	F
1	X	-1	0	1	2	3
2	p_i	0.1	0.2	0.3	0.3	0.1

步骤 2：在空白单元格输入函数=SUM(B1:F1*B2:F2)，按 Ctrl+Shift+Enter 键，得 E(X)=1.1.

步骤 3：在空白单元格输入函数=SUM((B1:F1-1.1)^2*B2:F2)，按 Ctrl+Shift+Enter 组合键，得 D(X)=1.29.

步骤 4：在空白单元格输入函数=SUM((-B1:F1+1)*B2:F2)，按 Ctrl+Shift+Enter 组合键，得 E(-X+1)= – 0.1.

步骤 5：在空白单元格输入函数=SUM((3*B1:F1+7)*B2:F2)，按 Ctrl+Shift+Enter 组合键，得 E(3X+7)=10.3.

步骤 6：在空白单元格输入函数=SUM((3*B1:F1+7-10.3)^2*B2:F2)，按 Ctrl+Shift+Enter 组合键，得 D(3X+7)=11.61.

2.6.2　计算离散型随机变量 X 在区间 $[a,b]$ 上的概率

例 2.6.2　设离散型随机变量 X 的分布列为

X	-1	0	1	2	3
p_i	0.1	0.2	0.3	0.3	0.1

试求 $P\{0 \leqslant X \leqslant 2\}, P\{-0.5 \leqslant X \leqslant 2\}, P\{-0.5 \leqslant X \leqslant 2.2\}$.

解　步骤 1：将数据输入单元格区域 A1:F2.

⊿	A	B	C	D	E	F
1	X	-1	0	1	2	3
2	p_i	0.1	0.2	0.3	0.3	0.1

步骤 2：在空白单元格输入函数=PROB(B1:F1,B2:F2,0,2)，按 Enter 键，得 $P\{0 \leqslant X \leqslant 2\} = 0.8$.

步骤 3：在空白单元格输入函数=PROB(B1:F1,B2:F2,-0.5,2)，按 Enter 键，得 $P\{-0.5 \leqslant X \leqslant 2\} = 0.8$.

步骤 4：在空白单元格输入函数=PROB(B1:F1,B2:F2,-0.5,2.2)，按 Enter 键，得 $P\{-0.5 \leqslant X \leqslant 2.2\} = 0.8$.

2.6.3　计算二项式分布的概率

BINOM.DIST 返回二项式分布的概率.

语法：BINOM.DIST(number_s,trials,probability_s,cumulative)
其中，number_s 为试验成功的次数. trials 为独立试验的次数. probability_s 为每次试验中成功的概率. cumulative 为一逻辑值，如果 cumulative 为 1 或 TRUE，函数 BINOMDIST 计算的是至多 number_s 次成功的概率；如果为 0 或 FALSE，计算的是 number_s 次成功的概率.

BINOM.INV 返回一个数值，它是使得累积二项式分布的函数值大于等于临界值的最小整数. 即求满足 $P\{X \geqslant x\} \geqslant \alpha$ 的最小值整数 x.

语法：BINOM.INV(trials,probability_s,alpha)

其中，trials 为独立试验的次数. Probability_s 为每次试验中成功的概率. alpha（大于或等于 0，小于或等于 1）为临界值.

例 2.6.3　用 Excel 对例 2.3.3 进行求解.

解　步骤 1：在空白单元格输入函数=BINOM.DIST(5,100,0.05,0)，得 $P\{X = 5\} \approx 0.1800$.

步骤 2：在空白单元格输入函数=BINOM.DIST(5,100,0.05,1)，得 $P\{X \leqslant 5\} \approx 0.6160$.

步骤 3：在空白单元格输入函数=BINOM.INV(100,0.05,0.05)，得 $P\{X \leqslant a\} \geqslant 0.05$ 中的 $a = 2$.

例 2.6.4　用 Excel 对例 2.3.4 进行求解.

解　在空白单元格输入函数=BINOM.DIST(30,100,0.2,1)-BINOM.DIST(13,100,0.2,1)，得 $P\{14 \leqslant X \leqslant 30\} \approx 0.9470$.

2.6.4　计算负二项式分布的概率

NEGBINOMDIST 返回负二项式分布的概率.

语法：NEGBINOMDIST(number_f,number_s,probability_s)

其中，number_f 是失败次数. number_s 是成功的极限次数. probability_s 是每次试验中成功的概率. 此函数计算的是在到达 number_s 次成功之前，出现 number_f 次失败的概率.

例 2.6.5　用 Excel 对例 2.3.5 进行求解.

解　步骤 1：在空白单元格输入函数=NEGBINOMDIST(3,1,0.75)，得第 4 次射击才命中目标的概率约为 0.0117.

步骤 2：在空白单元格输入函数=NEGBINOMDIST(2,3,0.75)，得第 3 次命中目标，射击了 5 次的概率约为 0.1582.

例 2.6.6　用 Excel 对例 2.3.6 进行求解.

解　在空白单元格输入函数=NEGBINOMDIST(5,10,0.6)，得 $P\{X = 15\} \approx 0.1240$.

2.6.5　计算超几何分布的概率

HYPGEOM.DIST 返回超几何分布的概率.

语法：HYPGEOM.DIST(sample_s,number_sample,population_s,number_population)

其中，sample_s 为样本中成功的次数. number_sample 为样本容量. population_s 为总体中成功的次数. number_population 为总体的容量.

例 2.6.7　用 Excel 对例 2.3.7 进行求解.

解　在空白单元格输入函数=HYPGEOM.DIST(5,30,20,100)，得 $P\{X = 5\} \approx 0.1918$.

2.6.6　计算泊松分布的分布函数值或概率

POISSON.DIST 返回泊松分布的分布函数值或概率.

语法：POISSON.DIST(x,mean,cumulative)

其中，x 为事件数. mean 为期望值（即参数 λ）. cumulative 为一逻辑值，如果 cumulative 为 1 或 TRUE，函数 POISSON.DIST 计算的是累积分布概率，即至多出现 x 个概率；如果为 0 或 FALSE，则计算的是恰好出现 x 个概率.

例 2.6.8　用 Excel 对例 2.3.8 进行求解.

解　步骤 1：在空白单元格输入函数=POISSON.DIST(8,5,1)，得 $P\{X \le 8\} \approx 0.9319$；

步骤 2：在空白单元格输入函数=POISSON.DIST (9,5,1)，得 $P\{X \le 9\} \approx 0.9683$；

步骤 3：在空白单元格输入函数=POISSON.DIST (10,5,1)，得 $P\{X \le 10\} \approx 0.9863$.

由此得月底存货不少于 9 件.

2.6.7　计算指数分布的分布函数值或密度函数值

EXPON.DIST 返回指数分布的分布函数值或密度函数值.

语法：EXPON.DIST(x,lambda,cumulative)

其中，x 为左尾部分位数的值. lambda 为参数值. cumulative 为一逻辑值，如果 cumulative 为 1 或 TRUE，EXPON.DIST 计算的是分布函数值；如果为 0 或 FALSE，则计算的是概率密度函数值.

例 2.6.9　某电子元件的寿命 X 服从指数分布，已知其平均寿命为 1000 小时，试求该电子元件使用 1200 小时以上的概率.

解　在空白单元格输入函数=1-EXPON.DIST(1200,1/1000, 1)，得 $P\{X \ge 1200\} \approx 0.3012$.

2.6.8　计算标准正态分布函数值

NORMS.DIST 返回标准正态累积分布函数值.

语法：NORMS.DIST(z)

其中，z 为左尾分位数的值.

NORMS.INV 返回标准正态累积分布函数的反函数值，即标准正态分布的左尾分位数.

语法：NORMS.INV(probability)

其中，probability 为左尾部概率值.

例 2.6.10　用 Excel 对例 2.4.4 进行求解.

解　步骤 1：在空白单元格输入函数=NORMS.DIST(1.96)，得 $P\{X \le 1.96\} \approx 0.9750$.

步骤 2：在空白单元格输入函数=NORMS.DIST(2)-NORMS.DIST(-1)，得 $P\{-1 < X \le 2\} \approx 0.8186$.

步骤 3：在空白单元格输入函数=NORMS.INV(0.7019)，得 $a \approx 0.53$.

2.6.9　计算一般正态分布函数值或密度函数值

NORM.DIST 返回指定平均值和标准偏差的正态分布函数值或密度函数值.

语法：NORM.DIST(x,mean,standard_dev,cumulative)

其中，x 为需要计算其分布的数值. mean 为分布的均值，standard_dev 为分布的标准差. cumulative 为一逻辑值, 如果 cumulative 为 1 或 TRUE, 函数 NORM.DIST 计算的是分布函数值; 如果为 0 或 FALSE, 则计算的是概率密度函数的值.

NORMINV 返回指定平均值和标准偏差的正态累积分布函数的反函数值.

语法: NORM.INV(probability,mean,standard_dev)

其中, probability 为左尾部概率值. mean 为分布的均值. standard_dev 为分布的标准差.

例 2.6.11 用 Excel 对例 2.4.6 进行求解.

解 步骤 1: 在空白单元格输入函数=NORM.DIST(9,8,0.5,1), 得 $P\{X < 9\} \approx 0.9772$.

步骤 2: 在空白单元格输入函数=NORM.DIST(8.5,8,0.5,1)-NORM.DIST(7.5,8,0.5,1), 得 $x, P(7.5 \leqslant X < 8.5) \approx 0.6827$;

步骤 3: 在空白单元格输入函数=NORM.INV(0.7019,8,0.5), 得 $a \approx 8.265$.

习题 2.6

1. 用 Excel 作 $B(10,0.6)$ 分布列的散点图.
2. 用 Excel 作 $P(5)$ 分布列的散点图.
3. 用 Excel 作 $Exp(0.5)$ 的函数密度图像.
4. 用 Excel 作 $N(0,1)$ 的函数密度图像.

第 3 章　多维随机变量的分布及其数字特征

复杂随机现象往往同时涉及多个随机变量．例如，将一根长度为 a 的铁丝首尾相接随机做成一个矩形，设矩形的长和宽分别为 X 和 Y，则 X 和 Y 可理解为随机变量．显然，矩形的面积是由 X 和 Y 共同决定的，且也是随机变量．X 和 Y 会相互影响，这是因为 $Y = a/2 - X$．又如，银行服务每个顾客的时间是随机变量 X，每天到银行的顾客数量是随机变量 Y，银行一天当中服务顾客的时间（及业务操作时间）是由 X 和 Y 共同决定的，而 X 和 Y 可以理解为互不影响．

本章主要内容有二维随机变量的联合分布、边际分布、随机变量的独立性、二维随机变量的数字特征、二维随机变量的线性相关性、大数定律和中心极限定理等．

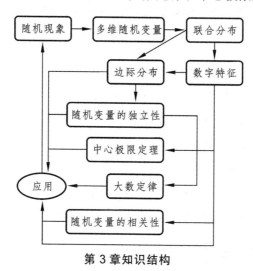

第 3 章知识结构

☆　复杂随机现象可以用多维随机变量来刻画．多维随机变量既可以研究其联合分布，也可以研究其中各个随机变量的分布，即边际分布．利用联合分布或边际分布可以计算事件的概率．

☆　可以从联合分布获得边际分布．一般从边际分布获得联合分布较困难，除非随机变量是相互独立的．

☆　随机变量的独立性在概率论与数理统计中占有相当重要的地位．大数定律、中心极限定理，以及统计推断都是建立在随机变量的独立性基础之上的．

☆　协方差或相关系数刻画了随机变量之间线性关系的强弱，在相关分析和线性回归分析等实际问题中有重要应用．

☆ 随机变量的独立性和线性相关性既有区别又有联系.

☆ 大数定律从理论上说明频率稳定于概率这一事实. 而中心极限定理则说明多个独立随机变量和的分布的渐近正态性，利用它可以对多个相互独立的随机变量和的分布进行近似计算.

§3.1　二维随机变量的分布

3.1.1　二维随机变量及其分布函数

设 X 和 Y 是两个随机变量，X 和 Y 组成的向量 $(X,Y)^\mathrm{T}$ 或 (X,Y)，称为**二维随机向量**或**二维随机变量**. 例如，设 X 和 Y 分别为人的身高和体重，则 (X,Y) 是一个二维随机变量. 二维随机变量的取值 (X,Y) 及其分布往往不仅与 X 和 Y 有关，而且与 X 和 Y 的相互关系有关. 因此只研究 X 或 Y 是不够的，还需将 (X,Y) 作为一个整体加以研究，为此我们定义 (X,Y) 的分布函数.

定义 3.1.1　设 (X,Y) 是一个二维随机变量，对任意实数 x,y，二元函数

$$F(x,y)=P\{X\leqslant x,Y\leqslant y\},\ -\infty<x<+\infty,-\infty<y<+\infty \qquad (3.1.1)$$

称为 (X,Y) 的**联合分布函数**，简称**分布函数**.

二维随机变量的分布函数 $F(x,y)$ 具有如下性质：

（1）$F(x,y)$ 分别对 x 或 y 是单调不减的.

（2）对 x 或 y，$0\leqslant F(x,y)\leqslant 1$ 且 $F(-\infty,y)=F(x,-\infty)=0$，$F(+\infty,+\infty)=1$.

（3）对于 x 或 y，$F(x,y)$ 都是右连续的.

（4）$P\{a<X\leqslant b,c<Y\leqslant d\}=F(b,d)-F(a,d)-F(b,c)+F(a,c)$. $\qquad (3.1.2)$

反之，凡具有上述四条性质的 $F(x,y)$ 都是某个二维随机变量的分布函数.

3.1.2　二维离散型随机变量及其分布

定义 3.1.2　如果二维随机变量 (X,Y) 只取有限个或可数个数对 (x_i,y_j)，则称 (X,Y) 为**二维离散型随机变量**，称

$$P\{X=x_i,Y=y_j\}=p_{ij},\ i,j=1,2,\cdots \qquad (3.1.3)$$

为 (X,Y) 的**联合分布列**，简称**分布列**.

二维离散型随机变量 (X,Y) 的分布列常用表格给出，见表 3.1.1.

表 3.1.1　二维离散型随机变量 (X,Y) 的分布列

X	Y			
	y_1	$\cdots$	y_j	$\cdots$
x_1	p_{11}	$\cdots$	p_{1j}	$\cdots$
$\vdots$	$\vdots$		$\vdots$	$\cdots$
x_i	p_{i1}	$\cdots$	p_{ij}	$\cdots$
$\vdots$	$\vdots$	$\cdots$	$\vdots$	$\cdots$

二维离散型随机变量的分布列具有以下性质：

（1）$p_{ij} \geqslant 0$，$i,j = 1,2,\cdots$.

（2）$\displaystyle\sum_{i=1}^{+\infty}\sum_{j=1}^{+\infty} p_{ij} = 1$. 　　　　　　　　　　　　　　　　　（3.1.4）

例 3.1.1　袋中有大小形状完全相同的 3 个白球和 2 个黑球,先后无放回地从袋中随机取 1 个球, 设 X 为第 1 次取得的白球数, Y 为第 2 次取得的白球数. 试求：

（1）(X,Y) 的分布列；

（2）$P\{X=Y\}, P\{X>Y\}, P\{X+Y=1\}, P\{XY=0\}$ 和 $P\{X=1\}$.

解　（1）若第 1 次取得白球，则取得的白球数为 1，若第 1 次取得黑球，则取得的白球数为 0，所以 X 的可能取值为 0 或 1. 同理 Y 的可能取值也为 0 或 1.

$$P\{X=0,Y=0\} = P\{X=0\}P\{Y=0|X=0\} = \frac{2}{5} \times \frac{1}{4} = 0.1,$$

$$P\{X=0,Y=1\} = P\{X=0\}P\{Y=1|X=0\} = \frac{2}{5} \times \frac{3}{4} = 0.3,$$

$$P\{X=1,Y=0\} = P\{X=1\}P\{Y=0|X=1\} = \frac{3}{5} \times \frac{2}{4} = 0.3,$$

$$P\{X=1,Y=1\} = P\{X=1\}P\{Y=1|X=1\} = \frac{3}{5} \times \frac{2}{4} = 0.3,$$

所以 (X,Y) 的分布列为

X	Y	
	0	1
0	0.1	0.3
1	0.3	0.3

（2）$P\{X=Y\} = P\{X=0,Y=0\} + P\{X=1,Y=1\} = 0.4$,

$P\{X \geqslant Y\} = 1 - P\{X<Y\} = 1 - P\{X=0,Y=1\} = 0.7$,

$$P\{X+Y=1\} = P\{X=0, Y=1\} + P\{X=1, Y=0\} = 0.6 \text{ ,}$$

$$P\{XY=0\} = 1 - P\{XY \neq 0\} = 1 - P\{X=1, Y=1\} = 0.7 \text{ ,}$$

$$P\{X=1\} = P\{X=1, Y=0\} + P\{X=1, Y=1\} = 0.6 \text{ .}$$

例 3.1.2 设随机变量 $Y \sim P(1)$，随机变量 X_1 和 X_2 的取值分别为 $X_1 = \begin{cases} 0, Y < 1, \\ 1, Y \geqslant 1, \end{cases}$

$X_2 = \begin{cases} 0, Y < 2, \\ 1, Y \geqslant 2. \end{cases}$ 试求 (X_1, X_2) 的分布列.

解 $Y \sim P(1)$ 的分布列为

$$P\{Y=y\} = \frac{1^y}{y!} e^{-1}, \quad y = 0, 1, 2, \cdots,$$

X_1 和 X_2 的可能取值为 0 和 1，则

$$P\{X_1=0, X_2=0\} = P\{Y<1, Y<2\} = P\{Y<1\} = P\{Y=0\} = e^{-1} \text{ ,}$$

$$P\{X_1=0, X_2=1\} = P\{Y<1, Y\geqslant 2\} = P(\varnothing) = 0 \text{ ,}$$

$$P\{X_1=1, X_2=0\} = P\{Y\geqslant 1, Y<2\} = P\{1 \leqslant Y < 2\} = P\{Y=1\} = e^{-1} \text{ ,}$$

$$P\{X_1=1, X_2=1\} = P\{Y\geqslant 1, Y \geq 2\} = P\{Y\geqslant 2\}$$

$$= 1 - P\{Y<2\} = 1 - P\{Y=0\} - P\{Y=1\} = 1 - 2e^{-1} \text{ ,}$$

所以 (X_1, X_2) 的分布列为

X_2	X_1	
	0	1
0	e^{-1}	e^{-1}
1	0	$1 - 2e^{-1}$

3.1.3　二维连续型随机变量及其分布

定义 3.1.3 如果存在非负二元函数 $f(x,y)$，使得二维随机变量 (X,Y) 的分布函数

$$F(x,y) = \int_{-\infty}^{x} \int_{-\infty}^{y} f(u,v) \mathrm{d}u \mathrm{d}v \text{ ,} \tag{3.1.5}$$

则称 (X,Y) 为**二维连续型随机变量**，函数 $f(x,y)$ 为 (X,Y) 的**联合概率密度函数**，简称**密度函数或密度**.

二维连续型随机变量的密度函数 $f(x,y)$ 具有以下性质：

（1）$f(x,y) \geqslant 0$.

（2）$\int_{-\infty}^{+\infty} \int_{-\infty}^{+\infty} f(x,y) \mathrm{d}x \mathrm{d}y = 1$. $\tag{3.1.6}$

（3）在 $F(x,y)$ 偏导数存在的点，$f(x,y) = \dfrac{\partial^2 F(x,y)}{\partial x \partial y}$. $\tag{3.1.7}$

（4）若 G 是平面上的某个区域，则

$$P\{(X,Y) \in G\} = \iint\limits_{G} f(x,y)\mathrm{d}x\mathrm{d}y. \qquad (3.1.8)$$

例 3.1.3　设 G 是平面上的有界区域，其面积为 S，若二维连续型随机变量 (X,Y) 的密度函数为

$$f(x,y) = \begin{cases} \dfrac{1}{S}, (x,y) \in G, \\ 0, (x,y) \notin G, \end{cases}$$

则称 (X,Y) 在 G 上服从**二维均匀分布**. 图 3.1.1 为在 $-3 \leqslant x \leqslant 3, -3 \leqslant y \leqslant 3$ 上的二维均匀分布的密度函数图像.

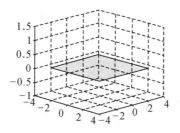

图 3.1.1

例 3.1.4　设二维随机变量 (X,Y) 的密度函数为

$$f(x,y) = \begin{cases} \mathrm{e}^{-x-y}, x > 0, y > 0, \\ 0, \qquad 其他, \end{cases}$$

图 3.1.2 为其密度函数图像. 试求 $P\{X < 1, Y > 1\}$ 和 $P\{X > Y\}$.

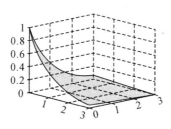

图 3.1.2

解　对于连续型随机变量，概率是密度函数的定积分，关键是确定积分区间. 因 0 的定积分等于 0，首先画出密度不为 0 的区域，其次画出事件所在的区域. 密度不为 0 的区域与事件所在的区域的公共部分就是积分区间.

本例密度不为零的区域为第一象限，事件 $\{X < 1, Y > 1\}$ 和 $\{X > Y\}$ 所在区域如图 3.1.3 所示.

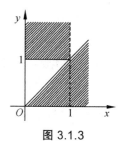

图 3.1.3

$$P\{X < 1, Y > 1\} = \int_1^{+\infty}\left(\int_0^1 e^{-x-y}dx\right)dy$$

$$= \int_0^1 e^{-x}dx\int_1^{+\infty}e^{-y}dy = (1-e^{-1})e^{-1},$$

$$P\{X > Y\} = \int_0^{+\infty}\left(\int_0^x e^{-x-y}dy\right)dx = \int_0^{+\infty}e^{-x}(1-e^{-x})dx = \frac{1}{2}.$$

例 3.1.5 设二维随机变量 (X,Y) 的密度函数为

$$f(x,y) = \begin{cases} 6(1-y), 0 < x < y < 1, \\ 0, \qquad 其他, \end{cases}$$

试求：

（1）$P\{X > 0.5\}$；

（2）$P\{Y < 0.5\}$；

（3）$P\{X + Y < 1\}$．

解 密度不为零的区域以及事件 $\{X > 0.5\}$，$\{Y < 0.5\}$ 和 $\{X + Y < 1\}$ 所在区域如图 3.1.4 所示．

（1）$P\{X > 0.5\} = \int_{0.5}^1\left[\int_x^1 6(1-y)dy\right]dx$

$$= \int_{0.5}^1(3-6x+3x^2)dx = (3x-3x^2+x^3)\Big|_{0.5}^1 = 0.125.$$

（2）$P\{Y < 0.5\} = \int_0^{0.5}\left[\int_x^{0.5}6(1-y)dy\right]dx$

$$= \int_0^{0.5}(2.25-6x+3x^2)dx = (2.25x-3x^2+x^3)\Big|_0^{0.5} = 0.5.$$

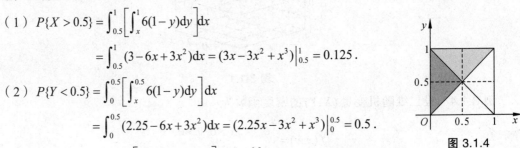

图 3.1.4

（3）$P\{X + Y < 1\} = \int_0^{0.5}\left[\int_x^{1-x}6(1-y)dy\right]dx = \int_0^{0.5}(3-6x)dx = 0.75.$

二维随机变量的有关概念可以推广到 n 维的情形．

习题 3.1

1. 先后抛掷两枚硬币，设 X 为第 1 枚硬币正面向上的次数，Y 为第 2 枚硬币正面向上的次数．试求 (X,Y) 的分布列．

2. 袋中有大小形状完全相同的 3 个白球和 2 个黑球，先后有放回地从袋中各取 1 个球，设 X 为第 1 次取得白球的次数，Y 为第 2 次取得白球的次数．试求 (X,Y) 的分布列．

3. 从 1,2,3 中任取一数记为 X，再从 $1,2,\cdots,X$ 中任取一数记为 Y．试求 (X,Y) 的分布列．

4. 袋中装有大小形状相同且标号为 1,2,3 的 3 个球，从中先后不放回地随机取两个球，X,Y 分别为第一次和第二次取到球的号码数，试求 (X,Y) 的分布列．

5. 一箱子装有 100 件产品，其中一、二、三等品分别为 80 件、10 件、10 件．现从中随机抽取一件，记

$$X = \begin{cases} 1, 若抽到一等品, \\ 0, 其他, \end{cases} \quad Y = \begin{cases} 1, 若抽到二等品, \\ 0, 其他. \end{cases}$$

试求 (X,Y) 的分布列.

6. 设随机变量 $Y \sim Exp(1)$ ，随机变量 X_1 和 X_2 的取值分别为

$$X_1 = \begin{cases} 0, Y \leq 1, \\ 1, Y > 1, \end{cases} \quad X_2 = \begin{cases} 0, Y \leq 2, \\ 1, Y > 2. \end{cases}$$

试求 (X_1, X_2) 的分布列.

7. 盒子里装有大小形状都相同的 3 个黑球、2 个红球、2 个白球，从中随机取 4 个球，X 为取到黑球的个数，Y 为取到红球的个数. 试求 (X,Y) 的分布列.

8. 二维离散型随机变量 (X,Y) 的分布列为

X	Y		
	1	2	3
1	0.1	0.2	0.1
2	0.2	0.1	0.3

试求 $P\{X \leq 1\}, P\{Y \geq 1\}, P\{X = Y\}, P\{X < Y\}, P\{X + Y = 2\}$.

9. 将 2 个大小相同但颜色不同的乒乓球随机地放入 3 个盒子中，X, Y 分别为第一个盒子和第二个盒子的乒乓球数. 试求：（1）(X,Y) 的分布列；（2）$P\{X \leq 1\}$，$P\{X \geq 1\}$，$P\{X = Y\}$，$P\{X < Y\}$ 和 $P\{X + Y = 2\}$.

10. 设二维随机变量 (X,Y) 的分布函数为 $F(x,y) = \dfrac{1}{\pi^2}\left(\dfrac{\pi}{2} + \arctan\dfrac{x}{2}\right)\left(\dfrac{\pi}{2} + \arctan\dfrac{y}{2}\right)$. 试求 (X,Y) 的密度函数.

11. 设二维随时机变量 (X,Y) 的密度函数为 $f(x,y) = \begin{cases} 1, 0 \leq x \leq 1, 0 \leq y \leq 1, \\ 0, 其他. \end{cases}$ 试求 $P\{X < 0.5, Y < 0.5\}, P\{X + Y \leq 1\}$ 和 $P\{X < Y\}$.

12. 设二维随机变量 (X,Y) 的密度函数为 $f(x,y) = \begin{cases} 4xy, 0 \leq x \leq 1, 0 \leq y \leq 1, \\ 0, \quad 其他. \end{cases}$ 试求 $P\{X < 0.5, Y < 0.5\}, P\{X + Y \leq 1\}, P\{X < Y\}$ 和 $P\{X = Y\}$.

13. 设二维随机变量 (X,Y) 的密度函数为 $f(x,y) = \begin{cases} a(x+y), 0 \leq x \leq 1, 0 \leq y \leq 1, \\ 0, \quad 其他. \end{cases}$ 其中，a 为常数. 试求：（1）常数 a；（2）$P\{X < 0.5, Y < 0.5\}, P\{X + Y \leq 1\}$ 和 $P\{X < Y\}$.

14. 设二维随机变量 (X,Y) 的密度函数为 $f(x,y) = \begin{cases} e^{-x-y}, x > 0, y > 0, \\ 0, \quad 其他. \end{cases}$ 试求 $P\{X + Y \leq 1\}$ 和 $P\{X - Y > 1\}$.

15．设二维随机变量 (X,Y) 的密度函数为 $f(x,y)=\begin{cases}x^2+\dfrac{xy}{3},0<x<1,0<y<2,\\0,\qquad\text{其他}.\end{cases}$ 试求 $P\{X+Y\geqslant1\}$．

16．设二维随机变量 (X,Y) 的密度函数为 $f(x,y)=\begin{cases}e^{-y},0<x<y,\\0,\ \text{其他}.\end{cases}$ 试求 $P\{X+Y\leqslant1\}$．

17．设二维随机变量 (X,Y) 的密度函数为 $f(x,y)=\begin{cases}2,0\leqslant x\leqslant y\leqslant1,\\0,\text{其他}.\end{cases}$ 试求 $P\{X<0.5,Y<0.5\}$，$P\{X+Y\leqslant1\}$ 和 $P\{X<Y\}$．

18．设二维随机变量 (X,Y) 的密度函数为 $f(x,y)=\begin{cases}8xy,0\leqslant x\leqslant y\leqslant1,\\0,\qquad\text{其他}.\end{cases}$ 试求 $P\{X<0.5,Y<0.5\}$，$P\{X+Y\leqslant1\}$ 和 $P\{X<Y\}$．

19．设二维随机变量 (X,Y) 的密度函数为 $f(x,y)=\begin{cases}3x,0<x<1,0<y<x,\\0,\ \text{其他}.\end{cases}$ 试求 $P\{X<0.5,Y<0.5\}$，$P\{X+Y\leqslant1\}$ 和 $P\{X<Y\}$．

20．设二维随机变量 (X,Y) 的密度函数为 $f(x,y)=\begin{cases}6,0<x^2<y<x<1,\\0,\text{其他}.\end{cases}$ 试求 $P\{X<0.5,Y<0.5\}$，$P\{X\leqslant0.5\}$ 和 $P\{Y<0.5\}$．

§3.2　边际分布与随机变量的独立性

3.2.1　二维随机变量的边际分布

相对于联合分布来讲，称随机变量自身的分布为**边际分布**．

设二维随机变量 (X,Y) 的分布函数为 $F(x,y)=P\{X\leqslant x,Y\leqslant y\}$，$X$ 和 Y 的边际分布函数分别为 $F_X(x)=P\{X\leqslant x\}$ 和 $F_Y(x)=P\{Y\leqslant y\}$．$P\{X\leqslant x\}$ 对 Y 的取值没有任何要求，可以取任何值．所以 X 的**边际分布函数**为

$$F_X(x)=P\{X\leqslant x\}=P\{X\leqslant x,Y<+\infty\}=\lim_{y\to+\infty}F(x,y)\qquad(3.2.1)$$

同理，Y 的**边际分布函数**为

$$F_Y(y)=P\{Y\leqslant y\}=P\{X<+\infty,Y\leqslant y\}=\lim_{x\to+\infty}F(x,y)\qquad(3.2.2)$$

例 3.2.1　若二维随机变量 (X,Y) 的分布函数为

$$F(x,y)=\begin{cases}1-e^{-x}-e^{-y}+e^{-x-y-\lambda xy},x\geqslant0,y\geqslant0,\\0,\qquad\qquad\qquad\qquad\text{其他}.\end{cases}$$

则称 (X,Y) 服从**二维指数分布**，其中 $\lambda>0$ 为参数．

X 的边际分布函数为

$$F_X(x) = F(x, +\infty) = \begin{cases} 1 - \mathrm{e}^{-x}, & x \geqslant 0, \\ 0, & x < 0. \end{cases}$$

Y 的边际分布函数为

$$F_Y(y) = F(+\infty, y) = \begin{cases} 1 - \mathrm{e}^{-y}, & y \geqslant 0, \\ 0, & y < 0. \end{cases}$$

若二维离散型随机变量 (X, Y) 的分布列为

$$P\{X = x_i, Y = y_j\} = p_{ij}, \quad i, j = 1, 2, \cdots.$$

则 X 的**边际分布列**为

$$P\{X = x_i\} = p_{i\cdot} = \sum_{j=1}^{+\infty} P\{X = x_i, Y = y_j\}, \quad i = 1, 2, \cdots. \tag{3.2.3}$$

Y 的**边际分布列**为

$$P\{Y = y_j\} = p_{\cdot j} = \sum_{i=1}^{+\infty} P\{X = x_i, Y = y_j\}, \quad j = 1, 2, \cdots. \tag{3.2.4}$$

例 3.2.2　设二维随机变量 (X, Y) 的分布列为

X	Y			
	0	1	2	3
0	0.1	0.15	0.05	0.04
1	0.06	0.07	0.12	0.12
2	0.15	0.05	0.05	0.04

试求 X 和 Y 的边际分布列.

解　根据式（3.2.3）和式（3.2.4）可得

X	Y				$P\{X = x_i\} = p_{i\cdot}$
	0	1	2	3	
0	0.10	0.15	0.05	0.04	0.34
1	0.06	0.07	0.12	0.12	0.37
2	0.15	0.05	0.05	0.04	0.29
$P\{Y = y_j\} = p_{\cdot j}$	0.31	0.27	0.22	0.20	1

即 X 与 Y 的分布列分别为

X	0	1	2
$p_{i\cdot}$	0.34	0.37	0.29

Y	0	1	2	3
$p_{\cdot j}$	0.31	0.27	0.22	0.20

如果二维连续型随机变量 (X,Y) 的密度函数为 $f(x,y)$，则 X 和 Y 的边际分布函数为

$$F_X(x) = F(x,+\infty) = \int_{-\infty}^{x}\left(\int_{-\infty}^{+\infty}f(u,v)\mathrm{d}v\right)\mathrm{d}u = \int_{-\infty}^{x}f_X(u)\mathrm{d}u \,,$$

$$F_Y(y) = F(+\infty,y) = \int_{-\infty}^{y}\left(\int_{-\infty}^{+\infty}f(u,v)\mathrm{d}u\right)\mathrm{d}v = \int_{-\infty}^{x}f_Y(v)\mathrm{d}v \,,$$

由连续型随机变量密度的概念可知，

$$f_X(x) = \int_{-\infty}^{+\infty}f(x,y)\mathrm{d}y \,, \tag{3.2.5}$$

$$f_Y(y) = \int_{-\infty}^{+\infty}f(x,y)\mathrm{d}x \,, \tag{3.2.6}$$

$f_X(x)$，$f_Y(y)$ 分别为 X 与 Y 的**边际密度函数**.

例 3.2.3 若二维随机变量 (X,Y) 的密度函数为

$$f(x,y) = \begin{cases} 2x, & 0 < x < 1, 0 < y < 1, \\ 0, & \text{其他}, \end{cases}$$

图 3.2.1 为其密度函数图像. 试求 X 和 Y 的边际密度函数.

解 先求 X 的边际密度函数.

当 $x \leqslant 0$ 或 $x \geqslant 1$ 时，$f(x,y) = 0$，所以

$$f_X(x) = \int_{-\infty}^{+\infty}f(x,y)\mathrm{d}y = 0 \,.$$

当 $0 < x < 1$ 时，$f(x,y) = 2x$ 或 0，所以

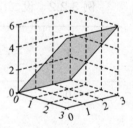

图 3.2.1

$$f_X(x) = \int_{-\infty}^{+\infty}f(x,y)\mathrm{d}y = \int_{-\infty}^{0}f(x,y)\mathrm{d}y + \int_{0}^{1}f(x,y)\mathrm{d}y + \int_{1}^{+\infty}f(x,y)\mathrm{d}y$$

$$= \int_{-\infty}^{0}0\mathrm{d}y + \int_{0}^{1}2x\mathrm{d}y + \int_{1}^{+\infty}0\mathrm{d}y = 2x \,.$$

所以 X 的边际密度函数为

$$f_X(x) = \begin{cases} 2x, & 0 < x < 1, \\ 0, & \text{其他}. \end{cases}$$

再求 Y 的边际密度函数.

当 $y \leqslant 0$ 或 $y \geqslant 1$ 时，$f(x,y) = 0$，所以

$$f_Y(x) = \int_{-\infty}^{+\infty}f(x,y)\mathrm{d}x = 0 \,.$$

当 $0 < y < 1$ 时，$f(x,y) = 2x$ 或 0，所以

$$f_Y(x) = \int_{-\infty}^{+\infty}f(x,y)\mathrm{d}x = \int_{-\infty}^{0}f(x,y)\mathrm{d}x + \int_{0}^{1}f(x,y)\mathrm{d}x + \int_{1}^{+\infty}f(x,y)\mathrm{d}x$$

$$= \int_{-\infty}^{0}0\mathrm{d}x + \int_{0}^{1}2x\mathrm{d}x + \int_{1}^{+\infty}0\mathrm{d}x = 1 \,.$$

所以 Y 的边际密度函数为

$$f_Y(y) = \begin{cases} 1, 0 < y < 1, \\ 0, 其他. \end{cases}$$

3.2.2　随机变量的独立性

人的身高 X 与体重 Y 会相互影响，而人的身高 X 与收入 Z 一般不会相互影响．当两个随机变量的取值互不影响时，这两个随机变量相互独立．对于二维随机变量 (X,Y)，事件 $\{X \leqslant x, Y \leqslant y\}$ 是事件 $\{X \leqslant x\}$ 和 $\{Y \leqslant y\}$ 的积事件，若事件 $\{X \leqslant x\}$ 和 $\{Y \leqslant y\}$ 相互独立，则

$$P\{X \leqslant x, Y \leqslant y\} = P\{X \leqslant x\}P\{Y \leqslant y\},$$

即

$$F(x, y) = F_X(x)F_Y(y),$$

若对任意的 x, y 上式都成立，则说明 X 与 Y 的取值是互不影响的．

定义 3.2.1　设 $F(x,y), F_X(x), F_Y(y)$ 分别为二维随机变量 (X,Y) 的联合分布函数和边际分布函数．若对任意实数 x, y，都有

$$F(x, y) = F_X(x)F_Y(y), \tag{3.2.7}$$

则称 X 与 Y **相互独立**．

从定义 3.2.1 可知，若存在某两个实数 x, y 使得 $F(x,y) \neq F_X(x)F_Y(y)$，则 X 与 Y 不相互独立．

（1）离散型随机变量 X 和 Y 相互独立的充要条件是，对任意实数 x_i, y_j 都有

$$p_{ij} = P\{X = x_i, Y = y_j\} = P\{X = x_i\}P\{Y = y_j\} = p_{i\cdot}p_{\cdot j}. \tag{3.2.8}$$

若存在某两个实数 x_i, y_j 使得 $P\{X = x_i, Y = y_j\} \neq P\{X = x_i\}P\{Y = y_j\}$，则 X 与 Y 不相互独立．

（2）连续型随机变量 X 和 Y 相互独立的充要条件是

$$f(x, y) = f_X(x)f_Y(y). \tag{3.2.9}$$

若存在某两个实数 x, y 使得 $f(x,y) \neq f_X(x)f_Y(y)$，则 X 与 Y 不相互独立．

例 3.2.4　验证例 3.2.1 中 X 与 Y 不相互独立．

解　当 $x > 0, y > 0$ 时，

$$F_X(x)F_Y(y) = 1 - e^{-x} - e^{-y} + e^{-x-y} \neq F(x, y),$$

所以 X 和 Y 不相互独立．

例 3.2.5　验证例 3.2.2 中的随机变量 X 和 Y 不相互独立．

解　因为 $p_{11} = 0.1$，而 $p_{1\cdot}p_{\cdot 1} = 0.34 \times 0.31 \neq p_{11}$，所以 X 和 Y 不相互独立．

例 3.2.6　验证例 3.2.3 中的随机变量 X 和 Y 相互独立．

解　当 $0 < x < 1, 0 < y < 1$ 时，$f_X(x)f_Y(y) = f(x,y)$；

当 $x \notin (0,1)$ 或 $y \notin (0,1)$ 时，亦有 $f_X(x)f_Y(y) = f(x,y)$．

所以 X 和 Y 相互独立．

二维随机变量的独立性可以推广到 n 维的情形．

　　一般地，已知联合分布求边际分布较容易，而已知边际分布求联合分布非常困难，但如果随机变量相互独立，则由边际分布求联合分布较容易.

　　例 3.2.7　设随机变量 X 和 Y 相互独立，且分布列分别为

X	0	1
$P_{i.}$	0.6	0.4

Y	0	1
$p_{.j}$	0.3	0.7

试求随机变量 (X,Y) 分布列和 $P\{X+Y=1\}$.

　　解　随机变量 X 和 Y 相互独立，所以

$$P\{X=0,Y=0\}=P\{X=0\}P\{Y=0\}=0.6\times0.3=0.18,$$

$$P\{X=0,Y=1\}=P\{X=0\}P\{Y=1\}=0.6\times0.7=0.42,$$

$$P\{X=1,Y=0\}=P\{X=1\}P\{Y=0\}=0.4\times0.3=0.12,$$

$$P\{X=1,Y=1\}=P\{X=1\}P\{Y=1\}=0.4\times0.7=0.28,$$

所以随机变量 (X,Y) 的分布列为

X	Y	
	0	1
0	0.18	0.42
1	0.12	0.28

则 $P\{X+Y=1\}=P\{X=0,Y=1\}+P\{X=1,Y=0\}=0.42+0.12=0.54$.

　　例 3.2.8　设随机变量 X 和 Y 相互独立，$X\sim Exp(1),Y\sim Exp(2)$. 试求随机变量 (X,Y) 的密度函数和 $P\{X+Y<1\}$.

　　解　$X\sim Exp(1),Y\sim Exp(2)$，$X$ 和 Y 的密度函数分别为

$$f_X(x)=\begin{cases}\mathrm{e}^{-x},x\geqslant0,\\0,\quad x<0,\end{cases} f_Y(y)=\begin{cases}2\mathrm{e}^{-2y},y\geqslant0,\\0,\qquad y<0.\end{cases}$$

随机变量 X 和 Y 相互独立，所以 (X,Y) 的密度函数 $f(x,y)=f_X(x)f_Y(y)$，即

$$f(x,y)=\begin{cases}2\mathrm{e}^{-x}\mathrm{e}^{-2y},x\geqslant0,y\geqslant0,\\0,\qquad\text{其他.}\end{cases}$$

则

$$P\{X+Y<1\}=\int_0^1\left(\int_0^{1-x}2\mathrm{e}^{-x}\mathrm{e}^{-2y}\mathrm{d}y\right)\mathrm{d}x=\int_0^1\mathrm{e}^{-x}\left(-\mathrm{e}^{-2y}\Big|_0^{1-x}\right)\mathrm{d}x$$

$$=\int_0^1\mathrm{e}^{-x}(1-\mathrm{e}^{-2}\mathrm{e}^{2x})\mathrm{d}x=\int_0^1(\mathrm{e}^{-x}-\mathrm{e}^{-2}\mathrm{e}^x)\mathrm{d}x$$

$$=(-\mathrm{e}^{-x}-\mathrm{e}^{-2}\mathrm{e}^x)\Big|_0^1=1-2\mathrm{e}^{-1}+\mathrm{e}^{-2}.$$

习题 3.2

1. 完成下列表格，并验证随机变量 X 和 Y 是否相互独立.

X	Y			$p_{i\cdot}$
	y_1	y_2	y_3	
x_1	0.1		0.2	0.4
x_2	0.2	0.2		
$p_{\cdot j}$				1

2. 先后抛掷两枚硬币，设 X 为第 1 枚硬币正面向上的次数，Y 为第 2 枚硬币正面向上的次数，(X,Y) 的分布列为

X	Y	
	0	1
0	0.25	0.25
1	0.25	0.25

试求 X 和 Y 的边际分布列，并验证 X 和 Y 是否相互独立.

3. 设二维随机变量 (X,Y) 的分布列为

X	Y	
	1	2
0	0.24	a
1	0.36	0.24

其中 a 为常数，试求 X 和 Y 的边际分布列，并验证 X 和 Y 是否相互独立.

4. 设二维随机变量 (X,Y) 的分布列为

X	Y		
	1	2	3
0	0.09	0.21	0.24
1	0.07	a	0.27

其中 a 为常数，试求 X 和 Y 的边际分布列，并验证 X 和 Y 是否相互独立.

5. 设 $X_i (i=1,2)$ 的分布为

X_i	-1	0	1
$p.$	0.25	0.5	0.25

且满足 $P\{X_1 X_2 = 0\} = 1$，试求 (X_1, X_2) 的分布列，并验证 X 和 Y 是否相互独立.

6. 一电子仪器由两个部件构成，X 和 Y 分别为两部件的寿命（单位：千小时），已知 (X, Y) 的分布函数为

$$F(x, y) = \begin{cases} 1 - e^{-0.5x} - e^{-0.5y} + e^{-0.5(x+y)}, & x \geqslant 0, y \geqslant 0, \\ 0, & \text{其他}. \end{cases}$$

试求：（1）X 和 Y 的边际分布函数；（2）X 和 Y 是否相互独立；（3）两个部件的寿命都超过 100 小时的概率.

7. 设二维随机变量 (X, Y) 的密度函数为

$$f(x, y) = \begin{cases} 1, & 0 < x < 1, 0 < y < 1, \\ 0, & \text{其他}. \end{cases}$$

试求：（1）X 和 Y 分的边际密度函数；（2）X 和 Y 是否相互独立.

8. 设二维随机变量 (X, Y) 的密度函数为

$$f(x, y) = \begin{cases} 1, & |x| < y, 0 < y \leqslant 1, \\ 0, & \text{其他}. \end{cases}$$

试求：（1）X 和 Y 的边际密度；（2）X 和 Y 是否相互独立.

9. 二维随机变量 (X, Y) 在以原点为圆心，R 为半径的圆上服从均匀分布. 试求：（1）(X, Y) 的密度函数；（2）X 和 Y 的边际密度；（3）X 和 Y 是否相互独立.

10. 设二维随机变量 (X, Y) 的密度函数为

$$f(x, y) = \begin{cases} ax^2 y^2, & 0 < x < 1, 0 < y < 1, \\ 0, & \text{其他}. \end{cases}$$

其中 a 为常数，试求：（1）X 和 Y 的边际分布密度；（2）X 和 Y 是否相互独立.

11. 设二维随机变量 (X, Y) 的密度函数为

$$f(x, y) = \begin{cases} x + y, & 0 \leqslant x \leqslant 1, 0 \leqslant y \leqslant 1, \\ 0, & \text{其他}. \end{cases}$$

试求：（1）X 和 Y 分的边际分布函数；（2）X 和 Y 是否相互独立.

12. 设二维随机变量 (X, Y) 的密度函数为

$$f(x, y) = \begin{cases} \dfrac{(1+2x)(1+2y)}{4}, & 0 \leqslant x \leqslant 1, 0 \leqslant y \leqslant 1, \\ 0, & \text{其他}. \end{cases}$$

试求：（1）X 和 Y 分的边际分布函数；（2）X 和 Y 是否独立.

13. 设二维随机变量 (X,Y) 的密度函数为

$$f(x,y) = \begin{cases} e^{-y}, 0 < x < y, \\ 0, \quad \text{其他}. \end{cases}$$

试求：（1）X 和 Y 的边际密度；（2）X 和 Y 是否相互独立.

14. 设二维随机变量 (X,Y) 的密度函数为

$$f(x,y) = \begin{cases} 8xy, 0 \leqslant x \leqslant y \leqslant 1, \\ 0, \quad \text{其他}. \end{cases}$$

试求：（1）X 和 Y 的边际密度；（2）X 和 Y 是否相互独立.

15. 设二维随机变量 (X,Y) 的密度函数为

$$f(x,y) = \begin{cases} 3x, 0 < x < 1, 0 < y < x, \\ 0, \quad \text{其他}. \end{cases}$$

试求：（1）X 和 Y 的边际密度；（2）X 和 Y 是否相互独立.

16. 设二维随机变量 (X,Y) 的密度函数为

$$f(x,y) = \begin{cases} 6, 0 < x^2 < y < x < 1, \\ 0, \text{其他}. \end{cases}$$

试求：（1）X 和 Y 的边际密度；（2）X 和 Y 是否相互独立.

17. 设随机变量 X 和 Y 的分布列分别为

X	0	1
p_x	0.3	0.7

Y	0	1
p_y	0.3	0.7

X 和 Y 相互独立，试求：（1）(X,Y) 的分布列；（2）$P\{X+Y<1.2\}$ 和 $P\{X<Y\}$.

18. 设随机变量 $X \sim B(1,0.6), Y \sim B(3,0.8)$，且 X 和 Y 相互独立. 试求：（1）(X,Y) 的分布列；（2）$P\{X+Y<3\}$ 和 $P\{X<Y\}$.

19. 从 $(0,1)$ 中随机取两个数 X 和 Y. 试求：（1）(X,Y) 的密度函数；（2）$P\{X+Y<1.2\}$ 和 $P\{XY<0.2\}$.

20. 设随机变量 $X \sim U(0,1), Y \sim U(-1,1)$，且 X 和 Y 相互独立. 试求：（1）(X,Y) 的密度函数；（2）$P\{X+Y \leqslant 1\}$ 和 $P\{Y \leqslant X\}$.

21. 设随机变量 $X \sim U(0,1)$，$Y \sim Exp(1)$，且 X 和 Y 相互独立. 试求：（1）(X,Y) 的密度函数；（2）$P\{Y \leqslant X\}$ 和 $P\{X+Y \leqslant 1\}$.

§3.3　二维随机变量的数字特征

利用二维随机变量 (X,Y) 的分布可以研究 X 或 Y 的数字特征或它们函数的数字特征，也可以研究它们的关联程度.

3.3.1　二维随机变量的期望与方差

定理 3.3.1　设二维随机变量 (X,Y) 的分布列为 $P\{X = x_i, Y = y_j\}$ 或密度函数为 $f(x,y)$，二元函数 $Z = g(X,Y)$ 的期望存在，则 Z 的期望为

$$E(Z) = \begin{cases} \sum_i \sum_j g(x_i, y_j) P\{X = x_i, Y = y_j\}, \text{在离散型场合}, \\ \int_{-\infty}^{+\infty} \int_{-\infty}^{+\infty} g(x,y) f(x,y) \mathrm{d}x\mathrm{d}y, \quad\quad \text{在连续型场合}. \end{cases} \quad\quad (3.3.1)$$

二元函数 $Z = g(X,Y)$ 的方差仍然定义为

$$D(Z) = E(Z - E(Z))^2. \quad\quad (3.3.2)$$

例 3.3.1　二维随机变量 (X,Y) 的分布列为

X	Y	
	1	2
1	0.4	0.2
2	0.1	0.3

试求 $E(X), D(X), E(Y), D(Y), E(XY), E(X^2 - Y)$。

解　$E(X) = 1 \times P\{X = 1, Y = 1\} + 1 \times P\{X = 1, Y = 2\} +$
$\quad\quad\quad 2 \times P\{X = 2, Y = 1\} + 2 \times P\{X = 2, Y = 2\}$
$\quad\quad = 1 \times (0.4 + 0.2) + 2 \times (0.1 + 0.3) = 1.4$。

$E(X^2) = 1^2 \times P\{X = 1, Y = 1\} + 1^2 \times P\{X = 1, Y = 2\} +$
$\quad\quad 2^2 \times P\{X = 2, Y = 1\} + 2^2 \times P\{X = 2, Y = 2\}$
$\quad\quad = 1^2 \times (0.4 + 0.2) + 2^2 \times (0.1 + 0.3) = 2.2$。

$D(X) = E(X^2) - (E(X))^2 = 2.2 - 1.4^2 = 0.24$。

$E(Y) = 1 \times P\{X = 1, Y = 1\} + 1 \times P\{X = 2, Y = 1\} +$
$\quad\quad 2 \times P\{X = 1, Y = 2\} + 2 \times P\{X = 2, Y = 2\}$
$\quad\quad = 1 \times (0.4 + 0.1) + 2 \times (0.2 + 0.3) = 1.5$。

$E(Y^2) = 1^2 \times P\{X = 1, Y = 1\} + 1^2 \times P\{X = 2, Y = 1\} +$
$\quad\quad 2^2 \times P\{X = 1, Y = 2\} + 2^2 \times P\{X = 2, Y = 2\}$
$\quad\quad = 1^2 \times (0.4 + 0.1) + 2^2 \times (0.2 + 0.3) = 2.5$。

$D(Y) = E(Y^2) - [E(Y)]^2 = 2.5 - 1.5^2 = 0.25$。

$E(XY) = 1 \times 1 \times P\{X = 1, Y = 1\} + 2 \times 1 \times P\{X = 2, Y = 1\} +$
$\quad\quad 1 \times 2 \times P\{X = 1, Y = 2\} + 2 \times 2 \times P\{X = 2, Y = 2\}$

$$= 1 \times 1 \times 0.4 + 2 \times 1 \times 0.1 + 1 \times 2 \times 0.2 + 2 \times 2 \times 0.3 = 2.2.$$

$$E(X^2 - Y) = (1^2 - 1)P\{X = 1, Y = 1\} + (1^2 - 2)P\{X = 1, Y = 2\} +$$
$$(2^2 - 1)P\{X = 2, Y = 1\} + (2^2 - 2)P\{X = 2, Y = 2\}$$
$$= -1 \times 0.2 + 3 \times 0.1 + 2 \times 0.3 = 0.7.$$

例 3.3.2   设二维随机变量 (X, Y) 的密度函数为

$$f(x, y) = \begin{cases} 6(1 - y), & 0 < x < y < 1, \\ 0, & \text{其他}. \end{cases}$$

试求 $E(X), E(X + Y), E(XY)$.

解
$$E(X) = \int_{-\infty}^{+\infty} \int_{-\infty}^{+\infty} x f(x, y) \mathrm{d}x \mathrm{d}y = \int_0^1 \left[\int_x^1 6x(1 - y) \mathrm{d}y \right] \mathrm{d}x = \frac{1}{4}.$$

$$E(X + Y) = \int_{-\infty}^{+\infty} \int_{-\infty}^{+\infty} (x + y) f(x, y) \mathrm{d}x \mathrm{d}y = \int_0^1 \left[\int_x^1 6(x + y)(1 - y) \mathrm{d}y \right] \mathrm{d}x = \frac{3}{4}.$$

$$E(XY) = \int_{-\infty}^{+\infty} \int_{-\infty}^{+\infty} xy f(x, y) \mathrm{d}x \mathrm{d}y = \int_0^1 \left[\int_x^1 6xy(1 - y) \mathrm{d}y \right] \mathrm{d}x = \frac{3}{20}.$$

性质 3.3.1   设 (X, Y) 为二维随机变量，则

$$E(X + Y) = E(X) + E(Y). \tag{3.3.3}$$

证明   以二维连续型随机变量为例来证明此性质. 设 $f(x, y)$ 是 (X, Y) 的密度函数，则

$$E(X + Y) = \int_{-\infty}^{+\infty} \int_{-\infty}^{+\infty} (x + y) f(x, y) \mathrm{d}x \mathrm{d}y$$
$$= \int_{-\infty}^{+\infty} x \left(\int_{-\infty}^{+\infty} f(x, y) \mathrm{d}y \right) \mathrm{d}x + \int_{-\infty}^{+\infty} y \left(\int_{-\infty}^{+\infty} f(x, y) \mathrm{d}x \right) \mathrm{d}y$$
$$= \int_{-\infty}^{+\infty} x f_X(x) \mathrm{d}x + \int_{-\infty}^{+\infty} y f_Y(y) \mathrm{d}y = E(X) + E(Y).$$

例 3.3.3   一民航班车上共有 20 名旅客，自机场开出沿途共有 10 个车站，如到达一个车站没有旅客下车就不停车. 试求班车沿途的平均停车的次数（设每位旅客在各车站下车是等可能的）.

解   设 X_i 为在第 i 站停车的次数，X 为总停车的次数.

$$X_i = \begin{cases} 0, & \text{在第} i \text{站无人下车} (i = 1, 2, \cdots, 10), \\ 1, & \text{在第} i \text{站有人下车} (i = 1, 2, \cdots, 10). \end{cases}$$

X_i 服从 0-1 分布，易见 $X = X_1 + X_2 + \cdots + X_{10}$.

按题意，任一旅客在第 i 站不下车的概率是 0.9，因此 20 位旅客都不在第 i 站下车的概率为 0.9^{20}，从而在第 i 站有人下车的概率为 $1 - 0.9^{20}$，所以 X_i 的分布列为

X_i	0	1
p_i	0.9^{20}	$1 - 0.9^{20}$

于是 $E(X_i) = 1 - 0.9^{20}(i = 1, 2, \cdots, 10)$ ，进而有

$$E(X) = E\left(\sum_{i=1}^{10} X_i\right) = \sum_{i=1}^{10} E(X_i) = 10(1 - 0.9^{20}) = 8.784 ,$$

也就是说，平均停车 8.784 次.

性质 3.3.2 若随机变量 X 和 Y 相互独立，则

$$E(XY) = E(X)E(Y) . \tag{3.3.4}$$

证明 以二维连续型随机变量为例来证明此性质. 设 $f(x, y)$，$f_X(x)$ 和 $f_Y(y)$ 分别是 X 和 Y 的联合密度与边际密度. X 和 Y 相互独立，则 $f(x, y) = f_X(x)f_Y(y)$，所以有

$$E(XY) = \int_{-\infty}^{+\infty} \int_{-\infty}^{+\infty} xyf(x, y)\mathrm{d}x\mathrm{d}y = \int_{-\infty}^{+\infty} \int_{-\infty}^{+\infty} xyf_X(x)f_Y(y)\mathrm{d}x\mathrm{d}y$$

$$= \int_{-\infty}^{+\infty} xf_X(x)\mathrm{d}x \int_{-\infty}^{\infty} yf_Y(y)\mathrm{d}y = E(X)E(Y) .$$

性质 3.3.3 若随机变量 X 和 Y 相互独立，则

$$D(X \pm Y) = D(X) + D(Y) . \tag{3.3.5}$$

证明
$$\begin{aligned}
D(X \pm Y) &= E(X \pm Y - E(X \pm Y))^2 \\
&= E((X - E(X) \pm E(Y - E(Y))^2 \\
&= E(X - E(X))^2 + E(Y - E(Y))^2 \pm 2E(X - E(X))(Y - E(Y)) \\
&= D(X) + D(Y) \pm 2E(X - E(X))(Y - E(Y)) .
\end{aligned}$$

而
$$\begin{aligned}
&E(X - E(X))(Y - E(Y)) \\
&= E(XY - E(Y)X - E(X)Y + E(X)E(Y)) \\
&= E(XY) - E(Y)E(X) - E(X)E(Y) + E(X)E(Y) \\
&= E(XY) - E(X)E(Y) .
\end{aligned}$$

由于 X 和 Y 相互独立，$E(XY) = E(X)E(Y)$，所以

$$E(X - E(X))(Y - E(Y)) = E(XY) - E(X)E(Y) = 0 ,$$

故
$$D(X \pm Y) = D(X) + D(Y) .$$

上述性质亦可推广到 n 维随机变量的情形.

例 3.3.4 一台设备由三大部件构成，在设备运转过程中各部件需要调整的概率分别为 0.1, 0.2, 0.3, 假设各部件的状态相互独立, X 为同时需要调整的部件数. 试求 $E(X)$ 和 $D(X)$.

解 设 X_i 为第 $i(i = 1, 2, 3)$ 个部件需要调整的个数，$X_1 \sim B(1, 0.1)$，$X_2 \sim B(1, 0.2)$，$X_3 \sim B(1, 0.3)$，则 $X = X_1 + X_2 + X_3$.

由于

$$E(X_1) = 0.1 ， E(X_2) = 0.2 ， E(X_3) = 0.3 ，$$

$$D(X_1) = 0.1 \times 0.9 = 0.09 ， D(X_2) = 0.2 \times 0.8 = 0.16 ， D(X_3) = 0.3 \times 0.7 = 0.21 .$$

所以

$$E(X) = E(X_1 + X_2 + X_3) = E(X_1) + E(X_2) + E(X_3) = 0.1 + 0.2 + 0.3 = 0.6 ,$$

$$D(X) = D(X_1 + X_2 + X_3) = D(X_1) + D(X_2) + D(X_3) = 0.09 + 0.16 + 0.21 = 0.46 .$$

3.3.2　协方差与相关系数

由性质 3.3.3 的证明知，当 X 和 Y 相互独立时，$E(X - E(X))(Y - E(Y)) = 0$，当 $E(X - E(X))(Y - E(Y)) \neq 0$ 时，X 和 Y 不相互独立而是存在某种联系.

定义 3.3.1　设 (X,Y) 为二维随机变量，若 $E(X - E(X))(Y - E(Y))$ 存在，则称其为 X 和 Y 的**协方差**或**相关矩**，记作

$$Cov(X,Y) = E(X - E(X))(Y - E(Y)) . \tag{3.3.6}$$

由性质 3.3.3 的证明可知，

（1）$Cov(X,Y) = E(XY) - E(X)E(Y)$，　　　　　　　　　　　　　（3.3.7）

（2）$D(X \pm Y) = D(X) + D(Y) \pm 2Cov(X,Y)$. 　　　　　　　　　（3.3.8）

对任意常数 a,b，利用协方差的定义可立即得到如下性质：

（1）$Cov(X,a) = 0$. 　　　　　　　　　　　　　　　　　　　　（3.3.9）

（2）$Cov(aX,bY) = abCov(X,Y)$. 　　　　　　　　　　　　　　（3.3.10）

（3）$Cov(X + Y, Z) = Cov(X,Z) + Cov(Y,Z)$. 　　　　　　　　　（3.3.11）

协方差和方差一样，其大小受随机变量量纲的影响，为了克服这一缺点，将协方差进行标准化，引入相关系数的概念.

定义 3.3.2　设 (X,Y) 为二维随机变量，$D(X) > 0, D(Y) > 0$，称

$$\rho = \frac{Cov(X,Y)}{\sqrt{D(X)D(Y)}} \tag{3.3.12}$$

为 X 和 Y 的**线性相关系数**，简称**相关系数**.

相关系数具有以下性质：

（1）$-1 \leqslant \rho \leqslant 1$.

（2）$\rho = \pm 1$ 的充要条件是：存在常数 $a,b(b \neq 0)$，使得 $P\{Y = a + bX\} = 1$，即 X 和 Y 以概率 1 线性相关.

相关系数刻画了随机变量间线性关系的强弱，相关系数的绝对值越接近于 1，线性关系越强.

（1）当 $Cov(X,Y) > 0$ 时 $\rho > 0$，称 X 和 Y 正相关，X 变大 Y 有变大的倾向；

（2）当 $\rho = 1$ 时，称 X 和 Y 完全正相关；

（3）当 $Cov(X,Y) < 0$ 时 $\rho < 0$，称 X 和 Y 负相关，X 变大 Y 有变小的倾向；

（4）当 $\rho = -1$ 时，称 X 和 Y 完全负相关；

（5）当 $Cov(X,Y) = 0$ 时 $\rho = 0$，称 X 和 Y 不相关. 不相关是指 X 和 Y 之间没有线性关系，但可能有其他关系，譬如平方关系、对数关系等.

例 3.3.5 试求例 3.3.1 中的 $Cov(X,Y)$，相关系数 ρ 和 $D(3X+Y)$.

解
$$Cov(X,Y) = E(XY) - E(X)E(Y) = 2.2 - 1.4 \times 1.5 = 0.1 ,$$

$$\rho = \frac{Cov(X,Y)}{\sqrt{D(X)D(Y)}} = \frac{0.1}{\sqrt{0.24 \times 0.25}} \approx 0.41 ,$$

$$D(3X+Y) = 3^2 D(X) + D(Y) + 2 \times 3 \times Cov(X,Y)$$
$$= 9 \times 0.24 + 0.25 + 2 \times 3 \times 0.1 = 3.01 .$$

例 3.3.6 设二维随机变量 (X,Y) 的密度函数为

$$f(x,y) = \begin{cases} x+y, & 0 \leqslant x \leqslant 1, 0 \leqslant y \leqslant 1, \\ 0, & \text{其他}. \end{cases}$$

试求 $Cov(X,Y)$，相关系数 ρ 和 $D(2X-3Y+8)$.

解
$$E(X) = \int_0^1 \mathrm{d}x \int_0^1 x(x+y)\mathrm{d}y = \int_0^1 \left(x^2 + \frac{x}{2} \right)\mathrm{d}x = \frac{1}{3} + \frac{1}{4} = \frac{7}{12} ,$$

同理 $E(Y) = \frac{7}{12}$，

$$E(XY) = \int_0^1 \mathrm{d}x \int_0^1 xy(x+y)\mathrm{d}y = \int_0^1 \left(\frac{x}{3} + \frac{x^2}{2} \right)\mathrm{d}x = \frac{1}{6} + \frac{1}{6} = \frac{1}{3} ,$$

$$E(X^2) = \int_0^1 \mathrm{d}x \int_0^1 x^2(x+y)\mathrm{d}y = \int_0^1 \left(x^3 + \frac{x^2}{2} \right)\mathrm{d}x = \frac{1}{4} + \frac{1}{6} = \frac{5}{12} ,$$

同理 $E(Y^2) = \frac{5}{12}$，

$$D(X) = E(X^2) - (E(X))^2 = \frac{5}{12} - \frac{49}{144} = \frac{11}{144} ,$$

同理 $D(Y) = \frac{11}{144}$.

则
$$Cov(X,Y) = E(XY) - E(X)E(Y) = \frac{1}{3} - \frac{49}{144} = -\frac{1}{144} ,$$

$$\rho = \frac{Cov(X,Y)}{\sqrt{D(X)}\sqrt{D(Y)}} = \frac{-1/144}{11/144} = -\frac{1}{11} ,$$

$$D(2X-3Y+8) = 2^2 D(X) + 3^2 D(Y) - 2 \times 2 \times 3 \times Cov(X,Y)$$
$$= 4 \times \frac{11}{144} + 9 \times \frac{11}{144} - 2 \times 2 \times 3 \times \left(-\frac{1}{144} \right) = \frac{155}{144} .$$

注意：随机变量相互独立是指它们没有任何关系，互不影响，而不相关只是没有任何线性关系，但可能有其他关系. **随机变量 X 和 Y 相互独立，则一定不相关，反之不然.** 但若两个随机变量都服从正态分布，则独立和不相关是等价的.

例 3.3.7 设随机变量 $X \sim U(-1,1)$，证明 X 与 $Y = |X|$ 不相关也不相互独立.

证明　由题意知，X 的密度函数为

$$f(x) = \begin{cases} 0.5, & -1 < x < 1, \\ 0, & \text{其他}. \end{cases}$$

又由于奇函数在关于原点对称的区间上的定积分等于 0，所以

$$E(X) = \int_{-1}^{1} 0.5x \mathrm{d}x = 0, \quad E(XY) = E(X|X|) = \int_{-1}^{1} 0.5x|x| \mathrm{d}x = 0,$$

$$Cov(X,Y) = E(XY) - E(X)E(Y) = 0,$$

因此 X 与 $Y = |X|$ 不相关.

要证明 X 与 $Y = |X|$ 不相互独立，只要举出某两个数 x, y 使得 $F(x,y) \neq F_X(x)F_Y(y)$ 即可. 事实上，

$$F_X(0.5) = P\{X \leqslant 0.5\} = \int_{-1}^{0.5} 0.5 \mathrm{d}x = 0.75,$$

$$F_Y(0.5) = P\{|X| \leqslant 0.5\} = \int_{-0.5}^{0.5} 0.5 \mathrm{d}x = 0.5,$$

$$F(0.5, 0.5) = P\{X \leqslant 0.5, |X| \leqslant 0.5\} = P\{|X| \leqslant 0.5\} = 0.5,$$

显然 $F(0.5, 0.5) \neq F_X(0.5)F_Y(0.5)$，所以 X 与 $Y = |X|$ 不相互独立.

例 3.3.8　若二维随机变量 (X,Y) 的密度函数为

$$f(x,y) = \frac{1}{2\pi\sigma_1\sigma_2\sqrt{1-\rho^2}} \cdot \exp\left\{-\frac{1}{2(1-\rho^2)}\left[\frac{(x-\mu_1)^2}{\sigma_1^2} - \frac{2\rho(x-\mu_1)(y-\mu_2)}{\sigma_1\sigma_2} + \frac{(y-\mu_2)^2}{\sigma_2^2}\right]\right\},$$

$$-\infty < x < +\infty, \quad -\infty < y < +\infty. \tag{3.3.13}$$

其中，$\mu_1, \mu_2, \sigma_1, \sigma_2, \rho$ 均为常数，$\sigma_1 > 0, \sigma_2 > 0, |\rho| < 1$. 称 (X,Y) 为服从参数 $\mu_1, \mu_2, \sigma_1, \sigma_2, \rho$ 的**二维正态分布**，记作 $(X,Y) \sim N(\mu_1, \mu_2, \sigma_1^2, \sigma_2^2, \rho)$.

二维正态分布 $(X,Y) \sim N(\mu_1, \mu_2, \sigma_1^2, \sigma_2^2, \rho)$ 的边际分布仍为正态分布，即 $X \sim N(\mu_1, \sigma_1^2)$，$Y \sim N(\mu_2, \sigma_2^2)$，且 ρ 为 X 和 Y 的相关系数.

图 3.3.1、图 3.3.2 和图 3.3.3 分别是 $\mu_1 = \mu_2 = 0, \sigma_1 = \sigma_2 = 1$，$\rho = -0.5$，$\rho = 0$，$\rho = 0.5$ 的 $(X,Y) \sim N(\mu_1, \mu_2, \sigma_1^2, \sigma_2^2, \rho)$ 的密度函数图像.

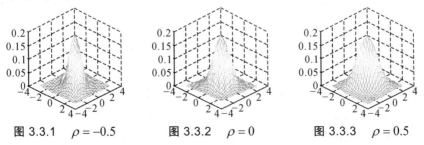

图 3.3.1　$\rho = -0.5$　　　　图 3.3.2　$\rho = 0$　　　　图 3.3.3　$\rho = 0.5$

定义 3.3.3　设 $\boldsymbol{X} = (X_1, X_2, \cdots, X_n)^{\mathrm{T}}$ 是 n 维随机变量，由 $X_1, X_2, \cdots, X_n$ 的两两协方差构成的矩阵

$$Cov(\boldsymbol{X}) = \begin{bmatrix} Cov(X_1,X_1) & Cov(X_1,X_2) & \cdots & Cov(X_1,X_n) \\ Cov(X_2,X_1) & Cov(X_2,X_2) & \cdots & Cov(X_2,X_n) \\ \vdots & \vdots & & \vdots \\ Cov(X_n,X_1) & Cov(X_n,X_2) & \cdots & Cov(X_n,X_n) \end{bmatrix} \qquad (3.3.14)$$

称为 $\boldsymbol{X}$ 的**协方差矩阵**.

定义 3.3.4　设 $\boldsymbol{X} = (X_1, X_2, \cdots, X_n)^{\mathrm{T}}$ 是 n 维随机变量，由 $X_1, X_2, \cdots, X_n$ 的两两相关系数构成的矩阵

$$Corr(\boldsymbol{X}) = \begin{bmatrix} 1 & \rho_{X_1X_2} & \cdots & \rho_{X_1X_n} \\ \rho_{X_2X_1} & 1 & \cdots & \rho_{X_2X_n} \\ \vdots & \vdots & & \vdots \\ \rho_{X_nX_1} & \rho_{X_nX_2} & \cdots & 1 \end{bmatrix} \qquad (3.3.15)$$

称为 $\boldsymbol{X}$ 的**相关系数矩阵**.

显然，协方差矩阵和相关系数矩阵都是对称矩阵.

3.3.3　n 维正态分布的性质

例 3.3.9（n 维正态分布）　设 n 维随机变量 $\boldsymbol{X} = (X_1, X_2, \cdots, X_n)^{\mathrm{T}}$ 的协方差矩阵为 $\boldsymbol{\Sigma} = Cov(\boldsymbol{X})$，数学期望向量为 $\boldsymbol{E} = E(\boldsymbol{X})$. 又记 $\boldsymbol{x} = (x_1, x_2, \cdots, x_n)^{\mathrm{T}}$，称函数

$$f(\boldsymbol{x}) = \frac{1}{(2\pi)^{n/2}|\boldsymbol{\Sigma}|^{1/2}} \exp\left\{ -\frac{1}{2}(\boldsymbol{x}-\boldsymbol{E})^{\mathrm{T}} \boldsymbol{\Sigma}^{-1} (\boldsymbol{x}-\boldsymbol{E}) \right\}, \boldsymbol{x} \in \mathbf{R}^n \qquad (3.3.16)$$

为密度定义的分布为 n **维正态分布**，记作 $\boldsymbol{X} \sim N(\boldsymbol{E}, \boldsymbol{\Sigma})$. 其中 $|\boldsymbol{\Sigma}|$ 是 $\boldsymbol{\Sigma}$ 的行列式，$\boldsymbol{\Sigma}^{-1}$ 是 $\boldsymbol{\Sigma}$ 的逆矩阵.

n 维正态分布在数理统计中占有重要的地位，这里不加证明地给出它的几条重要性质：

（1）$\boldsymbol{X} = (X_1, X_2, \cdots, X_n)^{\mathrm{T}}$ 服从 n 维正态分布的充分必要条件是：对任意实向量 $\boldsymbol{A} = (a_1, a_2, \cdots, a_n)^{\mathrm{T}}$，$\boldsymbol{A}^{\mathrm{T}}\boldsymbol{X}$ 均服从正态分布.

特别地，若 $\boldsymbol{A} = (0, \cdots, 0, 1, 0, \cdots, 0)^{\mathrm{T}}$，则 $\boldsymbol{A}^{\mathrm{T}}\boldsymbol{X} = X_i$. 所以 $\boldsymbol{X} = (X_1, X_2, \cdots, X_n)^{\mathrm{T}}$ 服从 n 维正态分布，则边际分布也是正态分布.

（2）若 $\boldsymbol{X} = (X_1, X_2, \cdots, X_n)^{\mathrm{T}}$ 服从 n 维正态分布，$\boldsymbol{Y} = (Y_1, Y_2, \cdots, Y_k)^{\mathrm{T}}$ 是 $\boldsymbol{X}$ 的线性变换，则 $\boldsymbol{Y}$ 也服从多维正态分布.

（3）若 $\boldsymbol{X} = (X_1, X_2, \cdots, X_n)^{\mathrm{T}}$ 服从 n 维正态分布，则 "$X_1, X_2, \cdots, X_n$ 相互独立" 与 "$X_1, X_2, \cdots, X_n$ 两两不相关" 是等价的.

例 3.3.10　设随机变量 $X \sim N(0,1)$ 与 $Y \sim N(1,1)$ 相互独立，则（　　　）.

（A）$P\{X+Y \leqslant 0\} = 0.5$　　　　（B）$P\{X+Y \leqslant 1\} = 0.5$

（C）$P\{X-Y \leqslant 0\} = 0.5$　　　　（D）$P\{X-Y \leqslant 1\} = 0.5$

解　$X+Y \sim N(1,2)$，$X-Y \sim N(-1,2)$，由正态分布密度函数关于期望的对称性，应选（B）.

习题 3.3

1. 设二维随机变量 (X, Y) 的分布列为

X	Y	
	0	1
0	0.3	0.4
1	0.2	0.1

试求 $E(X), E(Y), E(X - 2Y), E(3XY)$.

2. 设二维随机变量 (X, Y) 服从 A 上的均匀分布，其中 A 为 x 轴、y 轴及直线 $x + y + 1 = 0$ 所围成的区域. 试求：（1）$E(X)$；（2）$E(-3X + 2Y)$；（3）$E(XY)$.

3. 设随机变量 $X \sim P(\lambda)$ 且 $E((X-1)(X-2)) = 1$，则 $\lambda = ($　　　$)$.

（A）1　　　　　　　　　　　　　　（B）2

（C）3　　　　　　　　　　　　　　（D）0

4. 要加工一个直角边为 20cm 的等腰直角三角形部件，已知两直角边的加工误差（单位：cm）X 和 Y 且相互独立，均服从 $U(-0.1, 0.1)$. 试求该部件面积的数学期望.

5. 一商店经销某种商品，每周进货量（单位：吨）与顾客对该种商品的需求量（单位：吨）是独立的，且都服从 $(10, 20)$ 上的均匀分布. 商店每出售一吨商品可得利润 1000 元；若需求量超过进货量，则可从其他商店调剂供应，这时每吨商品获利润为 500 元. 试求此商店经销该种商品每周的平均利润.

6. 对于任意两个随机变量 X 和 Y，若 $E(XY) = E(X)E(Y)$，则（　　　）.

（A）$D(XY) = D(X)D(Y)$　　　　　（B）$D(X + Y) = D(X) + D(Y)$

（C）X 和 Y 独立　　　　　　　　（D）X 和 Y 不独立

7. 试求掷 n 颗骰子出现点数之和的数学期望与方差.

8. 设随机变量 $X \sim P(5), Y \sim B(8, 0.2)$，且 X 和 Y 相互独立. 试求 $E(X - 2Y)$ 和 $D(X - 2Y)$.

9. 设随机变量 $X \sim N(10, 0.6), Y \sim N(1, 2)$，且 X 和 Y 相互独立. 试求 $E(3X - Y)$ 和 $D(3X - Y)$.

10. 设随机变量 $X_1 \sim U[0, 6], X_2 \sim N(0, 2^2), X_3 \sim P(3)$，且 X_1, X_2, X_3 相互独立. 试求 $D(X_1 - 2X_2 + 3X_3)$.

11. 设随机变量 X 和 Y 相互独立，$E(X) = E(Y) = 0, D(X) = D(Y) = 1$. 试求 $E(X + Y)^2$.

12. 设随机变量 X 和 Y 的分布列分别为

X	0	1
p_x	0.3	0.7

Y	0	1
p_y	0.3	0.7

其中 $P\{X = 0, Y = 0\} = 0.1$，试求 X 和 Y 的协方差和相关系数.

13. 设随机变量 (X,Y) 的密度函数为 $f(x,y)=\begin{cases}3x, & 0<y<x<1,\\ 0, & \text{其他}.\end{cases}$ 试求 X 和 Y 的相关系数.

14. 设随机变量 (X,Y) 的密度函数为 $f(x,y)=\begin{cases}1, & |y|<x,\ 0<x<1,\\ 0, & \text{其他}.\end{cases}$ 试求 $E(X),E(Y)$ 和 $Cov(X,Y)$.

15. 设随机变量 $X \sim U(-1,1)$，试问 X 与 $Y=X^2$ 是否相关？是否独立？

16. 设随机变量 X 和 Y 的相关系数 $\rho=0$，则 X 和 Y（　　　）.

（A）相互独立　　　　　　　　　　　　（B）不一定相关

（C）必不相关　　　　　　　　　　　　（D）必相关

17. 设随机变量 X 和 Y 的期望和方差存在，且 $D(X-Y)=D(X)+D(Y)$，则下列说法不正确的是（　　　）.

（A）$D(X+Y)=D(X)+D(Y)$　　　　　　（B）$E(XY)=E(X)E(Y)$

（C）X 和 Y 不相关　　　　　　　　　（D）X 和 Y 独立

18. 若随机变量 X 和 Y 独立同分布于 $N(0,\sigma^2)$，试求 $aX+bY$ 与 $aX-bY$ 的相关系数.

19. 设随机变量 X 和 Y 独立同分布于 $P(\lambda)$，试求 $2X+Y$ 与 $2X-Y$ 的相关系数.

20. 已知随机变量 X 和 Y 都服从二项分布 $B(20,0.1)$，并且 X 和 Y 的相关系数 $\rho=0.5$. 试求 $D(X+Y)$ 和 $Cov(X,2Y-X)$.

21. 已知随机变量 $X \sim N(1,9), Y \sim N(0,16)$，且 X 和 Y 的相关系数为 $\rho_{XY}=0.5$. 试求：（1）$Z=\dfrac{1}{3}X+\dfrac{1}{2}Y$ 的数学期望和方差；（2）X 和 Z 的相关系数 ρ_{XZ}.

22. 设两只股票的收益率 $r=(r_1,r_2)^{\mathrm{T}}$ 为二维随机变量，其方差分别为 $D(r_1)=0.02^2, D(r_2)=0.03^2$. 试在以下四种情况下，求 w 使 $D(wr_1+(1-w)r_2)$ 最小：（1）r_1,r_2 完全正相关；（2）r_1,r_2 完全负相关；（3）r_1,r_2 正相关且相关系数为 0.5；（4）r_1,r_2 负相关且相关系数为 0.5.

23. 设随机变量 $X_1,X_2,\cdots,X_n$ 相互独立，且都服从 $N(\mu,\sigma^2)$ 分布. 试求 $\bar{X}=\dfrac{1}{n}\sum_{i=1}^{n}X_i$ 的分布.

24. 设随机变量 X 和 Y 相互独立，且都服从 $N(0,0.5)$. 试求随机变量 $|X-Y|$ 的方差.

§3.4　大数定律与中心极限定理*

3.4.1　大数定律

掷一枚硬币，哪一面朝上本来是偶然的，但当掷硬币的次数足够多，如达到上万次甚至几百万次以后，我们就会发现，硬币每一面向上的次数约占总次数的二分之一. 这说明偶然中包含着必然，必然规律在大量的试验中得以体现.

大数定律是一种描述当试验次数很大时所呈现的概率性质的定律. 大数定律的名称是法国数学家泊松于 1837 年给出的，虽然通常称大数定律为"定律"，但大数定律并不是经验规律，而是严格证明了的定理. 1713 年，伯努利（Jacob Bernoulli, 1654—1705）的著作《猜度术》发表. 在这部著作中，伯努利提出了"伯努利大数定律"，并给予了证明，这使以往建立在经验之上的频率稳定性推测理论化了，从此概率论从对特殊问题的求解，发展到一般的理论概括. 从 1845 年开始，切比雪夫利用微积分方法，先后对伯努利大数定律和泊松大数定律进行了精细的分析和严格的证明. 之后，法国数学家波莱尔于 1909 年给出了波莱尔强大数

辛钦

定律及柯尔莫哥洛夫强大数定律，苏联数学家辛钦（Хинчин, 1894—1959）于 1929 年提出了辛钦大数定律.

设 p 是 n 重伯努利试验中事件 A 每次出现的概率，f_n 为 n 次试验中 A 出现的频数. 用极限的概念来描述"当 n 充分大时，概率是频率 $\dfrac{f_n}{n}$ 的稳定值"，即对于任意给定的小 $\varepsilon > 0$，当 n 充分大时，总有 $\left| \dfrac{f_n}{n} - p \right| < \varepsilon$ 成立.

然而上述结论并不是总成立，比如无论 n 多么大，$f_n = 0$ 或 $f_n = n$ 都有可能发生，此时 $\left| \dfrac{f_n}{n} - p \right| < \varepsilon$ 都不成立. 不过当 n 充分大时，$f_n = 0$ 或 $f_n = n$ 发生的概率会越来越小，因而 $P\left\{ \left| \dfrac{f_n}{n} - p \right| < \varepsilon \right\}$ 越来越接近于 1，即

$$\lim_{n \to +\infty} P\left\{ \left| \frac{f_n}{n} - p \right| < \varepsilon \right\} = 1.$$

定理 3.4.1（伯努利大数定律） 设 f_n 为 n 重伯努利试验中事件 A 出现的次数，p 为每次试验中事件 A 发生的概率. 则对于任意小的 $\varepsilon > 0$，有

$$\lim_{n \to +\infty} P\left\{ \left| \frac{f_n}{n} - p \right| < \varepsilon \right\} = 1. \tag{3.4.1}$$

伯努利大数定律提供了用频率来确定概率的理论依据.

定理 3.4.2（切比雪夫大数定律） 设 $\{X_i\}(i = 1,2,\cdots)$ 是两两不相关的随机变量序列，它们的方差都存在且有共同的上界，即 $D(X_i) \leqslant K (i = 1,2,\cdots)$，则对任意小的 $\varepsilon > 0$，有

$$\lim_{n \to \infty} P\left\{ \left| \frac{1}{n}\sum_{i=1}^{n} X_i - \frac{1}{n}\sum_{i=1}^{n} E(X_i) \right| < \varepsilon \right\} = 1. \tag{3.4.2}$$

切比雪夫大数定律给出了两两不相关随机变量的平均值趋于稳定性的理论依据.

例 3.4.1 设 $\{X_i\}(i = 1,2,\cdots)$ 是独立同分布的随机变量序列，且 $E(X_i^4)$ 存在，$E(X_i) = \mu, D(X_i) = \sigma^2$，则随机变量序列 $\{(X_i - \mu)^2\}(i = 1,2,\cdots)$ 对任意小的 $\varepsilon > 0$，有

$$\lim_{n \to \infty} P\left\{ \left| \frac{1}{n}\sum_{i=1}^{n} (X_i - \mu)^2 - \sigma^2 \right| < \varepsilon \right\} = 1.$$

证明 $\{(X_i - \mu)^2\}(i = 1,2,\cdots)$ 是两两不相关的随机变量序列，其方差为

$$D((X_i - \mu)^2) = E((X_i - \mu)^4) - \sigma^4.$$

由于高阶矩存在低阶矩就存在，所以 $D((X_i - \mu)^2)$ 存在且有共同的上界. 由切比雪夫大数定律，对任意小的 $\varepsilon > 0$，都有

$$\lim_{n \to \infty} P\left\{\left|\frac{1}{n}\sum_{i=1}^{n}(X_i - \mu)^2 - \frac{1}{n}\sum_{i=1}^{n}E((X_i - \mu)^2)\right| < \varepsilon\right\} = 1,$$

$$\lim_{n \to \infty} P\left\{\left|\frac{1}{n}\sum_{i=1}^{n}(X_i - \mu)^2 - \sigma^2\right| < \varepsilon\right\} = 1.$$

定理 3.4.3（辛钦大数定律） 设 $\{X_i\}(i = 1,2,\cdots)$ 是独立同分布的随机变量序列，且 $E(X_i) = \mu(i = 1,2,\cdots)$，则对任意小的 $\varepsilon > 0$，有

$$\lim_{n \to \infty} P\left\{\left|\frac{1}{n}\sum_{i=1}^{n}X_i - \mu\right| < \varepsilon\right\} = 1. \tag{3.4.3}$$

辛钦大数定律表明，当 n 充分大时，独立同分布的随机变量的算术平均值接近于它的期望值. 特别是对随机变量 X 的 n 次观察值的算术平均值接近于它的期望值，这为寻找随机变量的期望提供了一条线索. 例如对某随机变量独立地观测了 1000 次，获得的观测值的平均数为 4.5，则该随机变量的期望近似地等于 4.5.

3.4.2　中心极限定理

中心极限定理要说明的是大量随机变量的和在什么条件下可以用正态分布来描述. 1920 年，美国数学家波利亚称这类定理为中心极限定理. 历史上最初的中心极限定理是讨论 n 重伯努利试验中，事件 A 出现的次数渐近于正态分布的问题. 1716 年前后，法国数学家棣莫佛（Abraham de Moiver，1667—1754）和拉普拉斯分别就特殊情形和一般情形得到棣莫佛-拉普拉斯定理. 棣莫佛于 1718 年发表了《机会的学说》，书中提出了概率乘法法则，以及"正态分布律"的概念，为概率论的"中心极限定理"

棣莫佛

的建立奠定了基础. 李雅普诺夫（A. M. Лпунов，1857—1918）于 1900 年给出了独立随机变量序列服从中心极限定理的李雅普诺夫条件，建立了李雅普诺夫定理. 20 世纪 20 年代，林德伯格和莱维证明了林德伯格—莱维定理. 1935 年，林德伯格和费勒又进一步解决了独立随机变量序列的中心极限定理的一般情形，即林德伯格-费勒定理，其结果使长期以来作为概率论中心议题之一的关于独立随机变量序列的中心极限定理得到根本解决.

定理 3.4.4（林德伯格-莱维中心极限定理） 设 $\{X_i\}(i = 1,2,\cdots)$ 是独立同分布的随机变量序列，且 $E(X_i) = \mu, D(X_i) = \sigma^2 \neq 0$，则

$$\lim_{n \to \infty} P\left\{\frac{1}{\sigma\sqrt{n}}\left(\sum_{i=1}^{n}X_i - n\mu\right) \leqslant x\right\} = \int_{-\infty}^{x}\frac{1}{\sqrt{2\pi}}\exp\left\{-\frac{t^2}{2}\right\}dt. \tag{3.4.4}$$

依据 $Z \sim N(0,1)$ 的分布函数 $\Phi_0(z) = P\{Z \leqslant z\} = \int_{-\infty}^{z}\frac{1}{\sqrt{2\pi}}\exp\left\{-\frac{t^2}{2}\right\}dt$，林德伯格-莱维中心极

限定理表明，当 n 充分大时，

$$\frac{1}{\sigma\sqrt{n}}\left(\sum_{i=1}^{n}X_i - n\mu\right) \dot\sim N(0,1),$$

（3.4.5）

符号"$\dot\sim$"读作"渐近服从"，意思是 n 越大越接近某分布．

令 $Z = \frac{1}{\sigma\sqrt{n}}\left(\sum_{i=1}^{n}X_i - n\mu\right)$，则 $\sum_{i=1}^{n}X_i = n\mu + \sqrt{n}\sigma Z$，由定理 2.4.1 及 $Z \sim N(0,1)$ 知，

$$\sum_{i=1}^{n}X_i \dot\sim N(n\mu, n\sigma^2),$$

（3.4.6）

即当 n 充分大时，n 个独立同分布的随机变量之和渐近服从正态分布．

同样由定理 2.4.1 可知，当 n 充分大时，n 个独立同分布的随机变量之平均值近似服从正态分布，即

$$\frac{1}{n}\sum_{i=1}^{n}X_i \dot\sim N\left(\mu, \frac{\sigma^2}{n}\right).$$

（3.4.7）

利用林德伯格-莱维中心极限定理，可以对 n 个独立同分布的随机变量之和或平均值的分布进行近似计算．

例 3.4.2　n 次独立测量一个物理量，每次测量都产生一个误差 $\varepsilon_i(i=1,2,\cdots,n)$，假设 $\varepsilon_i \sim U(-1,1)$．试问：

（1）n 次测量值的均值与真实值的差的绝对值小于小正数 δ 的概率是多少？

（2）若 $n=100, \delta=0.1$，上述概率的近似值是多少？

（3）对 $\delta=0.1$，欲使上述概率值不小于 0.95，试问至少要进行多少次测量？

解　设 μ 为物理量的真实值，$X_i(i=1,2,\cdots,n)$ 为测量值，据题意有

$$X_i = \mu + \varepsilon_i, \varepsilon_i \sim U(-1,1),$$

$\{\varepsilon_i\}$ 独立同分布，$\{X_i\}$ 也独立同分布，且 $E(X_i)=\mu$，$D(X_i)=\sigma^2=D(\varepsilon_i)=\frac{1}{3}$，由林德伯格-莱维中心极限定理知，

$$\frac{1}{\sigma\sqrt{n}}\left(\sum_{i=1}^{n}X_i - n\mu\right) \dot\sim N(0,1).$$

（1）n 次测量值的均值与真实值的差的绝对值小于正数 δ 的概率为

$$P\left\{\left|\frac{1}{n}\sum_{i=1}^{n}X_i - \mu\right| \leqslant \delta\right\} = P\left\{\left|\sum_{i=1}^{n}X_i - n\mu\right| \leqslant n\delta\right\}$$

$$= P\left\{\left|\frac{1}{\sigma\sqrt{n}}\left(\sum_{i=1}^{n}X_i - n\mu\right)\right| \leqslant \frac{n\delta}{\sigma\sqrt{n}}\right\}$$

$$\approx 2\Phi_0\left(\frac{n\delta}{\sigma\sqrt{n}}\right) - 1 = 2\Phi_0(\sqrt{3n}\delta) - 1.$$

（2）若 $n=100, \delta=0.1$，则

$$P\left\{\left|\frac{1}{n}\sum_{i=1}^{n}X_i-\mu\right|\leqslant\delta\right\}\approx2\Phi_0(\sqrt{300}\times0.1)-1\approx2\Phi_0(1.73)-1\approx0.9164.$$

（3）对 $\delta=0.1$，欲使 $P\left\{\left|\frac{1}{n}\sum_{i=1}^{n}X_i-\mu\right|\leqslant\delta\right\}\approx2\Phi_0(\sqrt{3n}\times0.1)-1\geqslant0.95$，则

$$\Phi_0\left(\sqrt{3n}\times0.1\right)\geqslant0.975,$$

查表得，$\sqrt{3n}\times0.1\geqslant1.96$，$n\geqslant128.05$，所以至少要进行 129 次测量.

定理 3.4.5（棣莫佛-拉普拉斯中心极限定理） 设随机变量 $X_n\sim B(n,p)$，则对任意 x，有

$$\lim_{n\to\infty}P\left\{\frac{X_n-np}{\sqrt{np(1-p)}}\leqslant x\right\}=\int_{-\infty}^{x}\frac{1}{\sqrt{2\pi}}\exp\left\{-\frac{t^2}{2}\right\}\mathrm{d}t.\qquad(3.4.8)$$

棣莫佛-拉普拉斯中心极限定理表明，当 n 充分大，而 $0<p<1$ 是一个定值时，二项分布标准化后近似服从标准正态分布，即

$$\frac{X_n-np}{\sqrt{np(1-p)}}\sim N(0,1).\qquad(3.4.9)$$

利用棣莫佛-拉普拉斯中心极限定理，可以对二项分布进行近似计算. 令 $X\sim B(n,p)$，$P\{X\leqslant x\}=\beta$，利用棣莫佛-拉普拉斯中心极限定理，可以对以下三种情况进行近似计算：

（1）已知 n,p,x，求 β；

（2）已知 n,p,β，求 x；

（3）已知 p,x,β，求 n.

例 3.4.3 设一批种子良种率 $p=0.2$，试求从中任选 500 粒种子，其中良种所占的比例与 0.2 之差的绝对值不超过 0.02 的概率.

解 设 X 为任选的 500 粒种子中良种子的粒数，则 $X\sim B(n,p)$，其中 $n=500$，$p=0.2$. 故 $np=500\times0.2=100$，$np(1-p)=500\times0.2\times0.8=80$，由棣莫佛-拉普拉斯中心极限定理知，$\dfrac{X-100}{\sqrt{80}}\sim N(0,1)$，而

$$P\left\{\left|\frac{X}{500}-0.2\right|\leqslant0.02\right\}=P\{|X-100|\leqslant10\}=P\left\{\left|\frac{X-100}{\sqrt{80}}\right|\leqslant\frac{10}{\sqrt{80}}\right\}$$

$$\approx2\Phi_0\left(\frac{10}{\sqrt{80}}\right)-1\approx2\Phi_0(1.12)-1\approx0.7372.$$

例 3.4.4 一批某种衡器共计 1000 件，出厂前对每件衡器都要进行校准. 设校不准的概率为 0.05，试求至少有 40 件校不准的概率.

解 设 X 为校不准的衡器的数量，则 $X\sim B(n,p)$，其中 $n=1000$，

衡器

$p = 0.05$．故 $np = 50$，$np(1-p) = 47.5$，由棣莫佛-拉普拉斯定理知，$\dfrac{X-50}{\sqrt{47.5}} \sim N(0,1)$，则

$$P\{X \geqslant 40\} = P\left\{\dfrac{X-50}{\sqrt{47.5}} \geqslant \dfrac{40-50}{\sqrt{47.5}}\right\} \approx 1 - \Phi_0\left(\dfrac{40-50}{\sqrt{47.5}}\right)$$

$$\approx 1 - \Phi_0(-1.45) = \Phi_0(1.45) \approx 0.9265．$$

例 3.4.5　若一年中某种寿险的购险者中每人意外死亡的概率为 0.003，现有 10000 人参加了保险，试问至多多少人发生意外死亡的概率不超过 0.05．

解　设 X 为发生意外死亡的人数，则 $X \sim B(n,p)$，其中 $n = 10000$，$p = 0.003$，$np = 30$，$np(1-p) = 29.91$，由棣莫佛-拉普拉斯定理知，$\dfrac{X-30}{\sqrt{29.91}} \sim N(0,1)$，则

$$P\{X \leqslant x\} = P\left\{\dfrac{X-30}{\sqrt{29.91}} \leqslant \dfrac{x-30}{\sqrt{29.91}}\right\} \approx \Phi_0\left(\dfrac{x-30}{\sqrt{29.91}}\right) \leqslant 0.05，$$

查表得，$\dfrac{x-30}{\sqrt{29.91}} \leqslant -1.65$，$x \leqslant 20.98$，故至多 21 人发生意外死亡的概率不超过 0.05．

例 3.4.6　一批产品的合格率为 0.8，现从这批产品中随机抽取了 n 件，为了使发现合格品的频率在 0.76 到 0.84 之间的概率不小于 0.9，试问 n 应为多大？

解　设 X 为 n 件产品中的合格品数，则 $X \sim B(n,p)$，其中 $p = 0.8$，n 未知．故 $np = 0.8n$，$np(1-p) = 0.16n$．由棣莫佛-拉普拉斯定理知，$\dfrac{X-0.8n}{\sqrt{0.16n}} \sim N(0,1)$，而

$$P\left\{0.76 < \dfrac{X}{n} \leqslant 0.84\right\} = P\{0.76n < X \leqslant 0.84n\}$$

$$= P\left\{\dfrac{0.76n-0.8n}{\sqrt{0.16n}} < \dfrac{X-0.8n}{\sqrt{0.16n}} \leqslant \dfrac{0.84n-0.8n}{\sqrt{0.16n}}\right\}$$

$$\approx 2\Phi_0(0.1\sqrt{n}) - 1 \geqslant 0.9，$$

则 $\Phi_0(0.1\sqrt{n}) \geqslant 0.95$，

查表得 $0.1\sqrt{n} \geqslant 1.65$，$n \geqslant 272.25$，所以 n 应为 273．

习题 3.4

1．设随机变量 $\{X_i\}(i = 1, 2, \cdots, 500)$ 独立同分布于 $P(5)$，若 $\overline{X} = \dfrac{1}{500}\sum\limits_{i=1}^{500} X_i$，试求 $P\{\overline{X} < 5.125\}$．

2．设某种器件使用寿命（单位：小时）服从指数分布，平均使用寿命为 20 小时，使用时当器件损坏后立即更新器件，如此继续．已知每一器件进价为 a 元，试求在年计划中应为此器件作多少元预算，才可以有 95% 的把握一年够用（给定一年有 2000 个工作小时）．

3. 生产线组装每件产品的时间服从指数分布. 统计资料表明, 每件产品的平均组装时间为 10 分钟. 假设各件产品的组装时间互不影响. 试利用中心极限定理求:（1）组装 100 件产品需要 15 到 20 小时的概率;（2）以概率 95% 在 16 个小时内最多可以组装产品的件数.

4. 将 n 个观测数据相加时, 首先对小数部分按 "四舍五入" 舍去小数位后化为整数. 试利用中心极限定理解决以下问题:

（1）当 $n = 1500$ 时, 求舍位误差之和的绝对值大于 15 的概率.

（2）为使舍位误差之和的绝对值小于 10 的概率大于 90%, 数据个数 n 为多少?

5. 一生产线生产的产品成箱包装, 每箱的重量是随机的, 假设每箱平均重 50 kg, 标准差为 5 kg. 若用最大载重量为 5 吨的汽车承运. 试问利用中心极限求每辆车最多可以装多少箱, 才能保障不超载的概率大于 97.5%.

6. 设试验成功的概率为 20%, 现在将试验独立地重复进行 625 次. 试利用中心极限定理求试验成功的次数介于 112 次和 138 次之间的概率.

7. 设供电网有 1225 盏电灯, 夜晚每盏电灯开灯的概率均为 80%, 并且彼此开闭与否相互独立. 试用中心极限定理估算夜晚同时开灯数在 959 到 1001 之间的概率.

8. 一个由 100 个相互独立起作用的部件组成的系统在运行过程中, 每个部件能正常工作的概率都为 90%. 为了使整个系统能正常运行, 至少必须有 85% 的部件在正常工作. 试利用中心极限定理求整个系统能正常运行的概率.

9. 已知生男孩的概率近似地等于 51.5%. 试利用中心极限定理求在 10 000 个婴孩中, 男孩不多于女孩的概率.

10. 现有一大批种子, 其中良种占 90%, 现从中任取 1000 粒种子. 试用中心极限定理计算这 1000 粒种子中良种所占的比例与 90% 之差的绝对值不超过 1% 的概率.

11. 某保险公司接受了 10 000 个电动自行车的保险, 每辆每年的保费为 12 元. 若车丢失, 则车主得赔偿 1000 元. 假设车的丢失率为 0.006, 对于此项业务, 试利用中心极限定理求:

（1）保险公司亏损的概率;

（2）保险公司一年获利润不少于 40 000 元的概率;

（3）保险公司一年获利润不少于 60 000 元的概率.

12. 某药厂断言, 该工厂生产的某种药品对一种疑难疾病的治愈率为 80%, 某医院试用了这种药品进行治疗, 该医院任意抽查了 100 个服用此药品的病人, 如果其中多于 75 人治愈, 医院就接受药厂的这一断言, 否则就拒绝这一断言. 试问:

（1）若实际上此药品对这种疾病的治愈率为 80%, 医院接受这一断言的概率是多少?

（2）若实际上此药品对这种疾病的治愈率为 70%, 医院接受这一断言的概率是多少?

13. 一家有 800 间客房的大宾馆的每间客房内都装有一台 2 kW 的空调机, 若该宾馆的开房率为 70%, 试利用中心极限定理求应供应多少千瓦的电力才能以 99% 的概率保证有充足的电力开动空调机.

14. 假设某电话交换台有 n 部分机, k 条外线, 每部分机呼叫外线的概率为 p. 利用中心极限定理, 解决下列问题:

（1）设 $n = 200, k = 30, p = 0.12$，试求每部分机呼叫外线时能及时得到满足的概率的近似值；

（2）当 $n = 200, p = 0.12$ 时，为使每部分机呼叫外线时能及时得到满足的概率大于 95%，至少需要设置多少条外线？

15. 假设伯努利试验成功的概率为 5%. 试利用中心极限定理估计进行多少次试验才能以 80% 的概率使成功的次数不少于 5 次.

16. 抽样检查产品质量时，如果发现次品多于 10 个，则拒绝接受这批产品. 设某批产品的次品率为 10%，试问至少应抽多少个产品检查才能保证拒绝接受该产品的概率达到 90%.

17. 试利用中心极限定理确定，当投掷一枚均匀硬币时，需投掷多少次才能保证使得正面出现的频率在 0.4 到 0.6 之间的概率不小于 90%.

第 4 章　数理统计的基本概念

　　在概率论中，随机变量的分布通常是已知的或假设是已知的，但实际中随机变量的分布或分布中的参数往往是未知的．数理统计的任务之一是寻找随机变量的分布或分布中的参数．以概率论为基础，研究如何采用有效的数学方法对数据进行加工与分析，从而对随机变量的分布、数字特征等做出统计推断的一门数学学科．

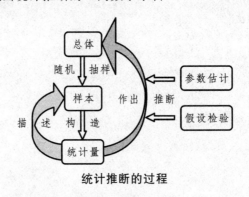

统计推断的过程

　　统计推断的一般过程是，首先从总体中抽取样本，构造样本统计量，用统计量来描述样本的分布特征，并对总体的分布或数字特征做出统计推断．重要的两类统计推断是参数估计和假设检验．

　　本章主要内容有总体、样本、统计量、描述性统计、正态总体下的常用统计量等．

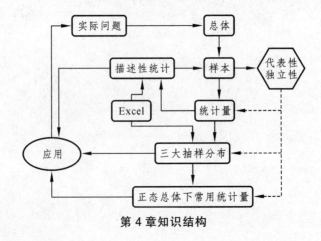

第 4 章知识结构

　　☆实际问题中把研究对象的全体称为总体，从总体中抽取的部分对象就是样本，统计推断是用样本提供的信息来推断总体的特征．

☆　常用的样本是简单随机样本，它满足代表性和独立性. 样本的代表性和独立性是构造统计量的基础，也是统计推断的基础.

☆　统计量的分布称为抽样分布，其中卡方分布、t 分布和 F 分布是区间估计、假设检验、方差分析的基础.

☆　在样本代表性和独立性的基础上，利用三大抽样分布可以构造正态总体下的常用统计量，这些统计量在区间估计或假设检验中有重要应用.

☆　可以利用 Excel 进行样本描述性统计和计算三大抽样分布的概率以及分位数.

§4.1　样本与统计量

4.1.1　总体与样本

在实际问题中，通常要研究某种对象的某些特征，而这些特征可用一些数量指标来表示. 比如，在研究重庆地区中学生的健康状况时，要测量中学生的年龄、身高、体重、视力、听力、肺活量、心率等特征，这些特征都是数量指标. 在数理统计中，把研究对象的全体称为**总体**，总体中的每个元素称为**个体**. 在研究重庆地区中学生的健康状况时，所有重庆地区的中学生是总体，其中的每个中学生是个体. 再如，在考察某批灯泡的质量时，该批灯泡构成一个总体，其中的每个灯泡是个体.

对于一个总体，在试验前，总体的某些数量特征是未知的，这些数量特征可以理解为随机变量，对总体的研究也就转化为对随机变量的研究，研究总体的数量特征也就转化为研究随机变量的分布特征.

挑选瓜子

总体中包含的个体往往很多，这时要对所有个体进行试验就需要大量的人力物力和时间，有时甚至是不可能做到的. 如在自由市场购买瓜子时，所有的瓜子是总体，每颗瓜子是个体. 为了知道瓜子是否好吃，不可能将所有的瓜子都尝一遍，只能选几颗尝一尝，用所选的瓜子去推断所有的瓜子. 再如，挑选散装大米时，可随机地抓一把，看一下大米的颗粒是否均匀、色泽是否晶莹剔透、是否有沙粒或稻壳等，用所选取的大米的质量去推断这批大米的质量. 所以在对总体进行研究时，一种可能或经济的做法是只抽取部分个体进行研究，用这部分个体呈现出的特征去推断总体的特征.

挑选大米

数理统计中，从总体中抽取部分个体进行试验，称作**抽取样本**，简称**抽样**，抽到的这部分个体称作**样本**，样本中包含的个体数量称为**样本量**.

4.1.2　抽样方法

抽样方法可分为概率抽样和非概率抽样. **概率抽样**是按随机原则进行的抽样. 随机原则是指在抽样时排除主观上有意识地抽取个体，使每个个体都有一定的机会被抽到，每个个体被抽到的概率是已知的, 或是可以计算出来的. 概率抽样又可分为放回抽样和无放回抽样. **放回抽样**是指从总体 N 个个体中随机抽取一个容量为 n 的样本, 每次抽中的个体记录其有关标志表现后又放回总体中重新参加下一次的抽取. 放回抽样相当于在相同条件下进行 n 次独立的随机试验. **无放回抽样**是指从总体 N 个个体中随机抽取一个容量为 n 的样本, 每次抽中的个体记录其有关标志表现后不再放回总体中参加下一次的抽取. 无放回抽样相当于一次性同时从总体中抽中 n 个个体构成样本.

概率抽样需要抽样框, **抽样框**是包含总体中每个个体特征的个体名册, 如学生花名册. 抽样框用以确定总体的抽样范围和结构. 常用的抽样组织方式有简单随机抽样、分层抽样、整群抽样、系统抽样、多阶段抽样等.

简单随机抽样是从抽样框中随机地、一个一个地抽取 n 的个体, 每个个体入样的概率是相等的.

分层抽样是先将总体按某种规则划分为若干不同的"层", 然后在每一层内进行简单随机抽样. 如某大学将学生按年级分为四层, 在每个年级随机抽取 50 名学生即分层抽样.

整群抽样是先将总体按某种规则分为若干不同的"群", 以群为抽样单位进行简单随机抽样, 被抽中的群作为样本. 如某大学在四个年级中随机抽取一个年级, 然后对抽中的年级进行全面调查就属于整群抽样.

系统抽样是将总体按某一标志排序, 然后每隔一定距离抽取一个个体构成样本. 典型的做法是先从数字 $1 \sim k$ 中随机抽取一个数字 r 作为初始个体, 然后依次抽取第 $r+k$ 个个体、第 $r+2k$ 个个体、第 $r+3k$ 个个体、……组成样本.

多阶段抽样是先抽取一个样本, 再在抽取的样本中抽取样本.

非概率抽样是指不按随机原则, 而是根据方便原则或研究人员的主观判断选择样本的抽样方法. 非概率抽样有方便抽样、判断抽样、配额抽样、志愿者入样、滚雪球抽样等形式, 这里不再赘述.

4.1.3　简单随机样本

由于样本在未试验之前, 其数量特征也是未知的, 所以**通常将样本看作 n 维随机变量**, 而试验之后的样本取值称为**样本值**或**样本数据**.

定义 4.1.1　设 $x_1, x_2, \cdots, x_n$ 为来自总体 X 的容量为 n 的样本. 若样本 $x_1, x_2, \cdots, x_n$ 满足:

（1）代表性——$x_1, x_2, \cdots, x_n$ 都与总体 X 服从相同的分布;

（2）独立性——$x_1, x_2, \cdots, x_n$ 相互独立.

则称 $x_1, x_2, \cdots, x_n$ 为**简单随机样本**.

除非特殊指明, 本书中的样本都是简单随机样本.

一般将样本容量 $n \leqslant 50$ 的样本称作小样本, 而将 $n > 50$ 甚至 $n > 100$ 的样本称作大样本（很多时候 $n > 30$ 就算大样本）.

例 4.1.1　设 $x_1, x_2, \cdots, x_n$ 是来自总体——某小商店一小时内到达的顾客数 $X \sim P(5)$ 的样

本. 试求 $E(x_i), D(x_i), E(2x_1 + 3x_2), D(2x_2 - 3x_n)$.

解　由 $X \sim P(5)$ 知，$E(X) = D(X) = 5$. 因为 $x_i(i = 1, 2, \cdots, n)$ 与总体服从相同的分布，所以

$$x_i \sim P(5), E(x_i) = E(X) = 5, D(x_i) = D(X) = 5 \quad (i = 1, 2, \cdots, n).$$

又由于 $x_1, x_2, \cdots, x_n$ 相互独立，所以

$$E(2x_1 + 3x_2) = 2E(x_1) + 3E(x_2) = 2 \times 5 + 3 \times 5 = 25,$$

$$D(2x_2 - 3x_n) = 2^2 D(x_2) + 3^2 D(x_n) = 4 \times 5 + 9 \times 5 = 65.$$

设总体 X 的分布函数为 $F(x)$，$x_1, x_2, \cdots, x_n$ 是来自总体容量为 n 的样本. 由样本的代表性和独立性可知，**样本的联合分布函数**为

$$F(x_1, x_2, \cdots, x_n) = \prod_{i=1}^{n} F(x_i). \tag{4.1.1}$$

若总体 X 为离散型随机变量，其分布列为 $P\{X = x\} = p(x), x \in \Omega$. 由样本的代表性和独立性可知，**样本的联合分布列**为

$$p(x_1, x_2, \cdots, x_n) = \prod_{i=1}^{n} p(x_i). \tag{4.1.2}$$

若总体 X 为连续型随机变量，其密度函数为 $f(x)$. 由样本的代表性和独立性可知，**样本的联合密度函数**为

$$f(x_1, x_2, \cdots, x_n) = \prod_{i=1}^{n} f(x_i). \tag{4.1.3}$$

例 4.1.2　设有一大批产品，其废品率 p 未知，现从中随机抽取容量为 n 的样本 $x_1, x_2, \cdots, x_n$ 进行检验. 试求样本的联合分布.

解　将这批产品视作一个总体 X，$X \sim B(1, p)$，其分布列为

$$p(x) = p^x (1 - p)^{1-x}, \ x = 0, 1,$$

由样本的代表性可知，$x_i \sim B(1, p)(i = 1, 2, \cdots, n)$，其分布列为

$$p(x_i) = p^{x_i} (1 - p)^{1-x_i}, \ x_i = 0, 1,$$

由样本的独立性可知，样本的联合分布列为

$$p(x_1, x_2, \cdots, x_n) = \prod_{i=1}^{n} P(x_i) = p^{\sum x_i} (1 - p)^{n - \sum x_i}.$$

例 4.1.3　设 $x_1, x_2, \cdots, x_n$ 是来自总体 $X \sim Exp(\lambda)$ 的样本，试求样本的联合分布.

解　总体 $X \sim Exp(\lambda)$，则 X 的密度函数为

$$f(x) = \begin{cases} \lambda e^{-\lambda x}, & x \geq 0, \\ 0, & x < 0, \end{cases}$$

由样本的代表性可知，$x_i \sim Exp(\lambda)(i=1,2,\cdots,n)$，其密度函数为

$$f(x_i) = \begin{cases} \lambda e^{-\lambda x_i}, & x_i \geqslant 0, \\ 0, & x_i < 0. \end{cases}$$

由样本的独立性可知，样本的联合密度函数为

$$f(x_1, x_2, \cdots, x_n) = \begin{cases} \lambda^n e^{-\lambda \sum x_i}, & x_i \geqslant 0, \\ 0, & \text{其他.} \end{cases}$$

4.1.4　统计量

样本是总体的代表和反映，是统计推断的基本依据. 样本提供的信息不能直接用于统计推断，需要对样本进行数学上的加工. 这在数理统计中往往通过构造一个合适的依赖于样本的函数——**统计量**来达到.

定义 4.1.2　设 $x_1, x_2, \cdots, x_n$ 是来自总体 X 的一个样本，不含任何未知参数的样本函数 $f(x_1, x_2, \cdots, x_n)$ 称为一个**统计量**.

例 4.1.4　设 x_1, x_2 是来自总体 $X \sim N(\mu, \sigma^2)$ 的一个样本，其中 μ 和 σ^2 是未知参数. $x_1 + x_2, x_1^3 + 4x_2 + x_2^4$ 都是统计量，而 $x_1 + \mu, x_1^2 + x_2^2 + \sigma^2, (x_1 - \mu)/\sigma$ 都不是统计量.

样本可理解为随机变量，统计量是样本的函数，因而也是随机变量. 将样本值代入统计量，得到统计量的值.

若样本函数中含有未知参数，则样本函数值无法计算，用样本函数去推断总体就成了用未知去推断未知，所以统计量中不能含有未知参数. 统计量中虽不能含有未知参数，但统计量的分布可能依赖于未知参数. 例如，在例 4.1.4 中，$x_1 + x_2$ 是统计量，由于样本中的个体和总体服从相同的分布且相互独立，因而 $x_1 + x_2 \sim N(2\mu, 2\sigma^2)$，$x_1 + x_2$ 的分布依赖于未知参数 μ 和 σ^2.

用样本去推断总体的特征，需要构造合适的统计量，自然希望在构造统计量的过程中尽可能地保留样本中有关总体的全部信息. 统计量加工过程中一点信息都不损失的统计量称为**充分统计量**. 为了说明什么是充分统计量，下面举一个特殊的例子.

假如某质检员从一大批某种产品中依次随机地抽取了 10 个产品 $x_1, x_2, \cdots, x_{10}$，发现抽出的前 3 个产品都是合格品，后 7 个产品都是不合格品. 设 x_i 表示抽到的合格品数，则 $x_1 = x_2 = x_3 = 1$，$x_4 = x_5 = \cdots = x_{10} = 0$. 记统计量 $T_1 = \sum\limits_{i=1}^{10} x_i$，$T_2 = \sum\limits_{i=1}^{3} x_i$. 虽然 $T_1 = T_2 = 3$，T_1 是充分统计量，T_2 则不是充分统计量，原因是 T_2 没有包含样本的全部信息.

最常用的统计量是样本均值 $\bar{x}$、样本方差 s^2、样本标准差 s、样本成数 P 等.

（1）$\bar{x} = \dfrac{1}{n} \sum\limits_{i=1}^{n} x_i$. 　　　　　　　　　　　　　　　　　　　　（4.1.4）

（2）$s^2 = \dfrac{1}{n-1} \sum\limits_{i=1}^{n} (x_i - \bar{x})^2$. 　　　　　　　　　　　　　　　　　（4.1.5）

（3）$s=\sqrt{\dfrac{1}{n-1}\sum\limits_{i=1}^{n}(x_i-\overline{x})^2}$. 　　　　　　　　　　　　　　　　（4.1.6）

（4）$P=\dfrac{n_1}{n}$（n_1 是具有某种特征的样本单位的个数）. 　　　　　（4.1.7）

样本均值 $\overline{x}$ 和样本方差 s^2 具有如下性质：

（1）$E(\overline{x})=E(X)$. 　　　　　　　　　　　　　　　　　　　　　　（4.1.8）

（2）$D(\overline{x})=\dfrac{D(X)}{n}$. 　　　　　　　　　　　　　　　　　　　（4.1.9）

（3）$E(s^2)=D(X)$. 　　　　　　　　　　　　　　　　　　　　　　（4.1.10）

证明　这里只证明前两个性质，第三个性质留给读者自己去证明.

由期望的性质可知，

$$E(\overline{x})=E\left(\frac{1}{n}\sum_{i=1}^{n}x_i\right)=\frac{1}{n}\sum_{i=1}^{n}E(x_i)=\frac{1}{n}\sum_{i=1}^{n}E(X)=E(X).$$

由于样本中的个体相互独立，所以

$$D(\overline{x})=D\left(\frac{1}{n}\sum_{i=1}^{n}x_i\right)=\frac{1}{n^2}\sum_{i=1}^{n}D(x_i)=\frac{1}{n^2}\sum_{i=1}^{n}D(X)=\frac{1}{n}D(X).$$

例 4.1.5　设 $x_1,x_2,\cdots,x_{20}$ 是来自总体 $X\sim Exp(0.001)$ 的样本，试求 $E(\overline{x}),D(\overline{x})$ 和 $E(s^2)$.

解　由于 $X\sim Exp(0.001)$ ，所以

$$E(X)=\frac{1}{0.001}=1000,\quad D(X)=\frac{1}{0.001^2}=1\,000\,000.$$

由样本均值 $\overline{x}$ 和样本方差 s^2 的性质可知，

$$E(\overline{x})=E(X)=1000,$$

$$D(\overline{x})=\frac{D(X)}{20}=\frac{1\,000\,000}{20}=50\,000,$$

$$E(s^2)=D(X)=1\,000\,000.$$

习题 4.1

1. 某市想了解老年人口（65 岁以上）占总人口的比例，并进行了专项调查. 该调查的总体是什么？样本如何选取？

2. 某高校想要了解大学生的月均消费支出情况，随机抽取了 120 名大学生调查其月均消费支出数据. 调查的总体是什么？样本是什么？样本容量是什么？

3. 设 $x_1,x_2,\cdots,x_5$ 是来自总体 $X\sim Exp(0.01)$ 的样本，试求 $E(x_i),D(x_i)$, $E(3x_1-2x_3)$, $D(4x_4-3x_2)$.

4. 设 x_1, x_2 是总体 $X \sim N(\mu, \sigma^2)$ 的样本，其中 μ, σ^2 是未知参数. 下列样本函数是统计量的有（　　）.

（A）$x_1 x_2$

（B）$x_1^2 + x_2^2 + \sigma^2$

（C）$x_1 + \mu$

（D）$\dfrac{x_2 - \mu}{\sigma}$

5. 设 $P\{F(10,15) > 3\} \approx 0.0270$ 为来自总体 $X \sim N(3, 2^2)$ 的样本，$\bar{x}$ 和 s^2 分别为样本均值和样本方差. 试求 $E(\bar{x}), D(\bar{x}), E(s^2)$.

6. 设 $x_1, x_2, \cdots, x_{20}$ 是来自总体 $X \sim U(-1, 1)$ 的样本，$\bar{x}$ 和 s^2 分别为样本均值和样本方差. 试求 $E(\bar{x}), D(\bar{x}), E(s^2)$.

7. 设 $x_1, x_2, \cdots, x_n$ 为来自总体 $X \sim B(n, p)$ 的样本，$\bar{x}$ 和 s^2 分别为样本均值和样本方差. 试求 $E(\bar{x} - s^2)$.

8. 设 $x_1, x_2, \cdots, x_n$ 为来自总体 $X \sim N(\mu, \sigma^2)$ 的样本，记统计量 $T = \dfrac{1}{n} \sum_{i=1}^{n} x_i^2$. 试求 $E(T)$.

9. 设 $x_1, x_2, \cdots, x_n (n \geq 2)$ 为来自总体 $X \sim P(\lambda)(\lambda > 0)$ 的样本，$T_1 = \dfrac{1}{n} \sum_{i=1}^{n} x_i$ 和 $T_2 = \dfrac{1}{n-1} \sum_{i=1}^{n-1} x_i + \dfrac{1}{n} x_n$ 是两个统计量，则（　　）.

（A）$E(T_1) > E(T_2), D(T_1) > D(T_2)$

（B）$E(T_1) > E(T_2), D(T_1) < D(T_2)$

（C）$E(T_1) < E(T_2), D(T_1) > D(T_2)$

（D）$E(T_1) < E(T_2), D(T_1) < D(T_2)$

10. 设 $x_1, x_2, \cdots, x_n$ 为来自总体 X 的样本，s^2 为样本方差. 证明 $E(s^2) = D(X)$.

§4.2　样本的描述性统计

样本的描述性统计是用数字特征、表格或图形来描述样本分布的统计方法. 描述性统计是统计研究的基础，是统计推断、统计咨询、统计决策的事实依据.

4.2.1　样本数字特征

设 $x_1, x_2, \cdots, x_n$ 是来自总体 X 的一个容量为 n 的样本值，以下描述样本的一些数字特征.

（1）**极差**：样本值中的最大值与最小值之差，也称**全距**.

（2）**众数**：样本值中出现次数最多的样本值. 众数可能不唯一.

（3）**中位数**：样本值排序后处于中间位置上的数. 中位数将全部样本值分为两部分，每部分包含 50% 的样本值. 若样本容量 n 为奇数，则中位数为排序后处于中间位置上的那个样本值；若样本容量 n 为偶数，则中位数为排序后处于中间位置上的两个样本值的平均数. 如某班级的数学成绩的中位数为 80，说明该班有一半的同学成绩在 80 分以上.

（4）**均值**：$\bar{x} = \dfrac{1}{n} \sum_{i=1}^{n} x_i$，　　　　　　　　　　　　　　　　　　（4.2.1）

$\bar{x}$ 用来描述样本值的集中程度.

（5）**方差**：$s^2 = \dfrac{1}{n-1}\sum_{i=1}^{n}(x_i - \overline{x})^2$．　　　　　　　　　（4.2.2）

（6）**标准差**：$s = \sqrt{\dfrac{1}{n-1}\sum_{i=1}^{n}(x_i - \overline{x})^2}$，　　　　　　　（4.2.3）

s^2 或 s 用来描述样本值的离散程度或波动程度．

（7）**k 阶原点矩**：$a_k = \dfrac{1}{n}\sum_{i=1}^{n}x_i^k$．　　　　　　　　　（4.2.4）

（8）**k 阶中心矩**：$b_k = \dfrac{1}{n}\sum_{i=1}^{n}(x_i - \overline{x})^k$．　　　　　　　（4.2.5）

（9）**偏度系数**：$\gamma_1 = \dfrac{b_3}{(b_2)^{3/2}}$．　　　　　　　　　（4.2.6）

（10）**峰度系数**：$\gamma_2 = \dfrac{b_4}{(b_2)^2} - 3$．　　　　　　　　　（4.2.7）

偏度系数用来描述样本值分布的对称性．如图 4.2.1 所示，$\gamma_1 = 0$，表示样本分布关于样本均值对称；$\gamma_1 < 0$，表示样本分布是**左偏态分布**，此时分布的"左尾长右尾短"；$\gamma_1 > 0$，表示样本分布是**右偏态分布**，此时分布的"左尾短右尾长"．

峰度系数用来描述样本值分布的尖峭程度．如图 4.2.2 所示，三个均值、方差相等、偏度皆为 0 的密度函数，其峰度有很大区别．$\gamma_2 > 0$，表示样本值标准化后的分布比标准正态分布更尖峭和（或）尾部更粗；$\gamma_2 = 0$，表示样本值标准化后的分布与标准正态分布在尖峭程度和尾部粗细程度上相当；$\gamma_2 < 0$，表示样本值标准化后的分布比标准正态分布更平坦和（或）尾部更细．

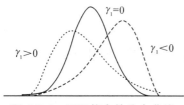 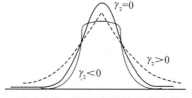

图 4.2.1　不同偏态的分布曲线　　　　图 4.2.2　不同峰度的分布曲线

（11）**样本协方差与相关系数**．设 $x = (x_1, x_2, \cdots, x_n)$ 和 $y = (y_1, y_2, \cdots, y_n)$ 分别是来自总体 X 和 Y 的样本．两样本的**协方差**定义为

$$Cov(x, y) = \frac{1}{n}\sum_{i=1}^{n}(x_i - \overline{x})(y_i - \overline{y})，　　　　　　（4.2.8）$$

样本相关系数定义为

$$\rho_{xy} = \frac{\sum\limits_{i=1}^{n}(x_i-\overline{x})(y_i-\overline{y})}{\sqrt{\sum\limits_{i=1}^{n}(x_i-\overline{x})^2}\sqrt{\sum\limits_{i=1}^{n}(y_i-\overline{y})^2}}. \tag{4.2.9}$$

样本协方差与相关系数用来描述两个样本的线性相关程度.

例 4.2.1　下列数据是来自某总体的一个样本值:

| 1.5 | 3.1 | 2.6 | 3.4 | 3.1 | 3.0 | 2.8 | 3.6 | 3.5 | 3.3 |

试求其样本众数、样本中位数、样本均值、样本方差、样本标准差、样本偏度系数、样本峰度系数.

解　利用 Excel 计算得

平均	中位数	众数	标准差	方差	峰度	偏度
2.9900	3.1000	3.1000	0.6082	0.3699	3.9513	− 1.7985

例 4.2.2　下列数据分别是来自两个总体的样本值:

样本 1	5	1	6	4	2	3
样本 2	2	3	3	3	5	8

试求两样本的协方差与相关系数.

解　将样本值代入式（4.2.8）和式（4.2.9），计算得到 $Cov(x,y) \approx -1.1667$，$\rho_{xy} \approx -0.3416$.

4.2.2　频率分布与直方图

样本值分组是先将样本值从小到大排序，然后将全部样本值依次划分为若干个区间，并将每个区间的样本值作为一组. 每组的最小值称为**下限**，最大值称为**上限**，上限与下限之差称为**组距**. 组距相等的分组称为**等距分组**，组距不相等的分组称为**异距分组**. 样本值组距式分组方法的一般步骤:

步骤 1：确定是等距分组，还是异距分组.

步骤 2：确定组数，组距，组上限和下限. 等距分组的组距计算公式为

$$组距 = \frac{最大值-最小值}{组数}. \tag{4.2.10}$$

若用式（4.2.10）计算得出的组距不是有理数，或小数位数太多，则可四舍五入，或将最大值适当放大，或将最小值适当缩小，或调整组数，从而得到理想的组距.

步骤 3：将样本值由小到大排序，进行分组和频数统计. 各组内的样本值的个数称为**频数**. 频数占样本容量 n 的比例称为**频率**. 将频数或频率累加可以计算出累积频数或累积频率.

步骤 4：绘制直方图. 在平面直角坐标中，横轴表示数据分组区间，纵轴表示"频数或频率÷组距". 这样各组的分组区间与相应的"频数或频率÷组距"就形成了一个矩形，即**直方图**.

例 4.2.3　下列数据是来自某总体的一个容量为 120 的样本值，试将数据等距分为 10 组，计算累积频率并画出直方图.

141	159	166	172	177	182	188	196	203	214
193	160	167	173	194	183	189	196	203	215
168	163	217	184	219	231	205	218	144	160
178	225	189	196	206	193	149	161	168	174
150	161	168	164	188	186	190	196	207	225
162	170	174	179	146	190	197	208	226	152
194	187	191	197	209	228	153	221	171	175
171	175	179	187	192	188	210	203	163	163
152	175	180	187	194	181	210	205	154	164
175	180	187	194	200	187	167	155	216	172
156	165	152	176	181	188	195	201	211	234
165	172	176	182	188	195	202	213	237	158

解　样本数据的最小值为 141，最大值为 237. 为了计算方便，将数据范围扩至 140~240，分成 10 个组，分组上限分别为

150　160　170　180　190　200　210　220　230　240

按“下限不在组内”计算得出频数、频率、累积频率，见表 4.2.1.

表 4.2.1　频率分布表

分组	组频数	组频率	累积频率
(140,150]	5	0.0417	4.17%
(150,160]	11	0.0833	13.33%
(160,170]	17	0.1250	27.50%
(170,180]	20	0.2333	44.17%
(180,190]	21	0.1667	61.67%
(190,200]	17	0.1333	75.83%
(200,210]	13	0.0917	86.67%
(210,220]	8	0.0500	93.33%
(220,230]	5	0.0333	97.50%
(230,240]	3	0.0417	100.00%

用 Excel 制作的直方图如图 4.2.3 所示。

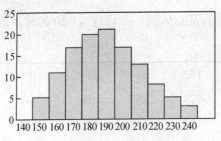

图 4.2.3　直方图

习题 4.2

1. 下列数据是来自某总体的一个容量为 8 的样本值：

4	6	8	1	2	3	4	5

试求样本最大值、样本最小值、样本众数、样本中位数、样本均值、样本方差、样本标准差、样本偏度系数、样本峰度系数.

2. 下列数据是来自两个总体的样本值：

样本 1	4	5	8	4	3	9
样本 2	2	3	3	3	5	7

试求两样本的协方差与相关系数.

3. 某单位中层管理人员的月工资（单位：元）数据如下：

2550	2060	1940	2490	2550	3200	2810	1940	3450	1400
2485	2060	2485	1850	1940	2250	2110	2210	1940	1550

试将数据分成 5 组，列出累计频率表并画出直方图.

4. 某车间在 40 个工作日中的产量（单位：件）数据如下：

95	98	102	100	102	94	95	101	96	97
102	103	104	104	103	105	105	100	106	100
99	99	100	98	100	96	101	102	103	102
100	97	102	100	98	101	100	104	101	99

试将数据分成 6 组，列出累计频率表并画出直方图.

§4.3　抽样分布与正态总体下的常用统计量

4.3.1　三大抽样分布

统计量的分布称为**抽样分布**. 数理统计中常用的抽样分布有 χ^2 分布、t 分布和 F 分布.

1）χ^2 分布

χ^2 分布是由海尔墨特（Hermert）和皮尔逊（Karl Pearson，1857—1936）分别于 1875 年和 1900 年推导出来的.

定义 4.3.1　设 $x_1, x_2, \cdots, x_n$ 独立同分布于 $N(0,1)$，则

$$\chi^2 = \sum_{i=1}^{n} x_i^2 \qquad (4.3.1)$$

的分布称为自由度为 n 的**卡方分布**，记作 $\chi^2 \sim \chi^2(n)$.

χ^2 分布是右偏态分布，自由度越小分布形态越往右偏. 图 4.3.1 是 $\chi^2(4), \chi^2(6), \chi^2(10)$ 的密度函数图像.

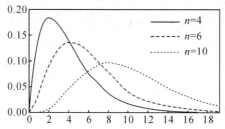

图 4.3.1　$\chi^2(4)$，$\chi^2(6)$，$\chi^2(10)$ 的密度函数图像

定理 4.3.1　设随机变量 $X \sim \chi^2(m), Y \sim \chi^2(n)$，且 X 与 Y 相互独立，则 $Z = X + Y \sim \chi^2(m+n)$.

定义 4.3.2　称满足条件 $P\{\chi^2(n) > \chi_\alpha^2(n)\} = \alpha(0 < \alpha < 1)$ 的数 $\chi_\alpha^2(n)$ 为 $\chi^2(n)$ 的**右尾 α 分位数**或**左尾 $1-\alpha$ 分位数**.

卡方分布的密度函数比较复杂，编制的卡方分布表（见附表 4）供计算卡方分布的概率或分位数时参考.

例 4.3.1　设 $x_1, x_2, \cdots, x_{20}$ 是来自正态总体 $N(\mu, \sigma^2)$ 的样本，试求

$$P\left\{9.5908\sigma^2 \leqslant \sum_{i=1}^{20}(x_i - \mu)^2 \leqslant 31.4104\sigma^2\right\}.$$

解　由于样本中的个体和总体服从相同的分布且相互独立，所以

$$x_i \sim N(\mu, \sigma^2),\ \frac{x_i - \mu}{\sigma} \sim N(0,1),\ \sum_{i=1}^{20}\left(\frac{x_i - \mu}{\sigma}\right)^2 \sim \chi^2(20).$$

$$P\left\{9.5908\sigma^2 \leqslant \sum_{i=1}^{20}(x_i-\mu)^2 \leqslant 31.4104\sigma^2\right\}$$

$$= P\left\{9.5908 \leqslant \sum_{i=1}^{20}\left(\frac{x_i-\mu}{\sigma}\right)^2 \leqslant 31.4104\right\}$$

$$= P\{9.5908 \leqslant \chi^2(20) \leqslant 31.4104\}$$

$$= P\{\chi^2(20) \leqslant 31.4104\} - P\{\chi^2(20) \leqslant 9.5908\}$$

$$\approx 0.95 - 0.025 = 0.925 .$$

例 4.3.2 查 $\chi^2(n)$ 分布表，求右尾分位数 $\chi^2_{0.025}(15)$.

解 右尾分位数 $\chi^2_{0.025}(15)$ 即左尾 $\chi^2_{0.975}(15)$，查表得 $\chi^2_{0.025}(15) \approx 27.4884$.

2）t 分布

t 分布是皮尔逊（Karl Pearson，1857—1936）的学生、英国统计学家戈赛特（W. S. Gosset）发现的. 戈赛特年轻时在牛津大学学习数学和化学，1899 年开始在一家酿酒厂担任化学技师，从事试验和数据分析工作. 戈赛特接触的都是小样本，通过大量试验数据，他发现 $T = \sqrt{n}(\bar{x}-\mu)/s$ 的分布与 $N(0,1)$ 并不相同. 于是戈赛特怀疑是否存在另一个分布族. 1906—1907 年，戈赛特跟随皮尔逊学习统计学，并重点研究小样本的统计分析问题. 1908 年戈赛特在 *Biometrics* 杂志上以笔名"Student"发表了使他名垂史册的论文——均值的或然误差. 在这篇论文中，戈赛特得出了如下结论：设 $x_1,x_2,\cdots,x_n$ 是来自总体 $X \sim N(\mu,\sigma^2)$ 的独立同分布样本，μ 和 σ^2 未知，则 $T = \sqrt{n}(\bar{x}-\mu)/s$ 服从自由度为 $n-1$ 的 t 分布. t 分布的发现打破了正态分布"一统天下"的局面，开创了小样本统计推断的新纪元. 1922 年费歇尔（R. A. Fisher，1890—1962）注意到了戈赛特论文中的证明漏洞，给出了完整的证明，并编制了 t 分布的分位数表.

定义 4.3.3 设随机变量 $X \sim N(0,1), Y \sim \chi^2(n)$，且 X 与 Y 相互独立，则

$$t = \frac{X}{\sqrt{Y/n}} \tag{4.3.2}$$

的分布称为自由度为 n 的 t **分布**，记作 $t \sim t(n)$.

t 分布的密度函数关于原点对称，与标准正态分布的密度函数形状类似，只是峰比标准正态分布低一些，尾部概率比标准正态分布的大一些. 当自由度 n 充分大（一般 n 大于 30）时，t 分布接近于标准正态分布. 图 4.3.2 是 $t(2), t(15), N(0,1)$ 的密度函数图像.

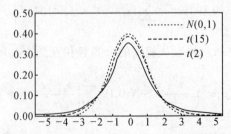

图 4.3.2 $t(2), t(15), N(0,1)$ 的密度函数图像

定义 4.3.4 称满足条件 $P\{t(n) > t_\alpha(n)\} = \alpha(0 < \alpha < 1)$ 的数 $t_\alpha(n)$ 为 $t(n)$ 的**右尾 α 分位数**或**左尾 $1-\alpha$ 分位数**.

t 分布的密度函数比较复杂，编制的 t 分布表（见附表 3）供计算 t 分布的概率或分位数时参考.

例 4.3.3 查 t 分布表，求 $P\{t(10) > 2.2881\}$ 和 $P\{|t(10)| > 2.2881\}$.

解 查表得

$$P\{t(10) > 2.2881\} = 1 - P\{t(10) \leqslant 2.2881\} \approx 1 - 0.975 = 0.025,$$

由 t 分布的对称性，

$$P\{|t(10)| > 2.2881\} = 2P\{t(10) > 2.2881\} \approx 0.05.$$

例 4.3.4 查 t 分布表，求右尾分位数 $t_{0.05}(10)$.

解 右尾分位数 $t_{0.05}(10)$ 等于左尾 $t_{0.95}(10)$，查表得 $t_{0.05}(10) \approx 1.8125$.

3）F 分布

F 分布是英国统计与遗传学家、现代统计科学的奠基人之一费歇尔（R. A. Fisher，1890—1962）首先提出的，是以费歇尔的姓氏的第一个字母命名的.

定义 4.3.5 设随机变量 $X \sim \chi^2(m), Y \sim \chi^2(n)$，且 X 与 Y 相互独立，则

$$F = \frac{X/m}{Y/n} \tag{4.3.3}$$

的分布称为第一自由度为 m、第二自由度为 n 的 **F 分布**，记作 $F \sim F(m,n)$.

$F(m,n)$ 分布是右偏态分布. 图 4.3.3 是 $F(5,15), F(15,5), F(4,1)$ 的密度函数图像.

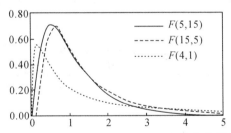

图 4.3.3 $F(5,15), F(15,5), F(4,1)$ 的密度函数图像

定义 4.3.6 称满足条件 $P\{F(m,n) > F_\alpha(m,n)\} = \alpha(0 < \alpha < 1)$ 的数 $F_\alpha(m,n)$ 为 $F(m,n)$ 的**右尾 α 分位数**或**左尾 $1-\alpha$ 分位数**.

由 F 分布的构造，若 $F \sim F(m,n)$，则 $\frac{1}{F} \sim F(n,m)$，故对于给定的 $\alpha(0 < \alpha < 1)$，有

$$\alpha = P\left\{\frac{1}{F} > F_\alpha(n,m)\right\} = P\left\{F < \frac{1}{F_\alpha(n,m)}\right\},$$

从而 $P\left\{F \geqslant \dfrac{1}{F_\alpha(n,m)}\right\} = 1 - \alpha$，这说明

$$F_{1-\alpha}(m,n) = \frac{1}{F_\alpha(n,m)}, \quad \text{即 } F_\alpha(n,m) = \frac{1}{F_{1-\alpha}(m,n)}. \tag{4.3.4}$$

F 分布的密度函数比较复杂，编制的 F 分布表（见附表 5）供计算 F 分布的概率或分位数时参考.

例 4.3.5　查 F 分布表，求 $P\{F(10,16) > 2.99\}$ 和右尾分位数 $F_{0.05}(10,16)$.

解　查表得

$$P\{F(10,16) > 2.99\} = 1 - P\{F(10,16) \leqslant 2.99\} \approx 1 - 0.975 = 0.025,$$

右尾分位数 $F_{0.05}(10,16)$ 等于左尾 $F_{0.95}(10,16)$，查表得 $F_{0.05}(10,16) \approx 2.49$.

例 4.3.6　设 $x_1, x_2, \cdots, x_{15}$ 是来自正态总体 $X \sim N(0,3^2)$ 的样本，试求 $Y = \dfrac{x_1^2 + x_2^2 + \cdots + x_{10}^2}{2(x_{11}^2 + x_{12}^2 + \cdots + x_{15}^2)}$ 的分布.

解　由于样本中的个体与总体服从相同的分布且相互独立，所以

$$x_i \sim N(0,3^2), \; \frac{x_i}{3} \sim N(0,1) \;\; (i = 1, 2, \cdots, 15),$$

$$\frac{1}{9}(x_1^2 + x_2^2 + \cdots + x_{10}^2) = \left(\frac{x_1}{3}\right)^2 + \left(\frac{x_2}{3}\right)^2 + \cdots + \left(\frac{x_{10}}{3}\right)^2 \sim \chi^2(10),$$

$$\frac{1}{9}(x_{11}^2 + x_{12}^2 + \cdots + x_{15}^2) = \left(\frac{x_{11}}{3}\right)^2 + \left(\frac{x_{12}}{3}\right)^2 + \cdots + \left(\frac{x_{15}}{3}\right)^2 \sim \chi^2(5),$$

由于 $x_1, x_2, \cdots, x_{15}$ 相互独立，所以 $x_1^2 + x_2^2 + \cdots + x_{10}^2$ 与 $x_{11}^2 + x_{12}^2 + \cdots + x_{15}^2$ 也相互独立，由 F 分布的定义，得

$$Y = \frac{x_1^2 + x_2^2 + \cdots + x_{10}^2}{2(x_{11}^2 + x_{12}^2 + \cdots + x_{15}^2)} = \frac{\dfrac{(x_1^2 + x_2^2 + \cdots + x_{10}^2)/9}{10}}{\dfrac{(x_{11}^2 + x_{12}^2 + \cdots + x_{15}^2)/9}{5}} = \frac{\chi^2(10)/10}{\chi^2(5)/5} \sim F(10,5).$$

4.3.2　正态总体下的常用统计量

正态分布是常用分布，下面介绍正态总体下的一些常用统计量，这些统计量在区间估计、假设检验、方差分析等方面有着重要应用.

定理 4.3.2　设 $x_1, x_2, \cdots, x_n$ 是来自总体 X 的样本，$\bar{x}$ 是样本均值.

（1）若总体 $X \sim N(\mu, \sigma^2)$，则 $\bar{x} \sim N\left(\mu, \dfrac{\sigma^2}{n}\right)$，有

$$Z = \frac{\bar{x} - \mu}{\sigma/\sqrt{n}} \sim N(0,1). \tag{4.3.5}$$

（2）若总体分布未知或不是正态分布，但 $E(X) = \mu, D(X) = \sigma^2$，则 n 充分大时 $\bar{x}$ 的渐近

分布为正态分布, 记作

$$\bar{x} \sim N\left(\mu, \frac{\sigma^2}{n}\right). \tag{4.3.6}$$

这里的渐近分布是指 n 充分大时的近似分布.

例 4.3.7　设 $x_1, x_2, \cdots, x_9$ 是来自总体 $X \sim N(8, 2^2)$ 的样本, 试求 $P\{\bar{x} > 9\}$.

解　由定理 4.3.2 知,

$$Z = \frac{\bar{x} - 8}{\sqrt{4/9}} \sim N(0,1),$$

故

$$P\{\bar{x} > 9\} = 1 - P\{\bar{x} \leqslant 9\} = 1 - P\left\{\frac{\bar{x} - 8}{\sqrt{4/9}} \leqslant \frac{9 - 8}{\sqrt{4/9}}\right\}$$

$$= 1 - \Phi_0\left(\frac{9 - 8}{\sqrt{4/9}}\right) = 1 - \Phi_0\left(\frac{3}{2}\right) \approx 1 - 0.9332 = 0.0668.$$

例 4.3.8　在天平上重复称量一质量为 a 的物品, 假设各次称得结果相互独立, 且都服从正态分布 $N(a, 0.2^2)$, 若以 $\bar{x}$ 表示 n 次称重结果的算术平均值, 为使 $P\{|\bar{x} - a| < 0.1\} \geqslant 0.95$, n 的最小值应取多少?

解　将 n 次称重结果 $x_1, x_2, \cdots, x_n$ 视作一个样本, 则 $x_i \sim N(a, 0.04)$, 由定理 4.3.2 知,

$$Z = \frac{\bar{x} - a}{\sqrt{0.04/n}} \sim N(0,1),$$

而

$$P\{|\bar{x} - a| < 0.1\} = P\left\{\left|\frac{\bar{x} - a}{\sqrt{0.04/n}}\right| < \frac{0.1}{\sqrt{0.04/n}}\right\} = 2\Phi_0\left(\frac{0.1}{\sqrt{0.04/n}}\right) - 1 \geqslant 0.95,$$

得

$$\Phi_0\left(\frac{0.1}{\sqrt{0.04/n}}\right) \geqslant 0.975,$$

查表得 $\dfrac{0.1}{\sqrt{0.04/n}} \geqslant 1.96$, $n \geqslant 15.37$, 所以 n 的最小值应取 16.

定理 4.3.3　设 $x_1, x_2, \cdots, x_n$ 是来自总体 $X \sim N(\mu, \sigma^2)$ 的样本, $\bar{x}$ 和 s^2 分别是样本均值和方差, 则

（1）$\bar{x}$ 和 s^2 相互独立;

（2）$\dfrac{(n-1)s^2}{\sigma^2} \sim \chi^2(n-1)$. \hfill $(4.3.7)$

定理 4.3.4　设 $x_1, x_2, \cdots, x_n$ 是来自总体 $X \sim N(\mu, \sigma^2)$ 的样本, 则

$$T = \frac{\bar{x} - \mu}{s/\sqrt{n}} \sim t(n-1). \tag{4.3.8}$$

证明　由定理 4.3.2 知，$Z = \dfrac{\bar{x} - \mu}{\sigma / \sqrt{n}} \sim N(0,1)$.

由定理 4.3.3 知，$\dfrac{(n-1)s^2}{\sigma^2} \sim \chi^2(n-1)$，且 $\bar{x}$ 和 s^2 相互独立，所以 $\dfrac{\bar{x} - \mu}{\sigma / \sqrt{n}}$ 与 $\dfrac{(n-1)s^2}{\sigma^2}$ 也相互独立，由 t 分布的定义知，

$$T = \frac{\bar{x} - \mu}{\sigma / \sqrt{n}} \bigg/ \sqrt{\frac{(n-1)s^2}{\sigma^2} \bigg/ (n-1)} = \frac{\bar{x} - \mu}{s / \sqrt{n}} \sim t(n-1).$$

定理 4.3.5　设总体 $X \sim N(\mu_1, \sigma_1^2), Y \sim N(\mu_2, \sigma_2^2)$, $x_1, x_2, \cdots, x_m$ 和 $y_1, y_2, \cdots, y_n$ 分别是来自总体 X 和 Y 的样本，且两样本相互独立，两个样本的均值与方差分别为 $\bar{x}$ 和 s_x^2, $\bar{y}$ 和 s_y^2，则

$$F = \frac{s_x^2 / \sigma_1^2}{s_y^2 / \sigma_2^2} \sim F(m-1, n-1). \tag{4.3.9}$$

证明　由定理 4.3.3 知，$\dfrac{(m-1)s_x^2}{\sigma_1^2} \sim \chi^2(m-1)$，$\dfrac{(n-1)s_y^2}{\sigma_2^2} \sim \chi^2(n-1)$.

由于两样本相互独立，所以 $\dfrac{(m-1)s_x^2}{\sigma_1^2}$ 与 $\dfrac{(n-1)s_y^2}{\sigma_2^2}$ 也相互独立，由 F 分布的定义可知，

$$F = \frac{\dfrac{(m-1)s_x^2}{\sigma_1^2} \bigg/ (m-1)}{\dfrac{(n-1)s_y^2}{\sigma_2^2} \bigg/ (n-1)} = \frac{s_x^2 / \sigma_1^2}{s_y^2 / \sigma_2^2} \sim F(m-1, n-1).$$

定理 4.3.6　在定理 4.3.5 的记号下，

$$Z = \frac{(\bar{x} - \bar{y}) - (\mu_1 - \mu_2)}{\sqrt{\sigma_1^2 / m + \sigma_2^2 / n}} \sim N(0,1). \tag{4.3.10}$$

证明　由定理 4.3.2 知，$\bar{x} \sim N\left(\mu_1, \dfrac{\sigma_1^2}{m}\right)$，$\bar{y} \sim N\left(\mu_2, \dfrac{\sigma_2^2}{n}\right)$.

由于两样本相互独立，所以 $\bar{x}$ 与 $\bar{y}$ 也相互独立，则

$$\bar{x} - \bar{y} \sim N\left(\mu_1 - \mu_2, \frac{\sigma_1^2}{m} + \frac{\sigma_2^2}{n}\right),$$

$$Z = \frac{(\bar{x} - \bar{y}) - (\mu_1 - \mu_2)}{\sqrt{\sigma_1^2 / m + \sigma_2^2 / n}} \sim N(0,1).$$

定理 4.3.7　在定理 4.3.5 的记号下，若 $\sigma_1^2 = \sigma_2^2 = \sigma^2$，记 $s_w^2 = \dfrac{(m-1)s_x^2 + (n-1)s_y^2}{m+n-2}$ （联合方差），则

$$T = \frac{(\overline{x} - \overline{y}) - (\mu_1 - \mu_2)}{s_w \sqrt{1/m + 1/n}} \sim t(m+n-2) .$$ （4.3.11）

（证明留作课后习题.）

习题 4.3

1. 设随机变量 X 和 Y 都服从标准正态分布，则（　　）.
   （A）$X + Y$ 服从正态分布　　　　　　（B）$X^2 + Y^2$ 服从 χ^2 分布
   （C）X^2/Y^2 服从 F 分布　　　　　　（D）X^2 和 Y^2 都服从 χ^2 分布

2. 查表计算下列概率：
   （1）$P\{\chi^2(10) > 3.9403\}$；　　　　　（2）$P\{\chi^2(10) < 18.3070\}$；
   （3）$P\{3.9403 < \chi^2(10) < 18.3070\}$；　　（4）$P\{7.2609 < \chi^2(15) < 27.4884\}$.

3. 查表计算满足下面各式的分位数：
   （1）$P\{\chi^2(10) > \lambda\} = 0.975$；　　　（2）$P\{\chi^2(10) < \lambda\} = 0.05$；
   （3）$P\{\chi^2(8) > \lambda\} = 0.975$；　　　　（4）$P\{\chi^2(15) < \lambda\} = 0.05$.

4. 设 x_1, x_2, x_3, x_4 是来自总体 $X \sim N(0, 2^2)$ 的样本，试确定 a, b 的值使得 $X = a(x_1 - 2x_2)^2 + b(3x_3 - 4x_4)^2$ 服从 χ^2 分布.

5. 设 $x_1, x_2, \cdots, x_6$ 是来自总体 $X \sim N(0, 2^2)$ 的样本，试求 $P\left\{\sum_{i=1}^{6} x_i^2 < 6.5416\right\}$.

6. 设 $x_1, x_2, \cdots, x_{16}$ 是来自总体 $X \sim N(5, 7^2)$ 的样本，试求 $P\left\{\sum_{i=1}^{16} (x_i - 5)^2 > 390.1184\right\}$ 和 $P\{(\overline{x} - 5)^2 > 11.7646\}$.

7. 查表计算下列概率：
   （1）$P\{t(15) > -2.1314\}$；　　　　　（2）$P\{t(15) < 2.1314\}$；
   （3）$P\{|t(15)| < 2.1314\}$；　　　　　（4）$P\{-1.0735 < t(15) < 1.7531\}$.

8. 查表计算满足下面各式的分位数：
   （1）$P\{t(8) > \lambda\} = 0.975$；　　　　（2）$P\{t(8) < \lambda\} = 0.05$；
   （3）$P\{|t(8)| > \lambda\} = 0.05$；　　　　（4）$P\{|t(8)| < \lambda\} = 0.95$.

9. 设 $x_1, x_2, \cdots, x_8$ 是来自总体 $X \sim N(0, 3^2)$ 的样本，试求 $Y = \dfrac{x_1 + x_2 + x_3 + x_4}{\sqrt{x_5^2 + x_6^2 + x_7^2 + x_8^2}}$ 的分布.

10. 设 $x_1, x_2, \cdots, x_n, x_{n+1}$ 是来自总体 $X \sim N(\mu, \sigma^2)$ 的样本，$\overline{x}$ 和 s^2 分别是样本均值和方差. 证明 $T = \dfrac{x_{n+1} - \overline{x}}{s} \sqrt{\dfrac{n}{n+1}} \sim t(n-1)$.

11. 查表计算下列概率：
    （1）$P\{F(6,7) \leqslant 2.83\}$；　　　　　（2）$P\{F(7,6) > 3.01\}$；
    （3）$P\{2.83 < F(6,7) < 3.87\}$；　　　　（4）$P\{4.21 < F(7,6) < 5.70\}$.

12. 查表计算满足下面各式的分位数：

（1）$P\{F(6,7) > \lambda\} = 0.05$；　　　　　　（2）$P\{F(7,6) < \lambda\} = 0.95$；

（3）$P\{F(6,7) < \lambda\} = 0.025$；　　　　　　（4）$P\{F(7,6) > \lambda\} = 0.975$.

13. 设 x_1, x_2 是来自总体 $X \sim N(0, \sigma^2)$ 样本，试求 $Y = \left(\dfrac{x_1 + x_2}{x_1 - x_2}\right)^2$ 的分布.

14. 设 $x_1, x_2, \cdots, x_{60}$ 是来自总体 $X \sim Exp\left(\dfrac{1}{\theta}\right)$ 的样本，试求样本均值 $\bar{x}$ 的渐近分布.

15. 设 $x_1, x_2, \cdots, x_{50}$ 是来自总体 $X \sim B(1, p)$ 的样本，试求样本均值 $\bar{x}$ 的渐近分布.

16. 设 $x_1, x_2, \cdots, x_6$ 是来自总体 $X \sim N(1, \sigma^2)$ 的样本，且 $E(X^2) = 4$. 试求 $P\{|\bar{x}| < 1.2\}$.

17. 设 $x_1, x_2, \cdots, x_n$ 是来自总体 $X \sim N(\mu, 5^2)$ 的样本，试问 n 多大时才能使得 $P(|\bar{x} - \mu| < 1) \geqslant 0.95$ 成立.

18. 设 $x_1, x_2, \cdots, x_{16}$ 是来自总体 $X \sim N(\mu, 9)$ 的样本，μ 是未知参数. 试求 $P\left\{-\dfrac{3}{4} < \bar{x} - \mu < \dfrac{3}{4}\right\}$ 和 $P\{s^2 \leqslant 15\}$.

19. 从正态总体 $N(3.4, 6^2)$ 中抽取一个容量为 n 的样本，如果要求其样本均值位于区间 $(1.4, 5.4)$ 内的概率大于或等于 0.95，样本量 n 至少应取多少？

20. 设 $x_1, x_2, \cdots, x_n$ 是来自 $X \sim N(\mu, 2^2)$ 的样本，$\bar{x}$ 为样本均值. 试求满足下列各关系式的最小样本容量 n：（1）$P\{|\bar{x} - \mu| \leqslant 0.1\} \geqslant 0.95$；（2）$D(\bar{x}) \leqslant 0.1$.

21. 设 $x_1, x_2, \cdots, x_6$ 是来自总体 $X \sim N(2,3)$ 的样本，s^2 是样本方差. 试求 $P\left\{\dfrac{5s^2}{3} < 11.0705\right\}$.

22. 设 $x_1, x_2, \cdots, x_{16}$ 是来自总体 $X \sim N(\mu, \sigma^2)$ 的样本，μ, σ^2 未知，s^2 是样本方差. 试求 $P\left\{\dfrac{s^2}{\sigma^2} > 1.8325\right\}$.

23. 设 $x_1, x_2, \cdots, x_9$ 和 $y_1, y_2, \cdots, y_9$ 分别是来自总体 $X \sim N(\mu_1, \sigma^2)$ 和 $Y \sim N(\mu_2, \sigma^2)$ 的两个相互独立的样本，s_x^2 和 s_y^2 分别是两样本的方差. 试求满足 $P\left\{\dfrac{s_x^2}{s_y^2} > \lambda\right\} = 0.9$ 的 λ.

24. 设 $\bar{x}, \bar{y}$ 是来自同一总体 $X \sim N(\mu, \sigma^2)$ 的两个相互独立且容量相同的样本的样本均值，试求满足 $P\{|\bar{x} - \bar{y}| \geqslant \sigma\} \leqslant 0.05$ 的最小样本容量 n.

25. 设总体 $X \sim N(50, 6^2)$，$Y \sim N(46, 4^2)$，从总体 X 中抽取容量为 10 的样本，其样本方差记为 s_x^2，从总体 Y 中抽取容量为 8 的样本，其样本方差记为 s_y^2. 试求 $P\{0 < \bar{x} - \bar{y} < 8\}$ 和 $P\left\{\dfrac{s_x^2}{s_y^2} < 8.28\right\}$.

26. 证明定理 4.3.7.

§4.4 Excel 在描述统计和计算三大抽样分布中的应用

4.4.1 随机抽样

1）简单随机抽样

例 4.4.1 某班级的学生成绩见表 4.4.1.

表 4.4.1 某班级的学生成绩

学号	性别	学号	性别	学号	性别
201002044001	女	201002044011	男	201002044021	女
201002044002	男	201002044012	男	201002044022	男
201002044003	男	201002044013	男	201002044023	男
201002044004	男	201002044014	男	201002044024	女
201002044005	女	201002044015	男	201002044025	男
201002044006	女	201002044016	女	201002044026	男
201002044007	男	201002044017	女	201002044027	男
201002044008	男	201002044018	男	201002044028	女
201002044009	女	201002044019	女	201002044029	男
201002044010	男	201002044020	男	201002044030	男

试从中随机抽出 5 名学生.

解 步骤 1：输入数据. 将数据连同标志按列输入区域 A1:B31.

步骤 2：将标志复制到区域 A33:B33.

步骤 3：抽样. 点击"数据→数据分析→分析工具(A):抽样"，在"抽样"对话框中进行图 4.4.1 所示的设置，然后点击"确定".

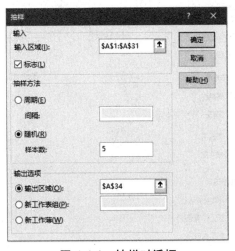

图 4.4.1 抽样对话框

步骤 4：筛选. 点击"数据→高级筛选"，在"高级筛选"的对话框中进行图 4.4.2 所示的设置，点击"确定".

图 4.4.2　高级筛选对话框

步骤 5：将筛选出的样本复制粘贴到另一空白单元格区域处.

2）系统抽样

例 4.4.2　在例 4.4.1 的数据中进行系统抽样，间隔为 5.

解　步骤 1：输入数据. 将数据连同标志按列输入区域 A1:B31.

步骤 2：将标志复制粘贴到区域 A33:B33.

步骤 3：利用例 4.4.1 的方法，从 1、2、3、4、5 中随机抽出一个数（假设第三步抽到的数字是 3），将区域 A4:B4 复制粘贴到区域 A34:B34.

步骤 4：点击"数据→数据分析→分析工具(A):抽样"，在"抽样"对话框中进行图 4.4.3 所示的设置，然后点击"确定".

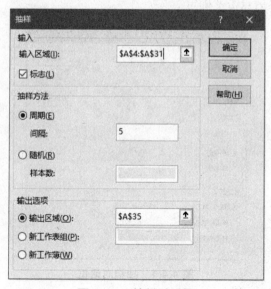

图 4.4.3　抽样对话框

步骤 5：筛选. 点击"数据→高级筛选"，在的"高级筛选"对话框中进行图 4.4.4 所示的设置，点击"确定".

图 4.4.4　高级筛选对话框

3）分层抽样

例 4.4.3　从例 4.4.1 的数据中男女生各随机抽出 20%的人，即从男生中随机抽取 4 个，女生中随机抽取 2 个.

解　步骤 1：输入数据. 将数据连同标志按列输入区域 A1:B31.

步骤 2：将标志复制到单元格区域 A33:B33.

步骤 3：对数据进行排序. 鼠标放在数据区域，点击"数据→排序(S)"，在的"排序"对话框中进行图 4.4.5 所示的设置，然后点击"确定".

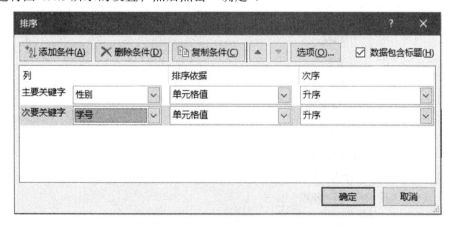

图 4.4.5　排序对话框

步骤 4：从男生中抽样. 点击"数据→数据分析→分析工具(A):抽样"，在"抽样"对话框中进行图 4.4.6 所示的设置，点击"确定".

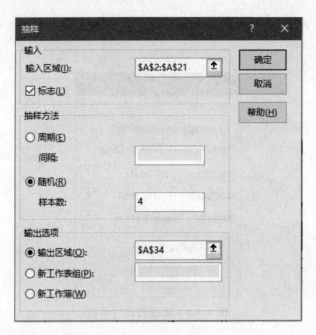

图 4.4.6　抽样对话框 1

　　步骤 5：从女生中抽样．点击"数据→数据分析→分析工具(A):抽样"，在"抽样"对话框中进行图 4.4.7 所示的设置，点击"确定"．

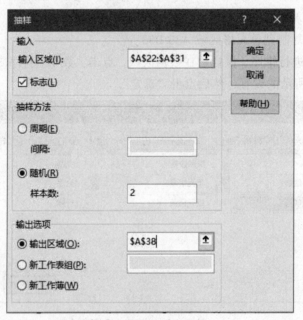

图 4.4.7　抽样对话框 2

　　步骤 6：筛选．点击"数据→高级筛选"，在的"高级筛选"对话框中进行图 4.4.8 所示的设置，点击"确定"．

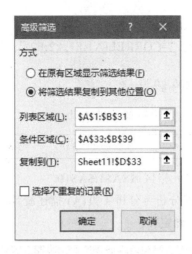

图 4.4.8　高级筛选对话框

4.4.2　样本描述性统计

Excel 中样本的最大值、最小值、众数、平均值、中位数、方差、标准差、峰度系数、偏度系数、二阶中心矩的函数分别为 MAX、MIN、MODE、AVERAGE、MEDIAN、VAR.S、STDEY、KURT、SKEW、VAR.P.

计算方法：点击"公式→插入函数→或选择类别(C):统计"找到相应函数. 其中，峰度系数和偏度系数分别用以下公式计算：

$$K = \frac{n(n+1)}{(n-1)(n-2)(n-3)} \sum_{i=1}^{n} \left(\frac{x_i - \bar{x}}{s} \right)^4 - \frac{3(n-1)^2}{(n-2)(n-3)}, \tag{4.4.1}$$

$$SK = \frac{n}{(n-1)(n-2)} \sum_{i=1}^{n} \left(\frac{x_i - \bar{x}}{s} \right)^3. \tag{4.4.2}$$

注：这里的偏度系数和峰度系数计算公式是 Excel 给出的.

Excel 中两样本的协方差与相关系数分别用函数 COVARIANCE.P（或 COVARIANCE.S）和 CORREL 进行计算.

例 4.4.4　用 Excel 求下列数据的协方差与相关系数.

样本 1	5	1	6	4	2	3
样本 2	2	3	3	3	5	8

解　步骤 1：将样本数据输入单元格区域$A$1:$F2.

步骤 2：计算 $Cov(x,y) = \frac{1}{n} \sum_{i=1}^{n} (x_i - \bar{x})(y_i - \bar{y})$. 在空白单元格输入"=COVARIANCE.P(A1:F1,A2:F2)"，回车，得 $Cov(x,y) \approx -1.1667$.

步骤 3：计算 $Cov(x,y) \equiv \frac{1}{n-1} \sum_{i=1}^{n} (x_i - \bar{x})(y_i - \bar{y})$. 在空白单元格输入"=COVARIANCE.S

(A1:F1,A2:F2)", 回车, 得 $Cov(x,y) = -1.4$.

步骤 4: 在空白单元格输入 "=CORREL(A1:F1,A2:F2)", 回车, 得 $\rho_{xy} \approx -0.3416$.

4.4.3　用宏程序进行描述性统计

例 4.4.5　用 Excel 对下列数据进行描述性统计.

1.5	3.1	2.6	3.4	3.1	3.0	2.8	3.6	3.5	3.3

解　步骤 1: 将数据输入单元格区域\$A\$1:\$A\$10.

步骤 2: 点击 "数据→数据分析→分析工具(A):描述统计". 在 "描述统计" 对话框中进行图 4.4.9 所示的设置, 点击 "确定".

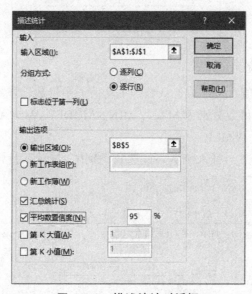

图 4.4.9　描述统计对话框

描述统计结果如图 4.4.10 所示.

行1	
平均	2.99
标准误差	0.1923
中位数	3.1
众数	3.1
标准差	0.6082
方差	0.3699
峰度	3.9513
偏度	-1.7985
区域	2.1
最小值	1.5
最大值	3.6
求和	29.9
观测数	10
置信度(95.0%)	0.4351

图 4.4.10　描述统计结果

其中，标准误差是样本标准差除以样本容量的平方根，即 $s/\sqrt{n}$. 区域为极差或全矩. 置信度(95.0%)为总体方差未知时的总体均值的置信区间的半径，即 $t_{\alpha/2}(n-1)\dfrac{s}{\sqrt{n}}$（参见 5.4 节"单总体参数的区间估计"）. 由此可计算出总体均值的置信区间为

$$[2.99-0.4351, 2.99+0.4351] = [2.5549, 3.4251] .$$

4.4.4　频率分布表与直方图

例 4.4.6　用 Excel 对例 4.2.3 进行求解.

解　步骤 1：将样本数据输入单元格区域$A$1:$J$12，将分组上下限

| 140 | 150 | 160 | 170 | 180 | 190 | 200 | 210 | 220 | 230 | 240 |

输入单元格区域'$A$15:$A$25'.

注意：用 Excel 制作频数分布表时，上限包含在组内.

步骤 2：点击"数据→数据分析→分析工具(A):直方图". 在"直方图"对话框中进行图 4.4.11 所示的设置，点击"确定".

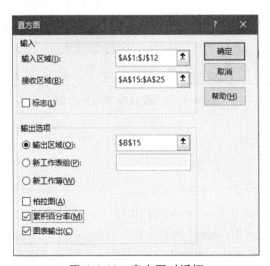

图 4.4.11　直方图对话框

直方图输出结果如图 4.4.12 所示.

接收	频率	累积 %
150	5	4.17%
160	11	13.33%
170	17	27.50%
180	20	44.17%
190	21	61.67%
200	17	75.83%
210	13	86.67%
220	8	93.33%
230	5	97.50%
其他	3	100.00%

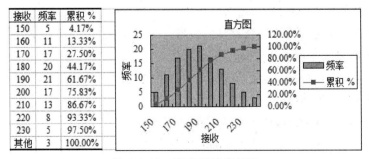

图 4.4.12　直方图输出结果

步骤 3：右键点击任意一个小矩形，在下拉菜单中选择"设置数据系列格式(<u>F</u>)"，点击"设置数据系列格式"，在出现的对话框中，将"间隙宽度(<u>W</u>):"中的"150%"改"0%"，则直方图中的小矩形就会紧密相挨着.

步骤 4：将生成的频率表中的"接收"二字改为"分组上限"，"其他"二字改为"250".

步骤 5：可以右键依次点击图中的文本框"直方图""接收"和图例将其清除. 累积分布线亦可以清除.

步骤 6：右键点击绘图区，在出现的下拉菜单中选择"设置绘图区格式(<u>O</u>)". 在"绘图区格式"对话框中点击"区域""无(<u>N</u>)"，然后点击"确定".

步骤 7：还可以在"设置数据系列格式"里进行"小矩形边框""填充颜色"以及其他设置，读者可以自行摸索，这里不再赘述. 最终结果如图 4.4.13 所示.

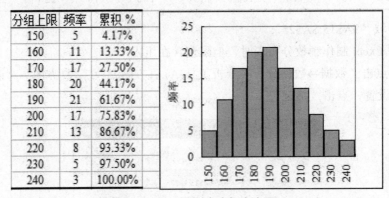

分组上限	频率	累积 %
150	5	4.17%
160	11	13.33%
170	17	27.50%
180	20	44.17%
190	21	61.67%
200	17	75.83%
210	13	86.67%
220	8	93.33%
230	5	97.50%
240	3	100.00%

图 4.4.13　频数统计与直方图

4.4.5　三大抽样分布

1）卡方分布

（1）CHISQ.DIST 返回卡方分布左尾概率.

语法：CHISQ.DIST(x,deg_freedom,cumulative)

其中，x 为左尾分位数，deg_freedom1 为自由度，cumulative 为逻辑值. 如果 cumulative 为 1 或 TRUE，则返回累积分布函数；如果为 0 或 FALSE，则返回概率密度函数.

（2）CHISQ.DIST.RT 返回卡方分布右尾概率.

语法：CHISQ.DIST.RT(x,deg_freedom)

其中，x 为右尾分位数，deg_freedom 为自由度.

（3）CHISQ.INV 返回卡方分布左尾分位数.

语法：CHISQ.INV(probability,deg_freedom)

其中，probability 为左尾概率，deg_freedom 为自由度.

（4）CHISQ.INV.RT 返回卡方分布右尾分位数.

语法：CHISQ.INV.RT(probability,deg_freedom)

其中，probability 为右尾概率，deg_freedom 为自由度.

例 4.4.7 用 Excel 求 $P\{\chi^2(10) \leqslant 2\}$ ， $P\{\chi^2(10) > 2\}$ ，左尾分位数 $\chi^2_{0.05}(10)$ ，右尾分位数 $\chi^2_{0.05}(10)$.

解 步骤 1：在空白单元格输入=CHISQ.DIST(2,10,1)，得 $P\{\chi^2(10) \leqslant 2\} \approx 0.0037$.

步骤 2：在空白单元格输入=CHISQ.DIST.RT(2,10)，得 $P\{\chi^2(10) > 2\} \approx 0.9963$.

步骤 3：在空白单元格输入=CHISQ.INV(0.05,10)，得左尾分位数 $\chi^2_{0.05}(10) \approx 3.9403$.

步骤 4：在空白单元格输入=CHISQ.INV.RT(0.05,10)，得右尾分位数 $\chi^2_{0.05}(10) \approx 18.3070$.

2）t 分布

（1）T.DIST 返回 t 分布左尾概率.

语法：T.DIST(x,deg_freedom, cumulative)

其中，x 为左尾分位数，deg_freedom 为自由度，cumulative 为逻辑值. 如果 cumulative 为 1 或 TRUE，则返回累积分布函数；如果为 0 或 FALSE，则返回概率密度函数.

（2）T.DIST.RT 返回 t 分布右尾概率.

语法：T.DIST.RT(x,deg_freedom)

其中，x 为右尾分位数，deg_freedom 为自由度.

（3）T.DIST.2T 返回 t 分布双右尾概率.

语法：T.DIST.2T(x, deg_freedom)

其中，x 为双尾分位数，deg_freedom 为自由度.

（4）T.INV 返回 t 分布的左尾分位数.

语法：T.INV(probability, deg_freedom)

其中，probability 为左尾概率，deg_freedom 为自由度.

（5）T.INV.2T 返回 t 分布的双尾分位数.

语法：T.INV.2T(probability, deg_freedom)

其中，probability 为双尾概率，deg_freedom 为自由度.

例 4.4.8 用 Excel 求 $P\{t(10) \leqslant 2\}$ ， $P\{t(10) > 2\}$ ， $P\{|t(10)| > 2\}$ ，左尾分位数 $t_{0.05}(10)$ ，双尾分位数 $t_{0.05}(10)$.

解 步骤 1：在空白单元格输入=T.DIST(2,10,1)，得 $P\{t(10) \leqslant 2\} \approx 0.9033$.

步骤 2：在空白单元格输入=T.DIST.RT(2,10) ，得 $P\{t(10) > 2\} \approx 0.0367$.

步骤 3：在空白单元格输入=T.DIST.2T(2,10)，得 $P\{|t(10)| > 2\} \approx 0.0734$.

步骤 4：在空白单元格输入=T.INV(0.05,10)，得左尾分位数 $t_{0.05}(2) \approx -1.8125$.

步骤 5：在空白单元格输入=T.INV.2T(0.05,10)，得双尾分位数 $t_{0.05}(2) \approx 2.2281$.

3）F 分布

（1）F.DIST 返回 F 分布左尾概率.

语法：F.DIST(x,deg_freedom1,deg_freedom2,cumulative)

其中，x 为左尾分位数，deg_freedom1 为第一自由度，deg_freedom2 为第二自由度，cumulative 为逻辑值. 如果 cumulative 为 1 或 TRUE，则返回累积分布函数；如果为 0 或 FALSE，则返回概率密度函数.

（2）F.DIST.RT 返回 F 分布右尾概率.

语法：F.DIST.RT(x,deg_freedom1,deg_freedom2)

其中，x 为右尾分位数，deg_freedom1 为第一自由度，deg_freedom2 为第二自由度.

（3）F.INV 返回 F 分布左尾分位数.

语法：F.INV(probability,deg_freedom1,deg_freedom2)

其中，probability 为左尾概率，deg_freedom1 为第一自由度，deg_freedom2 为第二自由度.

（4）F.INV.RT 返回 F 分布右尾分位数.

语法：F.INV.RT(probability,deg_freedom1,deg_freedom2)

其中，probability 为右尾概率，deg_freedom1 为第一自由度，deg_freedom2 为第二自由度.

例 4.4.9　用 Excel 求 $P\{F(10,15) \leqslant 3\}$，$P\{F(10,15) > 3\}$，左尾分位数 $F_{0.05}(10,15)$ 和右尾分位数 $F_{0.05}(10,15)$.

解　步骤 1：在空白单元格输入=F.DIST(3,10,15,1)，得 $P\{F(10,15) \leqslant 3\} \approx 0.9730$.

步骤 2：在空白单元格输入=F.DIST.RT(3,10,15)，得 $P\{F(10,15) > 3\} \approx 0.0270$.

步骤 3：在空白单元格输入=F.INV(0.05,10,15)，得左尾分位数 $F_{0.05}(10,15) \approx 0.3515$.

步骤 4：在空白单元格输入=F.INV.RT(0.05,10,15)，得右尾分位数 $F_{0.05}(10,15) \approx 2.5437$.

习题 4.4

1. 用 Excel 作 $\chi^2(10)$ 的密度函数图像.

2. 用 Excel 作 $t(25)$ 的密度函数图像.

3. 用 Excel 作 $F(10,5)$ 的密度函数图像.

第 5 章　参数估计

实际中，常用指数分布 $Exp(\lambda)$ 描述产品的寿命，但参数 λ 往往未知，这样我们就无法计算该产品的平均寿命和寿命超过 1000 小时的概率．要解决这些问题，就必须对参数 λ 做出估计．数理统计中的参数估计涉及四种类型：

（1）估计分布中所含的未知参数；

（2）估计含有未知参数的函数，如总体 $X \sim N(\mu, 1)$ ，参数 μ 未知，要求估计概率 $P\{X < a\}$ ；

（3）估计与参数有关的数字特征，如总体服从指数分布 $Exp(\lambda)$ ，其中参数 λ 未知，要求估计 $E(X) = 1/\lambda$ ；

（4）在一定的可信度下估计参数的范围．

本章主要内容有点估计及其评价标准、矩估计法和最大似然估计法、区间估计等．

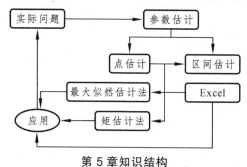

第 5 章知识结构

☆　实际问题中，总体的参数往往未知，因此首先需要对参数进行估计．

☆　数理统计中参数估计的方法有点估计和区间估计两种类型．

☆　点估计的方法很多，矩估计法是建立在相合估计的基础上的，最大似然估计是根据最大似然原理，在分布形式已知情况下的一种参数估计．

☆　区间估计是在点估计的基础上，估计给定可信度的参数取值区间．

☆　常用的矩估量、最大似然估计量、区间估计量可以利用 Excel 进行计算．

§5.1　点估计及其评价标准

5.1.1　点估计的概念

实践中经常用统计量来估算未知总体的某些特征．例如，某人群的性别比率 p 未知，从该人群中随机抽取 100 人，发现女性占 62%，就说该人群的女性占比为 62%，这就是用样本成数去估计总体成数．由于 62% 是一个数，在数轴上是一个点，所以相对于区间估计来讲称为点估计．

定义 5.1.1　设 θ 是总体 X 的未知参数，用统计量 $\hat{\theta} = \hat{\theta}(x_1, x_2, \cdots, x_n)$ 来估计 θ，称 $\hat{\theta}$ 为 θ 的**点估计量**，对应于样本值，点估计量 $\hat{\theta}$ 的值称为 θ 的**点估计值**．求未知参数 θ 的点估计量或点估计值称作**点估计**．

例如，设总体 $X \sim N(\mu, \sigma^2)$，其中 μ 是未知参数．$x_1, x_2, \cdots, x_n$ 是来自总体的样本．用样本均值 $\hat{\mu} = \bar{x}$ 来估计 μ，则 $\bar{x}$ 为 μ 的点估计量，对应于样本值，$\bar{x}$ 的值为 μ 的点估计值．

5.1.2　点估计的评价标准

对于同一个未知参数，用不同的方法或不同的统计量得到的估计可能不同．例如，总体 X 的未知均值 μ，既可以用样本 $x_1, x_2, \cdots, x_n$ 的均值 $\bar{x}$ 来估计 μ，即 $\hat{\mu} = \bar{x}$，也可用 x_1 来估计 μ，即 $\hat{\mu} = x_1$．显然两种估计的效果是不一样的．为了对同一参数的不同点估计进行比较，就必须对点估计的好坏给出评价标准．数理统计中常用无偏性、有效性和相合性来评价一个估计量的好坏．

由于样本的随机性，点估计值 $\hat{\theta}$ 与参数的真实值 θ 一般不相等，$\hat{\theta} - \theta$ 是由抽样的随机性引起的估计误差，称为**抽样误差**．如果抽样误差 $\hat{\theta} - \theta$ 的均值为 0，就有可能用多次重复抽样得到的点估计值的均值精确地估计参数．

定义 5.1.2　设 $\hat{\theta} = \hat{\theta}(x_1, x_2, \cdots, x_n)$ 是总体参数 θ 的点估计量．若

$$E(\hat{\theta}) = \theta , \tag{5.1.1}$$

则称 $\hat{\theta}$ 是 θ 的**无偏估计**，也称 $\hat{\theta}$ 具有**无偏性**，否则称为**有偏估计**．若参数不存在无偏估计量，则称该参数是**不可估的**．

例如 $\hat{\mu}_1 = \bar{x}, \hat{\mu}_2 = x_1$ 都是总体均值 μ 的无偏估计量．由式（4.1.8）和式（4.1.10）知，**样本均值是总体均值的无偏估计，样本方差是总体方差的无偏估计**．

无偏性在实践中有着重要的应用．例如，为了估计乌鸡的平均体重，可以随机选取 100 个养鸡场，从每个养鸡场随机抽取 10 只乌鸡计算其平均体重，然后将 100 个鸡场得到的平均体重再平均，用以估算乌鸡的平均体重．

无偏估计量的函数不一定是无偏估计量．例如，设 $\hat{\theta}$ 是参数 θ 的无偏估计，且 $D(\hat{\theta}) > 0$，则 $\hat{\theta}^2$ 不是 θ^2 的无偏估计．事实上，

$$E(\hat{\theta}^2) = D(\hat{\theta}) + (E(\hat{\theta}))^2 = D(\hat{\theta}) + \theta^2 > \theta^2 .$$

即便是无偏估计，点估计值与真实参数值的偏差，即抽样误差也是不可避免的．自然抽样误差的绝对值越小估计越精确，所以点估计量的波动越小估计效果越好，而方差是刻画随机变量波动大小的数字特征．这就是说，点估计量的方差越小点估计量越好．

定义 5.1.3　设 $\hat{\theta}_1$ 和 $\hat{\theta}_2$ 都是总体参数 θ 的无偏估计量．若

$$D(\hat{\theta}_1) < D(\hat{\theta}_2) , \tag{5.1.2}$$

则称 $\hat{\theta}_1$ 比 $\hat{\theta}_2$ 更有效，也称 $\hat{\theta}_1$ 具有**有效性**.

例如 $\hat{\mu}_1 = \bar{x}$ 和 $\hat{\mu}_2 = x_1$ 都是总体均值 μ 的无偏估计量. 因为 $D(\bar{x}) = \dfrac{\sigma^2}{n}, D(x_1) = \sigma^2$，所以 $\hat{\mu}_1 = \bar{x}$ 比 $\hat{\mu}_2 = x_1$ 更有效. **一般地，用整个样本的均值比用样本的部分个体的均值估计总体的均值更有效.**

例 5.1.1 设总体 $X \sim N(\mu, \sigma^2)$，其中 μ 和 σ^2 是未知参数，x_1, x_2 是来自总体的样本. 试比较 μ 的点估计 $\hat{\mu}_1 = 0.3x_1 + 0.7x_2$ 和 $\hat{\mu}_2 = 0.5x_1 + 0.5x_2$ 的有效性.

解 $E(\hat{\mu}_1) = E(0.3x_1 + 0.7x_2) = 0.3E(x_1) + 0.7E(x_2) = 0.3\mu + 0.7\mu = \mu$，

$E(\hat{\mu}_2) = E(0.5x_1 + 0.5x_2) = 0.5E(x_1) + 0.5E(x_2) = 0.5\mu + 0.5\mu = \mu$，

所以 $\hat{\mu}_1$ 和 $\hat{\mu}_2$ 都是 μ 的无偏估计.

$$D(\hat{\mu}_1) = D(0.3x_1 + 0.7x_2) = 0.09D(x_1) + 0.49D(x_2) = 0.09\sigma^2 + 0.49\sigma^2 = 0.58\sigma^2 ,$$

$$D(\hat{\mu}_2) = D(0.5x_1 + 0.5x_2) = 0.25D(x_1) + 0.25D(x_2) = 0.25\sigma^2 + 0.25\sigma^2 = 0.5\sigma^2 ,$$

所以 $\hat{\mu}_2$ 比 $\hat{\mu}_1$ 更有效.

正如一般地用整个样本的均值比用样本的部分个体的均值估计总体的均值更有效. 我们完全可以要求点估计量随着样本容量的不断增大而逼近参数的真实值，这就是相合估计的含义.

定义 5.1.4 设 $\hat{\theta} = \hat{\theta}(x_1, x_2, \cdots, x_n)$ 是总体参数 θ 的点估计量. 若 $n \to \infty$ 时，$\hat{\theta}$ 依概率收敛于 θ，即对任意小的 $\varepsilon > 0$，有

$$\lim_{n \to \infty} P\left\{ \left| \hat{\theta} - \theta \right| < \varepsilon \right\} = 1 , \tag{5.1.3}$$

则称 $\hat{\theta}$ 是 θ 的**相合估计**或**一致估计**，也称 $\hat{\theta}$ 具有**相合性**或**一致性**.

相合性要求可以适当选取样本容量使得估计达到指定的精度. 例如，要求估计的**抽样误差** $\hat{\theta} - \theta$ 落在 $(-0.001, 0.001)$ 内，只要 $\hat{\theta}$ 满足相合性，由极限的含义，就可以适当选取足够大样本容量 n 使得 $\hat{\theta} - \theta$ 几乎处处落于 $(-0.001, 0.001)$ 内. 所以相合性被认为是对点估计的一个基本要求，不满足相合性要求的点估计通常不予考虑.

例 5.1.2 设 $x_1, x_2, \cdots$ 是来自总体 X 的样本，其 k 阶原点矩 $E(X^k)$ 存在且未知，则样本的 k 阶原点矩 a_k 是总体的 k 阶原点矩 $E(X^k)$ 的相合估计.

证明 因为 $x_1, x_2, \cdots$ 是来自总体 X 的样本，所以 $\{x_i\}(i = 1, 2, \cdots)$ 是独立同分布随机序列. 由于个体与总体服从相同的分布且 $E(X^k)$ 存在，所以 $E(x_i^k) = E(X^k)$. 由辛钦大数定律知，对任意小的 $\varepsilon > 0$，有

$$P\left\{ \left| \frac{1}{n}\sum_{i=1}^{n} x_i^k - \frac{1}{n}\sum_{i=1}^{n} E(x_i^k) \right| < \varepsilon \right\} = 1 ,$$

$$P\left\{ \left| a_k - E(X^k) \right| < \varepsilon \right\} = 1 ,$$

故样本的 k 阶原点矩 a_k 是总体的 k 原点矩 $E(X^k)$ 的相合估计.

定理 5.1.1　若 $\hat{\theta}_{n1}, \hat{\theta}_{n2}, \cdots, \hat{\theta}_{nk}$ 分别是 $\theta_1, \theta_2, \cdots, \theta_k$ 的相合估计，$\eta = g(\theta_1, \theta_2, \cdots, \theta_k)$ 是 $\theta_1, \theta_2, \cdots, \theta_k$ 的连续函数，则 $\hat{\eta}_n = g(\hat{\theta}_{n1}, \hat{\theta}_{n2}, \cdots, \hat{\theta}_{nk})$ 是 $\eta = g(\theta_1, \theta_2, \cdots, \theta_k)$ 的相合估计.

例如，样本均值 $\bar{x}$ 是总体均值 $E(X)$ 的相合估计，样本方差 s^2 是总体方差 $D(X)$ 的相合估计. 总体变异系数 $\dfrac{\sqrt{D(X)}}{E(X)}$ 是 $E(X)$ 和 $D(X)$ 的连续函数，所以样本变异系数 $\dfrac{s}{\bar{x}}$ 是总体变异系数 $\dfrac{\sqrt{D(X)}}{E(X)}$ 的相合估计.

若总体的各阶矩存在，因高阶矩都可以用低阶矩的函数表示，由大数定律及定理 5.1.1 可知，**样本矩都是总体矩的相合估计**.

习题 5.1

1. 设总体 $X \sim U(0, \theta)$，其中 θ 是未知参数，$x_1, x_2, \cdots, x_n$ 是来自总体的样本. 证明 $\hat{\theta} = 2\bar{x}$ 是 θ 的无偏估计量.

2. 设总体 X 的密度函数为 $f(x, \theta) = \begin{cases} 1, \theta - 0.5 \leqslant x \leqslant \theta + 0.5, \\ 0, 其他, \end{cases}$ $-\infty < \theta < +\infty$，其中 θ 是未知参数，$x_1, x_2, \cdots, x_n$ 是来总体的样本. 证明 $\hat{\theta} = \bar{x}$ 是 θ 无偏估计量.

3. 设总体 X 的期望 μ 是未知参数，$x_1, x_2, \cdots, x_n$ 是来自总体的样本. 证明 $\hat{\mu} = \dfrac{2}{n(n+1)} \sum_{i=1}^{n} i x_i$ 是 μ 的无偏估计量.

4. 设总体 X 的方差 σ^2 是未知参数，$x_1, x_2, \cdots, x_n$ 是来自总体的样本. 证明 $\hat{\sigma}^2 = \dfrac{1}{n} \sum_{i=1}^{n} (x_i - \mu)^2$ 是 σ^2 的无偏估计量.

5. 设总体 $X \sim P(\lambda)$，其中 λ 是未知参数，$x_1, x_2, \cdots, x_n$ 是来自总体的样本. 证明 $\hat{\lambda}^2 = \dfrac{1}{n} \sum_{i=1}^{n} (x_i^2 - x_i)$ 是 λ^2 的无偏估计量.

6. 设总体 $X \sim N(\mu, \sigma^2)$，其中 σ^2 是未知参数，$x_1, x_2, \cdots, x_n$ 是来自总体的样本. 试确定 c 使得 $\hat{\sigma}^2 = c \sum_{i=1}^{n-1} (x_{i+1} - x_i)^2$ 为 σ^2 的无偏估计量.

7. 设总体 X 的均值 μ 是未知参数，x_1, x_2, x_3 是来自总体的样本. 试证如下 2 个统计量都是 μ 的无偏估计量，并求其中的有效估计：(1) $\hat{\mu}_1 = \dfrac{1}{3} x_1 + \dfrac{1}{3} x_2 + \dfrac{1}{3} x_3$；(2) $\hat{\mu}_2 = \dfrac{1}{3} x_1 + \dfrac{1}{4} x_2 + \dfrac{5}{12} x_3$.

8. 设总体 $X \sim N(\mu, \sigma^2)$，其中 μ 和 σ^2 是未知参数. 从总体中抽取容量为 m 和 n 的两个独立样本，样本均值分别为 $\bar{x}$ 和 $\bar{y}$. 试证对于任意常数 $a, b(a + b = 1)$，$\hat{\mu} = a\bar{x} + b\bar{y}$ 都是 μ 的无偏估计量，并确定 $a, b(a + b = 1)$ 使 $D(\hat{\mu})$ 达到最小.

9. 设有 k 台仪器，第 i 台仪器观察物理量 θ 的标准差为 $\sigma_i(i=1,2,\cdots,k)$. 用这些仪器独立地对某一物理量 θ 各观察一次，分别得到 $x_1,x_2,\cdots,x_k$. 设这些仪器都没有系统误差，试问 $a_1,a_2,\cdots,a_k$ 应取何值才能使 $\hat{\theta}=\sum_{i=1}^{k}a_ix_i$ 成为 θ 的无偏估计量，且方差达到最小.

10. 设总体 X 的均值 μ 是未知参数，$x_1,x_2,\cdots,x_n$ 是来自总体的样本. 试利用辛钦大数定律证明样本均值 $\bar{x}$ 是 μ 的相合估计.

§5.2 矩估计法

求点估计的常用方法是矩估计法和最大似然估计法. 矩估计法是英国统计学家皮尔逊（Karl Pearson，1857—1936）1900 年提出的参数估计方法，其理论依据是样本矩是总体矩的相合估计. 皮尔逊致力于大样本理论的研究，他发现不少生物方面的数据有显著性的偏态，不适合用正态分布去刻画，为此他提出了后来以他的名字命名的分布族，为估计这个分布族中的参数，他提出了"矩估计法".

皮尔逊

由定理 5.1.1 及样本矩都是总体矩的相合估计知，当总体矩存在且样本容量 n 充分大时，样本的 k 阶原点矩几乎等于总体的 k 阶原点矩，样本的 k 阶中心矩几乎等于总体的 k 阶中心矩；样本变异系数（其中样本标准差采用样本二阶中心矩的算术平方根）几乎等于总体变异系数，样本分位数几乎等于总体分位数，样本中事件 A 出现的频率几乎等于总体中事件 A 出现的概率等.

矩估计法是当总体矩存在且样本容量 n 充分大时，用样本矩作为总体的同阶同类型矩的估计而列出关于未知参数的方程（组），然后通过解方程（组）来估计参数，得到的估计量称为**矩估计量**.

例 5.2.1 设总体 $X \sim Exp(\lambda)$，其中 λ 是未知参数，$x_1,x_2,\cdots,x_n$ 是来自总体的样本. 试求 λ 的矩估计量.

解 由于只有一个未知参数，所以采用样本的一阶原点矩估计总体的一阶原点矩.

总体一阶原点矩为 $E(X)=\dfrac{1}{\lambda}$，样本的一阶原点矩为 $a_1=\bar{x}$. 令 $E(X)=a_1$，即 $\dfrac{1}{\lambda}=\bar{x}$，解得 $\hat{\lambda}=\dfrac{1}{\bar{x}}$.

另外，由于总体的二阶中心矩为 $D(X)=\dfrac{1}{\lambda^2}$，样本的二阶中心矩为 b_2，令 $\dfrac{1}{\lambda^2}=b_2$，解得 $\hat{\lambda}=\dfrac{1}{\sqrt{b_2}}$.

从例 5.2.1 知，参数的矩估计量可能不唯一. 实践中通常应尽量使用低阶矩来估计参数.

例 5.2.2 设总体 X 的均值 μ 和方差 σ^2 是未知参数，$x_1,x_2,\cdots,x_n$ 是来自总体 X 的样本. 试求 μ 和 σ^2 的矩估计.

解　要估计两个参数，通常需要构造两个方程，从中解出参数的估计. 总体的一阶原点矩和二阶中心矩分别为 μ，σ^2，样本的一阶原点矩和二阶中心矩分别为 $a_1 = \overline{x} = \dfrac{1}{n}\sum\limits_{i=1}^{n} x_i$，$b_2 = \dfrac{1}{n}\sum\limits_{i=1}^{n}(x_i - \overline{x})^2$. 令样本矩等于总体矩，可得

$$\begin{cases} \hat{\mu} = \overline{x}, \\ \hat{\sigma}^2 = \dfrac{1}{n}\sum\limits_{i=1}^{n}(x_i - \overline{x})^2. \end{cases} \tag{5.2.1}$$

例 5.2.3　设总体 $X \sim N(\mu, \sigma^2)$，其中 μ 和 σ^2 是未知参数，$x_1, x_2, \cdots, x_{10}$ 是来自总体 X 的样本. 测得样本值如下：

115	104	99	108	98	99	98	109	115	106

试求：

（1）μ 和 σ^2 的矩估计值；

（2）利用（1）中估计到参数，估算概率 $P\{100 < X < 120\}$.

解　（1）由例 5.2.2 知，

$$\begin{cases} \hat{\mu} = \overline{x}, \\ \hat{\sigma}^2 = \dfrac{1}{n}\sum\limits_{i=1}^{n}(x_i - \overline{x})^2. \end{cases}$$

将样本值代入计算得 $\hat{\mu} = 105.1, \hat{\sigma}^2 = 6.3^2$.

（2）
$$\begin{aligned} P\{100 < X < 120\} &\approx \Phi_0\left(\frac{120 - \hat{\mu}}{\hat{\sigma}}\right) - \Phi_0\left(\frac{100 - \hat{\mu}}{\hat{\sigma}}\right) \\ &= \Phi_0\left(\frac{120 - 105.1}{6.3}\right) - \Phi_0\left(\frac{100 - 105.1}{6.3}\right) \\ &\approx \Phi_0(2.37) - \Phi_0(-0.81) = \Phi_0(2.37) + \Phi_0(0.81) - 1 \\ &\approx 0.9911 + 0.7910 - 1 = 0.7821. \end{aligned}$$

例 5.2.4　设总体 $X \sim N(\mu, 1)$，其中 μ 是未知参数. 对 X 观测 100 次，发现有 61 次观测值大于 0. 试求 μ 的矩估计值.

解　$P\{X > 0\} = 1 - P\{X < 0\} = 1 - \Phi_0(-\mu)$，100 次观测中 X 大于 0 的频率为 $\dfrac{61}{100} = 0.61$，用频率估计概率，即令

$$1 - \Phi_0(-\mu) = 0.61, \Phi_0(\mu) = 0.61,$$

查表得 $\hat{\mu} \approx 0.28$.

值得强调的是，矩估计利用的是样本矩对总体矩的相合性，因此采用矩估计时通常要求样本量充分大，否则矩估计可能不合理. 例如，设 x_1, x_2, x_3, x_4 是来自总体 $X \sim U(0, \theta)$ 的样本，其样本值如下：

1	2	3	7

则样本均值为 $\bar{x} = \dfrac{1}{4}\sum_{i=1}^{4} x_i$ ，总体均值为 $E(X) = \dfrac{\theta}{2}$ ，令总体均值等于样本均值，得 θ 的矩估计值为

$$\hat{\theta} = \frac{1}{2}\sum_{i=1}^{4} x_i = \frac{1}{2}(1+2+3+7) = 6.5.$$

显然，此时矩估计就不合理，因为区间 $(0, 6.5)$ 不包含样本值 7.

习题 5.2

1. 设总体 X 的分布列为 $p\{X = x\} = \dfrac{1}{N}, x = 0, 1, 2, \cdots N-1$ ，其中 N（正整数）是未知参数，$x_1, x_2, \cdots, x_n$ 是来自总体的样本. 试求 N 的矩估计量.

2. 设总体 X 服从参数为 p 的 0-1 分布，其中 p 未知，$x_1, x_2, \cdots, x_n$ 是来自总体的样本. 试求 p 的矩估计量.

3. 设总体 $X \sim B(n, p)(n > 50)$ ，其中 p 是未知参数，$x_1, x_2, \cdots, x_n$ 是来自总体的样本. 试求 p 的矩估计量.

4. 设总体 $X \sim P(\lambda)$ ，其中 λ 是未知参数，$x_1, x_2, \cdots, x_n$ 是来自总体的样本. 试求 λ 的矩估计量和 $P\{X \geqslant 1\}$ 的矩估计量.

5. 设总体 X 的密度函数为 $f(x; \theta) = \begin{cases} (\theta+1)x^{\theta}, & 0 < x < 1, \\ 0, & \text{其他,} \end{cases}$ 其中 $\theta > -1$ 是未知参数，$x_1, x_2, \cdots, x_n$ 是来自总体的样本. 试求 θ 的矩估计量.

6. 设总体 X 的密度函数为 $f(x; \theta) = \begin{cases} e^{-(x-\theta)}, & x \geqslant \theta, \\ 0, & x < \theta, \end{cases}$ 其中 θ 是未知参数，$x_1, x_2, \cdots, x_n$ 是来自总体的样本. 试求 θ 的矩估计量.

7. 设总体 X 的密度函数为 $f(x; \theta) = \begin{cases} \dfrac{2}{\theta}(\theta - x), & 0 < x < \theta, \\ 0, & \text{其他,} \end{cases}$ 其中 $\theta > 0$ 是未知参数，$x_1, x_2, \cdots, x_n$ 是来自总体的样本. 试求 θ 的矩估计量.

8. 设总体 X 的密度函数为 $f(x; \theta) = \begin{cases} \sqrt{\theta}\, x^{\sqrt{\theta}-1}, & 0 < x < 1, \\ 0, & \text{其他,} \end{cases}$ 其中 $\theta > 0$ 是未知参数，$x_1, x_2, \cdots, x_n$ 是来自总体的样本. 试求 θ 的矩估计量.

9. 设总体 $X \sim U(a, b)$ ，其中 a 与 b 是未知参数，$x_1, x_2, \cdots, x_n$ 是来自总体的样本. 试求 a 与 b 的矩估计量.

10. 设总体 $X \sim B(m, p)$ ，其中 m, p 是未知参数，$x_1, x_2, \cdots, x_n$ 是来自总体的样本. 试求 m

与 p 的矩估计量.

11. 设总体 $X \sim U(0,\theta)$，其中 $\theta > 0$ 是未知参数. 现从该总体中抽取容量为 10 的样本，其样本值如下：

0.5	1.3	0.6	1.7	2.2	1.2	0.8	1.5	2.0	1.6

试求 θ 的矩估计值.

12. 设总体 $X \sim N(\mu, \sigma^2)$，其中 μ 和 σ^2 是未知参数. 现从该总体中抽取容量为 10 的样本，其样本值：

1.15	4.05	5.75	8.45	2.55	3.36	4.09	5.05	6.75	5.54

试求 μ 和 σ^2 的矩估计值.

§5.3　最大似然估计法

最大似然估计法是在总体分布形式已知条件下使用的一种参数估计方法，由德国数学家高斯在 1821 年提出. 费歇尔（R. A. Fisher, 1890—1962）在 1912 年重新发现了这一方法，并研究了这种方法的一些性质. 为了理解最大似然估计原理，先看一个例子.

例 5.3.1　设有一大批产品，其废品率 π 未知，现从中随机抽取出 100 件进行检验，发现其中有 5 件废品. 试估计废品率 π.

解　由于估计的是废品率，所以发现废品计作 1，发现合格品计作 0，总体 X 服从参数为 π 的 0-1 分布，即

$$p(x) = \pi^x (1-\pi)^{1-x}, \quad x = 0, 1.$$

将抽出的 100 件产品视作样本，记作 $x_1, x_2, \cdots, x_{100}$. $x_i (i = 1, 2, \cdots, 100)$ 样本服从参数为 π 的 0-1 分布且互相独立，即 $p(x_i) = \pi^{x_i}(1-\pi)^{1-x_i}, x_i = 0, 1$. 样本的联合分布列为

$$p(x_1, x_2, \cdots, x_{100}) = \prod_{i=1}^{100} P(x_i) = \prod_{i=1}^{100} \pi^{x_i}(1-\pi)^{1-x_i} = \pi^{\sum x_i}(1-\pi)^{100-\sum x_i},$$

100 件产品中发现 5 件废品，所以 $\sum_{i=1}^{100} x_i = 5$，进而 $p(x_1, x_2, \cdots, x_{100}) = \pi^5 (1-\pi)^{95}$，此概率只和参数 π 有关，将其表示为

$$L(\pi) = \pi^5 (1-\pi)^{95}.$$

经验告诉我们，"抽到的这个样本的概率似乎是最大的，否则为什么一抽就抽到它呢？"为此，求 $L(\pi)$ 的最大值点. 令

$$\frac{\mathrm{d}L(\pi)}{\mathrm{d}\pi} = 5\pi^4(1-\pi)^{95} - 95\pi^5(1-\pi)^{94} = 0,$$

解得 $\pi = 0.05$.

由于只有一个极值点，所以 $\pi = 0.05$ 即最大值点. 用 0.05 作为 π 的估计值，即 $\hat{\pi} = 0.05$，这一结果与矩估计的结果是一致的.

"抽到的样本的概率似乎是最大的"这种想法通常称作"**最大似然原理**". 用最大似然原理得到的参数估计量就是最大似然估计量，得到的参数估计值就是最大似然估计值. 例 5.3.1 的 $\hat{\pi} = 0.05$ 即参数 π 的最大似然估计值.

最大似然估计法的步骤：

步骤 1：根据总体的分布求样本的联合概率函数，称为**似然函数**. 这里的似然函数可以是联合密度函数，也可以是联合概率函数，计作 $L(\cdot)$.

步骤 2：求似然函数 $L(\cdot)$ 的最大值. 为了简化计算，常常先求似然函数的对数，称为**对数似然函数**，然后利用导数求（对数）似然函数的最大值.

步骤 3：得到参数的最大似然估计.

例 5.3.2 设总体 $X \sim N(\mu, \sigma^2)$，其中 μ 和 σ^2 是未知参数. $x_1, x_2, \cdots, x_n$ 是来自总体的样本. 试求 μ 和 σ^2 的最大似然估计.

解 总体 $X \sim N(\mu, \sigma^2)$，所以样本中个体 $x_i \sim N(\mu, \sigma^2)(i = 1, 2, \cdots, n)$. x_i 的密度函数为

$$\varphi(x_i) = \frac{1}{\sqrt{2\pi}\sigma} \exp\left\{ -\frac{(x_i - \mu)^2}{2\sigma^2} \right\}, -\infty < x_i < +\infty, i = 1, 2, \cdots, n.$$

取样本的联合概率密度函数作为似然函数，即

$$L(\mu, \sigma^2) = \prod_{i=1}^{n} \frac{1}{\sqrt{2\pi}\sigma} \exp\left\{ -\frac{(x_i - \mu)^2}{2\sigma^2} \right\} = (2\pi\sigma^2)^{-\frac{n}{2}} \exp\left\{ -\frac{1}{2\sigma^2} \sum_{i=1}^{n} (x_i - \mu)^2 \right\},$$

对似然函数取对数，得对数似然函数

$$\ln L(\mu, \sigma^2) = -\frac{1}{2\sigma^2} \sum_{i=1}^{n} (x_i - \mu)^2 - \frac{n}{2}\ln \sigma^2 - \frac{n}{2}\ln 2\pi.$$

将 $\ln L(\mu, \sigma^2)$ 分别对 μ 和 σ^2 求偏导数并令其为 0，得方程组

$$\begin{cases} \dfrac{\partial \ln L(\mu, \sigma^2)}{\partial \mu} = \dfrac{1}{\sigma^2} \sum_{i=1}^{n} (x_i - \mu) = 0, \\ \dfrac{\partial \ln L(\mu, \sigma^2)}{\partial \sigma^2} = \dfrac{1}{2\sigma^4} \sum_{i=1}^{n} (x_i - \mu)^2 - \dfrac{n}{2\sigma^2} = 0. \end{cases}$$

解方程组，得 μ 和 σ^2 的最大似然估计分别为

$$\begin{cases} \hat{\mu} = \bar{x}, \\ \hat{\sigma}^2 = \dfrac{1}{n} \sum_{i=1}^{n} (x_i - \bar{x})^2. \end{cases}$$

需要指出的是，利用求导数的方法求最大似然估计并不是总有效，看下面的例子.

例 5.3.3　设总体 $X \sim U(0, \theta)$，其中 $\theta > 0$ 是未知参数，$x_1, x_2, \cdots, x_n$ 是来自总体的样本. 试求 θ 的最大似然估计.

解　总体 $X \sim U(0, \theta)$，所以样本中个体 $x_i \sim U(0, \theta)$. x_i 的密度函数为

$$f(x_i) = \frac{1}{\theta}, 0 < x_i < \theta, \ i = 1, 2, \cdots, n.$$

取样本的联合概率密度函数作为似然函数，即

$$L(\theta) = \prod_{i=1}^{n} \frac{1}{\theta} = \frac{1}{\theta^n}.$$

此时，似然函数与样本无关，显然 $L(\theta)$ 关于 θ 单调递减，即 θ 越小 $L(\theta)$ 越大. 但是 $0 \leqslant x_1, x_2, \cdots, x_n \leqslant \theta$，要使样本中的每一个 x_i 都落在区间 $(0, \hat{\theta})$ 内，合理的最大似然估计是 $\hat{\theta} = x_{(n)} = \max\{x_1, x_2, \cdots, x_n\}$.

最大似然估计有一个简单而有用的性质：如果 $\hat{\theta}$ 是 θ 的最大似然估计，则对任一函数连续 $g(\theta)$，其最大似然估计为 $g(\hat{\theta})$. 该性质称为**最大似然估计的不变性**，从而使一些复杂结构的参数的最大似然估计的获得变得容易了.

例 5.3.4　设总体 $X \sim N(\mu, \sigma^2)$，其中 μ 和 σ^2 是未知参数. 来自总体的一个容量为 10 的样本值如下：

0.7	1.4	0.5	1.4	1.4	1.7	0.9	0.6	1.2	1.5

试求：（1）标准差 σ 的最大似然估计；

（2）概率 $P\{X < 2\}$ 的最大似然估计；

（3）总体左尾 0.90 分位数 $x_{0.90}$ 的最大似然估计.

解　（1）由例 5.3.2 知，μ 和 σ^2 的最大似然估计分别为

$$\begin{cases} \hat{\mu} = \bar{x}, \\ \hat{\sigma}^2 = \dfrac{1}{n} \sum_{i=1}^{n} (x_i - \bar{x})^2. \end{cases}$$

将样本值代入计算得 $\hat{\mu} = 1.13, \hat{\sigma}^2 \approx 0.4^2$.

由最大似然估计的不变性，标准差 σ 的最大似然估计是

$$\hat{\sigma} = \sqrt{\hat{\sigma}^2} \approx \sqrt{0.4^2} = 0.4.$$

（2）由最大似然估计的不变性，$P\{X < 2\}$ 的最大似然估计是

$$\hat{P}\{X < 2\} = \Phi_0\left(\frac{2 - \hat{\mu}}{\hat{\sigma}}\right) = \Phi_0\left(\frac{2 - 1.13}{0.4}\right) \approx \Phi_0(2.18) \approx 0.9854.$$

（3）$X \sim N(\mu, \sigma^2)$，由分位数的定义知 $P\{X \leqslant x_{0.90}\} = 0.90$，则

$$P\{X \leqslant x_{0.90}\} = \Phi_0\left(\frac{x_{0.90} - \mu}{\sigma}\right) = 0.9,$$

$$\frac{x_{0.90} - \mu}{\sigma} = z_{0.90} \text{ 即 } x_{0.90} = \mu + z_{0.90}\sigma,$$

其中 $z_{0.90}$ 为标准正态分布的左尾 0.90 分位数.

由最大似然估计的不变性，$x_{0.90}$ 的最大似然估计是

$$\hat{x}_{0.90} = \hat{\mu} + z_{0.90}\hat{\sigma} \approx 1.13 + 0.4 \times 1.28 = 1.642.$$

常用分布参数的矩估计量和最大似然估计量总结见表 5.3.1.

表 5.3.1　常用概率分布参数的矩估计量和最大似然估计量

分布	矩估计	最大似然估计
0 1 分布	$\hat{p} = \bar{x}$	$\hat{p} = \bar{x}$
二项分布 $B(n,p)$	$\hat{p} = \bar{x}/n$	$\hat{p} = \bar{x}/n$
泊松分布 $P(\lambda)$	$\hat{\lambda} = \bar{x}$	$\hat{\lambda} = \bar{x}$
均匀分布 $U(0,b)$	$\hat{b} = 2\bar{x}$	$\hat{b} = \max\limits_{i} x_i$
均匀分布 $U(a,b)$	$\hat{a} = \bar{x} - \sqrt{3}s, \hat{b} = \bar{x} + \sqrt{3}s$	$\hat{a} = \min\limits_{i} x_i, \hat{b} = \max\limits_{i} x_i$
指数分布 $Exp(\lambda)$	$\hat{\lambda} = 1/\bar{x}$	$\hat{\lambda} = 1/\bar{x}$
一般正态分布 $N(\mu,\sigma^2)$	$\begin{cases}\hat{\mu} = \bar{x}, \\ \hat{\sigma}^2 = \dfrac{1}{n}\sum\limits_{i=1}^{n}(x_i - \bar{x})^2\end{cases}$	$\begin{cases}\hat{\mu} = \bar{x}, \\ \hat{\sigma}^2 = \dfrac{1}{n}\sum\limits_{i=1}^{n}(x_i - \bar{x})^2\end{cases}$

习题 5.3

1. 设总体 $X \sim Exp(\lambda)$，其中 λ 是未知参数. 从总体中抽取容量为 9 的样本，其样本值如下：

0.9	1.1	0.7	1.1	1.2	1.2	0.9	0.7	1.2

试求 λ 的最大似然估计量和概率 $P\{X < 1\}$ 的最大似然估计值.

2. 设总体 X 的密度函数为 $f(x, \theta) = \begin{cases}(\theta+1)x^{\theta}, & 0 < x < 1, \\ 0, & \text{其他,}\end{cases}$ 其中 $\theta > -1$ 是未知参数，$x_1, x_2, \cdots, x_n$ 是来自总体的样本. 试求 θ 的最大似然估计量.

3. 设总体 X 的密度函数为 $f(x, \theta) = \begin{cases}\sqrt{\theta}x^{\sqrt{\theta}-1}, & 0 < x < 1, \\ 0, & \text{其他,}\end{cases}$ 其中 $\theta > 0$ 是未知参数，$x_1, x_2, \cdots, x_n$ 是来自总体的样本. 试求 θ 的最大似然估计量.

4. 设总体 X 的密度函数为 $f(x,\theta)=\begin{cases}\theta c^{\theta}x^{-\theta-1}, & x>c,\\ 0, & x\leqslant c,\end{cases}$ 其中 $\theta>0$ 是未知参数，$c>0$ 是已知数，$x_1,x_2,\cdots,x_n$ 是来自总体的样本. 试求 θ 的最大似然估计量.

5. 设总体 X 的密度函数为 $f(x,\theta)=\dfrac{1}{2\theta}x^{-|x|/\theta}, -\infty<x<+\infty$, 其中 $\theta>0$ 是未知参数，$x_1,x_2,\cdots,x_n$ 是来自总体的样本. 试求 θ 的最大似然估计量.

6. 设总体 X 的密度函数为 $f(x,\lambda)=\begin{cases}\lambda\alpha x^{\alpha-1}\mathrm{e}^{-\lambda x^{\alpha}}, & x>0,\\ 0, & x\leqslant 0,\end{cases}$ 其中 $\lambda>0$ 是未知参数，$\alpha>0$ 为已知数，$x_1,x_2,\cdots,x_n$ 是来自总体的样本. 试求 λ 的最大似然估计量.

7. 设总体 X 的密度函数为 $f(x,\theta)=\begin{cases}(k\theta)^{-1}, & \theta<x<(k+1)\theta,\\ 0, & \text{其他},\end{cases}$ 其中 $\theta>0$ 是未知参数，$k>0$ 是已知数，$x_1,x_2,\cdots,x_n$ 是来自总体的样本. 试求 θ 的最大似然估计量.

8. 设总体 X 的密度函数为 $f(x,\theta)=\begin{cases}\mathrm{e}^{-x+\theta}, & x\geqslant\theta,\\ 0, & x<\theta,\end{cases}$ 其中 $\theta>-1$ 是未知参数，$x_1,x_2,\cdots,x_n$ 是来自总体的样本. 试求 θ 的最大似然估计量.

9. 设总体 X 的密度函数为 $f(x,\theta)=\begin{cases}c\theta^{c}x^{-(c+1)}, & x>\theta,\\ 0, & x\leqslant\theta,\end{cases}$ 其中 $\theta>0$ 是未知参数，$c>0$ 是已知数，$x_1,x_2,\cdots,x_n$ 是来自总体的样本. 试求 θ 的最大似然估计量.

10. 设总体 $X\sim N(\mu,\sigma^2)$，其中 μ 和 σ^2 是未知参数. 现从该总体中抽取容量为 10 的样本，其样本值如下：

1.15	4.05	5.75	8.45	2.55	3.36	4.09	5.05	6.75	5.54

试求：（1）标准差 σ 的最大似然估计值；（2）概率 $P\{X<7.964\}$ 的最大似然估计值；（3）总体的左尾 0.95 分位数 $x_{0.95}$ 的最大似然估计值.

§5.4　单总体参数的区间估计

5.4.1　区间估计的概念

用统计量对总体参数进行点估计，要达到 100% 的准确而没有任何误差，几乎是不可能的，所以在估计总体参数时必须同时考虑估计误差的大小. 对于未知参数，除了求得其点估计外，还希望估计出参数的范围，并使这个范围达到一定的可信度，这个范围被称为**置信区间**. 求参数的置信区间就是**区间估计**.

区间估计理论的完善经历了一个相当长的过程. 早在奈曼（J.Neyman，1894—1984）的工作之前，区间估计就已经是一种

奈曼　　　皮尔逊

常用的参数估计形式. 奈曼和皮尔逊(E. Pearson, 1895—1980)创立了系统的区间估计理论. 奈曼从 1934 年开始的一系列工作, 把区间估计理论置于柯尔莫哥洛夫概率论公理体系的基础之上, 因而奠定了严格的理论基础. 奈曼还把求区间估计的问题表达为一种数学上的最优解问题, 这个理论与奈曼-皮尔逊假设检验理论, 对于数理统计成为一门严格的数学分支学科起到重大作用. 本节首先介绍单总体参数的区间估计方法.

例如, 某种电压计测量电压的误差（单位：伏特）服从 $N(\mu,1)$, 现对该电压计观测了 9 次, 发现误差分别如下:

-0.1	0.5	-0.3	0.6	-0.5	0.5	-0.4	0.8	-0.2

问题是在 95%的把握下 μ 会落在什么范围内呢?

问题可以描述为: 寻找两个数 $\hat{\mu}_L, \hat{\mu}_U$, 使 $P\{\hat{\mu}_L \leqslant \mu \leqslant \hat{\mu}_U\} = 0.95$.

借助于随机变量的分布来寻找数 $\hat{\mu}_L, \hat{\mu}_U$. 由于 $\hat{\mu} = \bar{x}$ 是 μ 的无偏估计和相合估计, 且 $\bar{x} \sim N\left(\mu, \dfrac{1}{9}\right)$, 从而 $Z = \dfrac{\bar{x} - \mu}{\sqrt{1/9}} \sim N(0,1)$.

注意到 Z 是样本与参数 μ 的函数, 但其分布为标准正态分布, 不依赖于参数 μ. 如图 5.4.1 所示, 由标准正态分布的性质可知,

$$P\left\{\left|\frac{\bar{x} - \mu}{\sqrt{1/9}}\right| \leqslant z_{0.025}\right\} = 0.95 ,$$

其中 $z_{0.025} \approx 1.96$ 为 $N(0,1)$ 的右尾 0.025 分位数. 进一步有

$$P\left\{\bar{x} - \frac{1.96}{3} \leqslant \mu \leqslant \bar{x} + \frac{1.96}{3}\right\} \approx 0.95 ,$$

将 $\bar{x} = 0.1$ 代入得 $P\{-0.55 \leqslant \mu \leqslant 0.75\} \approx 0.95$, 即在 95%的把握下 μ 会落入 $[-0.55, 0.75]$.

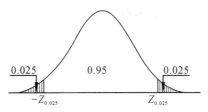

图 5.4.1　标准正态分布

定义 5.4.1　设 θ 是总体 X 的一个待估参数, $x_1, x_2, \cdots, x_n$ 是来自总体的一个样本. 若对给定的 $\alpha(0 < \alpha < 1)$, 由样本 $x_1, x_2, \cdots, x_n$ 确定的两个统计量 $\hat{\theta}_L = \hat{\theta}_L(x_1, x_2, \cdots, x_n)$, $\hat{\theta}_U = \hat{\theta}_U(x_1, x_2, \cdots, x_n)$ 满足

$$P\{\hat{\theta}_L \leqslant \theta \leqslant \hat{\theta}_U\} = 1 - \alpha , \tag{5.4.1}$$

如图 5.4.2 所示, 称区间 $[\hat{\theta}_L, \hat{\theta}_U]$ 是 θ 的置信水平（也称置信度）为 $1-\alpha$ 的置信区间, 简称 $1-\alpha$ **置信区间**, 求参数的置信区间就是**区间估计**.

这里置信水平$1-\alpha$的含义是在大量重复使用置信区间时，真实参数θ落在置信区间的可信度至少有$100(1-\alpha)\%$.

图 5.4.2　置信区间

上面例子中寻找置信区间的方法称为**枢轴量法**. 其步骤如下：

步骤 1：设法构造一个样本和未知参数θ的函数$G(x_1,x_2,\cdots,x_n,\theta)$，使得$G$的分布已知且不依赖于未知参数$\theta$，称$G$为**枢轴量**.

步骤 2：适当地选择两个常数c和d使对给定的$\alpha(0<\alpha<1)$，有$P\{c\leqslant G\leqslant d\}=1-\alpha$.

步骤 3：将$c\leqslant G\leqslant d$进行不等式变形化为$\hat{\theta}_L\leqslant\theta\leqslant\hat{\theta}_U$，则$[\hat{\theta}_L,\hat{\theta}_U]$就是$\theta$的一个$1-\alpha$置信区间.

显然，置信区间的长度越小估计越精确，但实际中选取区间长度最短的c和d很难实现. 因此常选择等尾概率的置信区间，即选取c和d使

$$P\{G<c\}=P\{G>d\}=\alpha/2 .$$

除特殊说明外，本章求置信区间时所用的分位数都是随机变量的右尾分位数.

5.4.2　正态总体均值的区间估计

设总体$X\sim N(\mu,\sigma^2)$，其中μ是未知参数. $x_1,x_2,\cdots,x_n$是来自总体的样本，样本均值与方差分别为$\bar{x}$与s^2，现对μ进行区间估计.

1）总体方差已知时总体均值的区间估计

用$\bar{x}$作为μ的点估计，选取枢轴量

$$Z=\frac{\bar{x}-\mu}{\sigma/\sqrt{n}}\sim N(0,1)\ \text{（定理 4.3.2 的结论）}.$$

如图 5.4.3 所示，由于

$$P\left\{-z_{\alpha/2}\leqslant\frac{\bar{x}-\mu}{\sigma/\sqrt{n}}\leqslant z_{\alpha/2}\right\}=1-\alpha ,$$

$$P\left\{\bar{x}-z_{\alpha/2}\frac{\sigma}{\sqrt{n}}\leqslant\mu\leqslant\bar{x}+z_{\alpha/2}\frac{\sigma}{\sqrt{n}}\right\}=1-\alpha ,$$

故μ的$1-\alpha$置信区间为

$$\left[\bar{x}-z_{\alpha/2}\frac{\sigma}{\sqrt{n}},\bar{x}+z_{\alpha/2}\frac{\sigma}{\sqrt{n}}\right],\qquad(5.4.2)$$

其中，$z_{\alpha/2}\dfrac{\sigma}{\sqrt{n}}$ 称为**估计误差**；$\dfrac{\sigma}{\sqrt{n}}$ 称为**标准误差**.

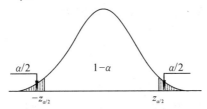

图 5.4.3　标准正态分布

例 5.4.1　一种袋装食品的重量（单位：kg）服从方差为 25 的正态分布，平均重量未知. 现随机抽取 9 袋，测得其平均重量为 248kg，试求该种袋装食品平均重量的 95% 置信区间.

解　本例是总体方差已知时正态总体均值的区间估计.

$$\bar{x}=248,\alpha=0.05,z_{\alpha/2}=z_{0.025}\approx1.96,\sigma=5,n=9,$$

代入式（5.4.2）得

$$\left[248-1.96\times\frac{5}{\sqrt{9}},248+1.96\times\frac{5}{\sqrt{9}}\right],\ 即[244.73,251.27]$$

从而该种袋装食品平均重量的 95% 置信区间为 $[244.73,251.27]$.

例 5.4.2　某总体服从标准差为 200 的正态分布，总体均值未知. 现欲随机抽取一个样本估计总体均值的 95% 置信区间，希望估计误差不超过 40. 试问应抽取容量多大的样本？

解　本例涉及总体方差已知时正态总体均值的区间估计.

$\sigma=200,\ \alpha=0.05,z_{\alpha/2}=z_{0.025}\approx1.96$，估计误差 $z_{\alpha/2}\dfrac{\sigma}{\sqrt{n}}\leqslant40$，所以

$$n\geqslant\frac{(z_{0.025}\sigma)^2}{40^2}=\frac{(1.96\times200)^2}{40^2}=96.04,$$

故应至少抽取容量为 97 的样本.

2）总体方差未知时总体均值的区间估计

用 $\bar{x}$ 作为 μ 的点估计，选取枢轴量

$$T=\frac{\bar{x}-\mu}{s/\sqrt{n}}\sim t(n-1)\ （定理 4.3.4 的结论）.$$

如图 5.4.4 所示，由于

$$P\left\{-t_{\alpha/2}(n-1)\leqslant\frac{\bar{x}-\mu}{s/\sqrt{n}}\leqslant t_{\alpha/2}(n-1)\right\}=1-\alpha,$$

$$P\left\{\bar{x}-t_{\alpha/2}(n-1)\frac{s}{\sqrt{n}}\leqslant\mu\leqslant\bar{x}+t_{\alpha/2}(n-1)\frac{s}{\sqrt{n}}\right\}=1-\alpha,$$

所以 μ 的 $1-\alpha$ 置信区间为

$$\left[\bar{x}-t_{\alpha/2}(n-1)\frac{s}{\sqrt{n}}, \bar{x}+t_{\alpha/2}(n-1)\frac{s}{\sqrt{n}}\right]. \tag{5.4.3}$$

其中，$t_{\alpha/2}(n-1)\dfrac{s}{\sqrt{n}}$ 称为**估计误差**，$\dfrac{s}{\sqrt{n}}$ 称为**标准误差**．

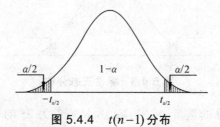

图 5.4.4　$t(n-1)$ 分布

例 5.4.3 已知某种灯泡的寿命（单位：h）服从正态分布，其均值和方差都未知．现从一批灯泡中随机抽取 9 个，测得其平均寿命为 1299.67，标准差为 10. 试求该批灯泡平均使用寿命的 95%置信区间．

解 本例是总体方差未知时正态总体均值的区间估计．

$$\bar{x}=, s=10, n=9, \alpha=0.05, t_{\alpha/2}(n-1)=t_{0.025}(8)\approx2.31，$$

代入式（5.4.3）得

$$\left[1299.67-2.31\times\frac{10}{\sqrt{9}}, 1299.67+2.31\times\frac{10}{\sqrt{9}}\right]，即[1291.97，1307.37]$$

从而该批灯泡平均使用寿命的 95%置信区间为[1291.97,1307.37]．

5.4.3　未知分布总体或非正态总体的均值区间估计

设总体 X 的分布未知或服从非正态分布，且均值 $\mu=E(X)$ 未知．$x_1,x_2,\cdots,x_n$ 是来自总体的样本，样本均值与方差分别为 $\bar{x}$ 与 s^2．现对 μ 进行区间估计．

用 $\bar{x}$ 作为 μ 的点估计，当样本容量 n 充分大时，$\bar{x}$ 渐近服从正态分布（定理 4.3.2 的结论），即 $\bar{x}\sim N\left(\mu,\dfrac{\sigma^2}{n}\right)$．

若总体方差 σ^2 已知，选取枢轴量

$$Z=\frac{\bar{x}-\mu}{\sigma/\sqrt{n}}\sim N(0,1)，$$

此时 μ 的 $1-\alpha$ 置信区间为

$$\left[\bar{x}-z_{\alpha/2}\frac{\sigma}{\sqrt{n}}, \bar{x}+z_{\alpha/2}\frac{\sigma}{\sqrt{n}}\right]. \tag{5.4.4}$$

若总体方差 σ^2 未知，选取枢轴量

$$T = \frac{\overline{x} - \mu}{s/\sqrt{n}} \approx N(0,1) ,$$

此时 μ 的 $1-\alpha$ 置信区间为

$$\left[\overline{x} - z_{\alpha/2} \frac{s}{\sqrt{n}} , \overline{x} + z_{\alpha/2} \frac{s}{\sqrt{n}} \right] . \tag{5.4.5}$$

例 5.4.4 某人寿保险公司承保了 49 位投保人，这 49 位投保人的平均年龄为 55 岁，年龄的方差为 81. 试求该类投保人平均年龄的 95%置信区间.

解 本例是总体分布未知且总体方差也未知时，总体均值区间估计. 将 49 位投保人视作一个样本.

$$\overline{x} = 55, s^2 = 81, n = 49, \alpha = 0.05, z_{\alpha/2} = z_{0.025} \approx 1.96 ,$$

代入式（5.4.5）得

$$\left[55 - 1.96 \times \frac{9}{\sqrt{49}} , 55 + 1.96 \times \frac{9}{\sqrt{49}} \right] , \quad 即[52.48，57.52]$$

从而该类投保人平均年龄的 95%置信区间为 $[52.48, 57.52]$.

5.4.4 正态总体方差的区间估计

设总体 $X \sim N(\mu, \sigma^2)$ ，其中 σ^2 是未知参数. $x_1, x_2, \cdots, x_n$ 是来自总体的样本，样本方差是 s^2 ，现对 σ^2 进行区间估计.

用样本方差 s^2 作为总体方差 σ^2 的点估计，选取枢轴量

$$\chi^2 = \frac{(n-1)s^2}{\sigma^2} \sim \chi^2(n-1) \quad （定理 4.3.3 的结论）.$$

如图 5.4.5 所示，由于

$$P\left\{ \chi^2_{1-\alpha/2}(n-1) \leqslant \frac{(n-1)s^2}{\sigma^2} \leqslant \chi^2_{\alpha/2}(n-1) \right\} = 1 - \alpha ,$$

$$P\left\{ \frac{(n-1)s^2}{\chi^2_{\alpha/2}(n-1)} \leqslant \sigma^2 \leqslant \frac{(n-1)s^2}{\chi^2_{1-\alpha/2}(n-1)} \right\} = 1 - \alpha ,$$

所以 σ^2 的 $1-\alpha$ 置信区间为

$$\left[\frac{(n-1)s^2}{\chi^2_{\alpha/2}(n-1)} , \frac{(n-1)s^2}{\chi^2_{1-\alpha/2}(n-1)} \right] . \tag{5.4.6}$$

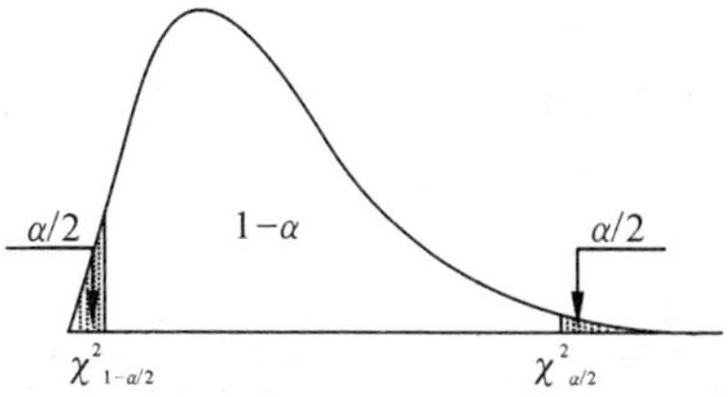

图 5.4.5 $\chi^2(n-1)$ 分布

例 5.4.5 一种袋装食品的质量（单位：kg）服从正态分布且方差未知. 现随机抽取 40 袋，测得样本方差为 25. 试求该种袋装食品质量方差的 95%置信区间.

解 本例是正态总体方差的区间估计.

$s^2 = 25, n = 40, \alpha = 0.05$ ，$\chi^2_{1-\alpha/2}(n-1) = \chi^2_{0.975}(39) \approx 23.65$ ，$\chi^2_{\alpha/2}(n-1) = \chi^2_{0.025}(39) \approx 58.12$,

代入式（5.4.6）得

$$\left[\frac{(40-1)\times 25}{58.12}, \frac{(40-1)\times 25}{23.65} \right], 即[16.78，41.23]$$

从而该种袋装食品质量的方差的 95%置信区间为 $[16.78, 41.23]$.

5.4.5 总体成数的区间估计

设总体 $X \sim B(1,\pi)$ ，其中总体成数 π 是未知参数. $x_1, x_2, \cdots, x_n$ 是来自总体的样本，样本成数为 P ，现对 π 进行区间估计.

在大样本下，$P \sim N\left(\pi, \dfrac{\pi(1-\pi)}{n}\right)$ ，$\dfrac{P-\pi}{\sqrt{\pi(1-\pi)/n}} \overset{\cdot}{\sim} N(0,1)$ ，故选取枢轴量

$$Z = \frac{P-\pi}{\sqrt{\pi(1-\pi)/n}} \overset{\cdot}{\sim} N(0,1) ,$$

从而

$$P\left\{ -z_{\alpha/2} \leqslant \frac{P-\pi}{\sqrt{\pi(1-\pi)/n}} \leqslant z_{\alpha/2} \right\} = 1-\alpha ,$$

$$P\left\{ P - z_{\alpha/2}\sqrt{\frac{\pi(1-\pi)}{n}} \leqslant \pi \leqslant P + z_{\alpha/2}\sqrt{\frac{\pi(1-\pi)}{n}} \right\} = 1-\alpha ,$$

由于 π 未知，当 n 充分大时，P 是 π 的一致估计，我们用 P 代替 π ，得 π 的 $1-\alpha$ 置信区间为

$$\left[P - z_{\alpha/2}\sqrt{\frac{P(1-P)}{n}}, P + z_{\alpha/2}\sqrt{\frac{P(1-P)}{n}} \right]. \qquad (5.4.7)$$

其中，$z_{\alpha/2}\sqrt{\dfrac{P(1-P)}{n}}$ 称为**估计误差**，$\sqrt{\dfrac{P(1-P)}{n}}$ 称为**标准误差**.

例 5.4.6 某地想估计某种流行性传染病患者所占的比例，随机抽取 2500 人，其中 10 人患有该种疾病. 试估计该地某种流行性传染病患者比例的 95%置信区间（保留 4 位小数）.

解 本例是总体成数的区间估计.

$$P = \frac{10}{2500} = 0.004, n = 2500, \alpha = 0.05, z_{\alpha/2} = z_{0.025} \approx 1.96 ,$$

代入式（5.4.7）得

$$\left[0.004 - 1.96\sqrt{\frac{0.004(1-0.004)}{2500}}, 0.004 + 1.96\sqrt{\frac{0.004(1-0.004)}{2500}} \right], 即[0.0015，0.0065]$$

从而该地某种流行性传染病患者比例的 95% 置信区间为 $[0.0015, 0.0065]$.

例 5.4.7　某总体的成数未知，现要通过问卷调查估计该总体的成数. 在大样本下，为使估计误差不超过 Δ.

（1）试问应怎样确定样本量？若问卷回答率为 r，应怎样确定样本量？

（2）若 $\Delta = 0.05, \alpha = 0.05$，以往的问卷回答率为 80%，则样本量至少需要多大？

解　（1）在大样本下，总体成数 π 的 $1 - \alpha$ 置信区间为

$$\left[P - z_{\alpha/2} \sqrt{\frac{P(1-P)}{n}}, P + z_{\alpha/2} \sqrt{\frac{P(1-P)}{n}} \right],$$

式中，P 为样本成数；$z_{\alpha/2} \sqrt{\dfrac{P(1-P)}{n}}$ 为估计误差.

若求 $z_{\alpha/2} \sqrt{\dfrac{P(1-P)}{n}} \leqslant \Delta$，则

$$n \geqslant \frac{z_{\alpha/2}^2 P(1-P)}{\Delta^2}. \tag{5.4.8}$$

由式（5.4.8）可知，要确定样本量 n，需要调查者事先主观确定允许的估计误差 Δ 和置信水平 $1 - \alpha$，还得知道样本成数 P. 显然 $P = 0.5$ 时，估计误差最大. 因此，在无法得到 P 值时，可用 $P = 0.5$ 计算. 这样得到的样本量可能比实际需要的样本量大，但可以充分保证有足够高的置信度和尽可能小的置信区间. 因此样本量

$$n \geqslant \frac{z_{\alpha/2}^2 P(1-P)}{\Delta^2} = \frac{z_{\alpha/2}^2 0.5(1-0.5)}{\Delta^2} = \frac{z_{\alpha/2}^2}{4\Delta^2}. \tag{5.4.9}$$

若问卷回答率为 r，则式（5.4.9）调整为

$$n \geqslant \frac{z_{\alpha/2}^2}{4r\Delta^2}. \tag{5.4.10}$$

（2）若 $\Delta = 0.05, \alpha = 0.05, r = 0.8$，则样本量

$$n \geqslant \frac{z_{\alpha/2}^2}{4r\Delta^2} = \frac{1.96^2}{4 \times 0.8 \times 0.05^2} \approx 480.2,$$

所以样本量至少需要 481.

习题 5.4

除特殊要求外，以下习题计算过程和结果都保留 2 位小数.

1. 设总体服从方差为 1 的正态分布，其均值未知. 来自该总体的容量为 100 的样本均值为 5，试求总体均值的 95% 置信区间.

2. 设某年级学生的期末语文成绩服从方差为 16 的正态分布，其均值未知. 从该年级中随机抽取 49 名学生，其期末语文测试的平均成绩为 86 分. 试求该年级期末语文测试平均成绩的 95% 置信区间.

3. 设总体服从方差为 16 的正态分布，其均值未知. 若要使总体均值的 95% 置信区间的长度小于 1.2，试问样本容量至少是多少？

4. 已知一批零件的长度（单位：cm）服从正态分布，其均值与方差均未知. 从中随机抽取 16 个零件，测得其平均长度为 40，方差为 25. 试求总体均值的 95% 置信区间.

5. 已知某种电子元件的使用寿命（单位：小时）服从正态分布，其均值与方差均未知. 从一批这种电子元件中随机抽取 16 个，测得其平均使用寿命为 120 小时，方差为 400. 试求这种电子元件平均使用寿命的 95% 置信区间.

6. 设某总体的标准差为 3 均值未知. 从中随机抽取一个容量为 49 的样本，测得样本均值为 4. 试求该总体均值的 95% 置信区间.

7. 设某总体的分布未知. 从中随机抽取一个容量为 81 的样本，测得样本均值为 60，样本方差为 400. 试求该总体均值的 95% 置信区间.

8. 某种金属材料的抗弯强度（单位：kg）服从正态分布，其方差均未知. 现从这种金属材料中抽取 11 个测试件，测得其抗弯强度的均值为 43.45，方差为 0.49. 试求该种金属材料的抗弯强度的标准差的 90% 的置信区间.

9. 某车间生产的一批轴承钢珠的直径（单位：mm）服从正态分布，其均值与方差均未知. 从该批轴承钢珠中随机抽取 9 个，测得其平均直径为 15.003，标准差为 0.018. 试求：（1）这批轴承钢珠的平均直径的 95% 置信区间;（2）这批轴承钢珠直径的方差的 95% 置信区间（结果保留 4 位小数）.

10. 某地区新生婴儿中女婴所占的比例未知. 在被调查的 100 个新生婴儿中发现有 46 个女婴. 试求该地区新生婴儿中女婴比例的 95% 置信区间.

11. 某城市想估计下岗职工中女性所占的比例. 随机抽取 100 名下岗职工，其中 65 人为女性. 试求该城市下岗职工中女性比例的 95% 置信区间.

12. 以往资料显示，某种产品的合格率未知. 现欲估计该种产品的合格率的 95% 置信区间，希望估计误差不超过 5%. 试问应至少抽取多大的样本？

§5.5　双总体参数的区间估计

5.5.1　双总体均值之差的区间估计

设总体 $X \sim N(\mu_1, \sigma_1^2)$，总体 $Y \sim N(\mu_2, \sigma_2^2)$，其中 μ_1 和 μ_2 是未知参数. $x_1, x_2, \cdots, x_m$ 和 $y_1, y_2, \cdots, y_n$ 分别是来自 X 和 Y 的样本，且相互独立，样本均值与方差分别是 $\bar{x}, \bar{y}, s_x^2, s_y^2$. 现对 $\mu_1 - \mu_2$ 进行区间估计.

1）总体方差已知时的 $\mu_1 - \mu_2$ 区间估计

用 $\bar{x}$ 与 $\bar{y}$ 分别作为 μ_1 和 μ_2 的点估计量，选取枢轴量

$$Z = \frac{(\bar{x} - \bar{y}) - (\mu_1 - \mu_2)}{\sqrt{\sigma_1^2/m + \sigma_2^2/n}} \sim N(0,1) \text{（定理 4.3.6 的结论）}.$$

由于

$$P\left\{ -z_{\alpha/2} \leqslant \frac{(\bar{x} - \bar{y}) - (\mu_1 - \mu_2)}{\sqrt{\sigma_1^2/m + \sigma_2^2/n}} \leqslant z_{\alpha/2} \right\} = 1 - \alpha,$$

故 $\mu_1 - \mu_2$ 的 $1 - \alpha$ 置信区间端点为

$$(\bar{x} - \bar{y}) \mp z_{\alpha/2} \sqrt{\frac{\sigma_1^2}{m} + \frac{\sigma_2^2}{n}}. \tag{5.5.1}$$

例 5.5.1 某中学欲估计实验班与普通班的数学平均成绩之差，为此从实验班的学生中随机抽取了 8 名学生，测得数学平均成绩为 87 分，从普通班的学生中随机抽取了 10 名学生，测得数学平均成绩为 82 分，已知实验班与普通班的数学成绩的方差分别为 3 和 7. 假设两个班的成绩均服从正态分布，试求两个班数学平均成绩之差的 95% 置信区间.

解 设实验班与普通班的数学成绩分别为 $X \sim N(\mu_1, \sigma_1^2)$ 和 $Y \sim N(\mu_2, \sigma_2^2)$，本例是总体方差已知时的 $\mu_1 - \mu_2$ 区间估计.

$$\bar{x} = 87, \bar{y} = 82, \sigma_1^2 = 3, \sigma_2^2 = 7, m = 8, n = 10, \alpha = 0.05, z_{\alpha/2} = z_{0.025} \approx 1.96,$$

代入式（5.5.1）得

$$(87 - 82) \mp 1.96 \sqrt{\frac{3}{8} + \frac{7}{10}},$$

从而两个班数学平均成绩之差的 95% 置信区间为 $[2.97, 7.03]$.

2）总体方差未知但相等时的 $\mu_1 - \mu_2$ 区间估计

用 $\bar{x}$ 与 $\bar{y}$ 分别作为 μ_1 和 μ_2 的点估计量，选取枢轴量

$$T = \frac{(\bar{x} - \bar{y}) - (\mu_1 - \mu_2)}{s_w^2 \sqrt{1/m + 1/n}} \sim t(m + n - 2) \text{（定理 4.3.7 的结论）},$$

其中，$s_w^2 = \dfrac{(m-1)s_x^2 + (n-1)s_y^2}{m + n - 2}$. $\tag{5.5.2}$

由于

$$P\left\{ -t_{\alpha/2}(m + n - 2) \leqslant \frac{(\bar{x} - \bar{y}) - (\mu_1 - \mu_2)}{s_w \sqrt{1/m + 1/n}} \leqslant t_{\alpha/2}(m + n - 2) \right\} = 1 - \alpha,$$

故 $\mu_1 - \mu_2$ 的 $1 - \alpha$ 置信区间端点为

$$(\bar{x} - \bar{y}) \mp t_{\alpha/2}(m + n - 2)s_w \sqrt{\frac{1}{m} + \frac{1}{n}}. \tag{5.5.3}$$

例 5.5.2　在对某种化妆品的满意度调查中，随机调查了 8 名男士，他们对该种化妆品的平均评分为 75，方差约为 186；随机调查了 8 名女士，她们对该种化妆品的平均评分为 67，方差约为 182. 假设男士和女士对该化妆品的满意度评分都服从正态分布，且方差相等. 试求男士和女士的满意度平均评分之差的 95% 置信区间.

解　设男士和女士的满意度评分分别为 $X \sim N(\mu_1, \sigma_1^2)$ 和 $Y \sim N(\mu_2, \sigma_2^2)$，本例是总体方差未知但相等时的 $\mu_1 - \mu_2$ 区间估计.

$$\bar{x} = 75, \bar{y} = 67, s_x^2 \approx 186, s_y^2 \approx 182, m = n = 8, \alpha = 0.05, t_{\alpha/2}(m+n-2) = t_{0.025}(14) \approx 2.14 ,$$

代入式（5.5.2）得

$$s_w^2 = \frac{(8-1) \times 186 + (8-1) \times 182}{8+8-2} \approx 184 , \quad s_w \approx 13.56 ,$$

代入式（5.5.3）得

$$(75-67) \mp 2.14 \times 13.56 \sqrt{\frac{1}{8} + \frac{1}{8}} ,$$

从而男士和女士的满意度平均评分之差的 95% 置信区间为 $[-6.51, 22.51]$.

3）总体方差未知且不等时的 $\mu_1 - \mu_2$ 区间估计

在小样本下，两总体均值之差的抽样分布不再服从自由度为 $m+n-2$ 的 t 分布，而是近似地服从自由度为 l 的 t 分布，即

$$T = \frac{(\bar{x} - \bar{y}) - (\mu_1 - \mu_2)}{\sqrt{s_x^2/m + s_y^2/n}} \sim t(l) , \tag{5.5.4}$$

其中　　　　　$$l = \left(\frac{s_x^2}{m} + \frac{s_y^2}{n} \right)^2 \bigg/ \left(\frac{s_x^4}{m^2(m-1)} + \frac{s_y^4}{n^2(n-1)} \right). \tag{5.5.5}$$

实际中 l 一般不为整数，可以取 l 最接近的整数.

小样本下，选取式（5.5.4）作为枢轴量，由此得 $\mu_1 - \mu_2$ 的 $1-\alpha$ 近似置信区间端点为

$$(\bar{x} - \bar{y}) \mp t_{\alpha/2}(l) \sqrt{\frac{s_x^2}{m} + \frac{s_y^2}{n}} . \tag{5.5.6}$$

大样本下，由中心极限定理知，

$$Z = \frac{(\bar{x} - \bar{y}) - (\mu_1 - \mu_2)}{\sqrt{s_x^2/m + s_y^2/n}} \sim N(0,1) .$$

大样本下，选取式（5.5.6）作为枢轴量，由此得 $\mu_1 - \mu_2$ 的 $1-\alpha$ 近似置信区间端点为

$$(\bar{x} - \bar{y}) \mp z_{\alpha/2} \sqrt{\frac{s_x^2}{m} + \frac{s_y^2}{n}} . \tag{5.5.7}$$

例 5.5.3　若在例 5.5.2 中，假设男士和女士对该化妆品的满意度评分都服从正态分布，方差未知且不相等. 试求男士和女士的满意度平均评分之差的 95%置信区间.

解　设男士和女士的满意度评分分别为 $X \sim N(\mu_1, \sigma_1^2)$ 和 $Y \sim N(\mu_2, \sigma_2^2)$，本例是小样本下总体方差未知且不相等时的 $\mu_1 - \mu_2$ 区间估计.

$\bar{x} = 75, \bar{y} = 67, s_x^2 \approx 186, s_y^2 \approx 182, m = n = 8$，　代入式（5.5.5）得

$$l = \left(\frac{186}{8} + \frac{182}{8} \right)^2 \bigg/ \left(\frac{186^2}{8^2 \times (8-1)} + \frac{182^2}{8^2 \times (8-1)} \right) \approx 14 ,$$

$$\alpha = 0.05, t_{\alpha/2}(l) = t_{0.025}(14) \approx 2.14 ,$$

代入式（5.5.6）得

$$(75 - 67) \mp 2.14 \times \sqrt{\frac{186}{8} + \frac{182}{8}} ,$$

从而男士和女士的满意度平均评分之差的 95%置信区间为 $[-6.51, 22.51]$.

4）成对样本的 $\mu_1 - \mu_2$ 区间估计

成对样本也称匹配样本，是指一个样本中的数据与另一个样本中的数据对应. 比如，先指定 12 个工人用第一种方法组装一批零件，再让这 12 个工人用第二种方法组装同一批零件，这样得到的样本数据即成对样本数据.

在正态假定下，$X - Y \sim N(\mu_1 - \mu_2, \sigma_d^2)$. 这样两总体区间估计问题就转化为单总体区间估计问题.

当 σ_d^2 已知时，选取枢轴量

$$Z = \frac{(\bar{x} - \bar{y}) - (\mu_1 - \mu_2)}{\sigma_d / \sqrt{n}} \sim N(0,1) ,$$

则 $\mu_1 - \mu_2$ 的 $1 - \alpha$ 置信区间端点为

$$(\bar{x} - \bar{y}) \mp z_{\alpha/2} \frac{\sigma_d}{\sqrt{n}} , \tag{5.5.8}$$

其中，σ_d 表示 $X - Y$ 的标准差.

当 σ_d 未知时，选取枢轴量

$$T = \frac{(\bar{x} - \bar{y}) - (\mu_1 - \mu_2)}{s_d / \sqrt{n}} \sim t(n-1) ,$$

则 $\mu_1 - \mu_2$ 的 $1 - \alpha$ 置信区间端点为

$$(\bar{x} - \bar{y}) \mp t_{\alpha/2}(n-1) \frac{s_d}{\sqrt{n}} , \tag{5.5.9}$$

其中，s_d 表示样本值差的标准差.

例 5.5.4　随机抽取 9 名工人，让他们分别采用两种工艺加工某种机器零件，测得零件的尺寸（单位：mm）如下：

工人编号	1	2	3	4	5	6	7	8	9
第一种工艺	50.08	50.1	50.11	50.1	50.02	50.1	50.07	50.04	50.1
第二种工艺	50.06	50.08	50.1	50.08	50.01	49.89	50.05	50.01	50.08
样本值之差	0.02	0.02	0.01	0.02	0.01	0.21	0.02	0.03	0.02

假定两种工艺加工的零件尺寸之差服从正态分布，试求两种工艺加工的零件的平均尺寸之差的 95% 置信区间.

解　设两种工艺加工的零件尺寸分别为 $X \sim N(\mu_1, \sigma_1^2)$ 和 $Y \sim N(\mu_2, \sigma_2^2)$，本例是成对样本的 $\mu_1 - \mu_2$ 区间估计.

经计算得 $\bar{x} - \bar{y} = \dfrac{1}{9} \sum\limits_{i=1}^{9} (x_i - y_i) = 0.04$，$s_d^2 = \dfrac{1}{8} \sum\limits_{i=1}^{9} [x_i - y_i - (\bar{x} - \bar{y})]^2 \approx 0.06^2$，$n = 9, \alpha = 0.05$，$t_{\alpha/2}(n-1) = t_{0.025}(8) \approx 2.31$，代入式（5.5.9）得

$$0.04 \mp 2.31 \times \frac{0.06}{\sqrt{9}},$$

从而两种工艺加工的零件的平均尺寸之差的 95% 置信区间为 [0，0.09].

5.5.2　双总体方差之比的区间估计

设总体 $X \sim N(\mu_1, \sigma_1^2)$，总体 $Y \sim N(\mu_2, \sigma_2^2)$，其中 σ_1^2 和 σ_2^2 是未知参数. $x_1, x_2, \cdots, x_m$ 和 $y_1, y_2, \cdots, y_n$ 分别是来自 X 和 Y 的样本，且相互独立，样本方差分别是 s_x^2, s_y^2. 现对 $\dfrac{\sigma_1^2}{\sigma_2^2}$ 进行区间估计.

选取枢轴量

$$F = \frac{s_x^2}{s_y^2} \cdot \frac{\sigma_2^2}{\sigma_1^2} \sim F(m-1, n-1) \text{（定理 4.3.5 的结论）.}$$

如图 5.5.1 所示，由于

$$P\left\{ F_{1-\alpha/2}(m-1, n-1) \leqslant \frac{s_x^2 \sigma_2^2}{s_y^2 \sigma_1^2} \leqslant F_{\alpha/2}(m-1, n-1) \right\} = 1 - \alpha,$$

$$P\left\{ \frac{s_x^2}{F_{\alpha/2}(m-1, n-1) s_y^2} \leqslant \frac{\sigma_1^2}{\sigma_2^2} \leqslant \frac{s_x^2}{F_{1-\alpha/2}(m-1, n-1) s_y^2} \right\} = 1 - \alpha,$$

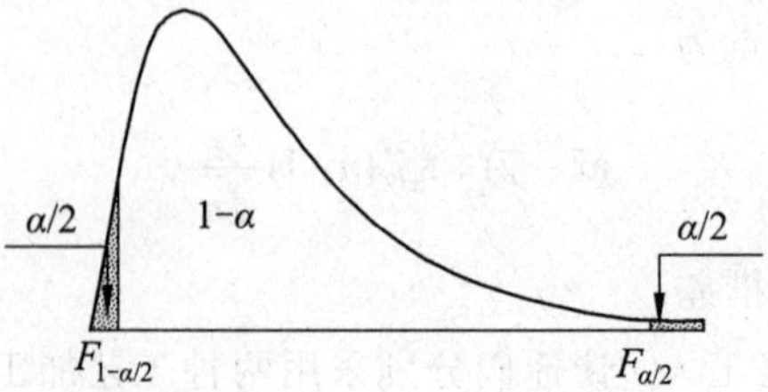

图 5.5.1　$F(m-1, n-1)$ 分布

所以 $\dfrac{\sigma_1^2}{\sigma_2^2}$ 的 $1-\alpha$ 置信区间为

$$\left[\frac{s_x^2}{F_{\alpha/2}(m-1,n-1)s_y^2},\frac{s_x^2}{F_{1-\alpha/2}(m-1,n-1)s_y^2}\right]. \qquad (5.5.10)$$

例 5.5.5 设甲、乙两种电子元件的电阻值都服从正态分布，现从甲种电子元件中随机抽取 8 个，测得方差为 2.6，从乙种电子元件中随机抽取 6 个，测得方差为 2.7. 试求甲、乙两种电子元件的电阻值方差之比的 95% 置信区间.

解 设甲、乙两种电子元件的电阻值分别为 $X \sim N(\mu_1,\sigma_1^2)$ 和 $Y \sim N(\mu_2,\sigma_2^2)$，现对 $\dfrac{\sigma_1^2}{\sigma_2^2}$ 进行区间估计.

$$s_x^2=2.6,s_y^2=2.7,m=8,n=6,\alpha=0.05,F_{\alpha/2}(m-1,n-1)=F_{0.025}(7,5)\approx 6.85,$$

$$F_{1-\alpha/2}(m-1,n-1)=F_{0.975}(7,5)\approx 0.19\ F_{0.975}(7,5)\approx 0.19,$$

代入式（5.5.10）得

$$\left[\frac{2.6}{6.85\times 2.7},\frac{2.6}{0.19\times 2.7}\right],\ \text{即}[0.14,\ 5.0]$$

从而甲、乙两种电子元件的电阻值方差的 95% 置信区间为 $[0.14,5.07]$.

5.5.3 双总体成数之差的区间估计

设总体 $X \sim B(1,\pi_1)$，总体 $Y \sim B(1,\pi_2)$，其中 π_1 和 π_2 是未知参数. $x_1,x_2,\cdots,x_m$ 和 $y_1,y_2,\cdots,y_n$ 分别是来自 X 和 Y 的样本，且相互独立，样本成数分别是 P_1 和 P_2. 现对 $\pi_1-\pi_2$ 进行区间估计.

由定理 4.3.2 知，当 m 和 n 充分大时，

$$P_1\dot\sim N\left(\pi_1,\frac{\pi_1(1-\pi_1)}{m}\right),P_2\dot\sim N\left(\pi_2,\frac{\pi_2(1-\pi_2)}{n}\right),$$

$$P_1-P_2\dot\sim N\left(\pi_1-\pi_2,\frac{\pi_1(1-\pi_1)}{m}+\frac{\pi_2(1-\pi_2)}{n}\right),$$

所以

$$Z=\frac{(P_1-P_2)-(\pi_1-\pi_2)}{\sqrt{\pi_1(1-\pi_1)/m+\pi_2(1-\pi_2)/n}}\dot\sim N(0,1),$$

以此为枢轴量，则 $\pi_1-\pi_2$ 的 $1-\alpha$ 置信区间端点为

$$(P_1-P_2)\mp z_{\alpha/2}\sqrt{\frac{\pi_1(1-\pi_1)}{m}+\frac{\pi_2(1-\pi_2)}{n}}.$$

由于 π_1 和 π_2 均未知，当 m 和 n 充分大时，样本成数 P_1 和 P_2 分别是 π_1 和 π_2 的一致估计，则分别用 P_1 和 P_2 来代替 π_1 和 π_2，得 $\pi_1-\pi_2$ 的 $1-\alpha$ 置信区间端点为

$$(P_1 - P_2) \mp z_{\alpha/2} \sqrt{\frac{P_1(1-P_1)}{m} + \frac{P_2(1-P_2)}{n}}. \qquad (5.5.11)$$

例 5.5.6　在某电视节目的收视率调查中,从城市随机调查了 500 人,有 45% 的人收看了该节目,从农村随机调查了 400 人,有 32% 的人收看了该节目. 试估计城市和农村的收视率之差的 95% 置信区间.

解　设城市和农村的收视率分别为 π_1 和 π_2,样本成数分别为 P_1 和 P_2,现对 $\pi_1 - \pi_2$ 进行区间估计.

$$P_1 = 45\%, P_2 = 32\%, m = 500, n = 400, \alpha = 0.05, z_{\alpha/2} = z_{0.025} \approx 1.96,$$

代入式(5.5.11)得

$$(0.45 - 0.32) \mp 1.96 \sqrt{\frac{0.45(1-0.45)}{500} + \frac{0.32(1-0.32)}{400}},$$

从而收视率之差的 95% 置信区间为 $[0.07, 0.19]$.

习题 5.5

1. 品种不同的饲养期为 3 个月的甲种猪和乙种猪,体重(单位:kg)都服从正态分布,甲种猪体重的方差为 196,乙种猪体重的方差为 124. 现随机抽取两种猪各 20 头,测得它们的平均体重分别为 130kg 和 110kg. 试求这两种猪平均体重之差的 95% 置信区间.

2. 甲、乙两厂生产的同种零件的长度都服从方差为 9 的正态分布,从甲厂随机抽取的 20 件产品的平均长度为 11.3cm,从乙厂随机抽取的 25 件产品的平均长度为 11.5 cm. 试求甲、乙两厂生产的同种零件平均长度之差的 95% 置信区间.

3. 设甲、乙两种导电材料的电阻(单位:Ω)都服从正态分布,方差未知但相等. 从甲种导电材料中随机抽取 4 根,测得其平均电阻为 14.12,方差约为 0.082;从乙种导电材料中随机抽取 5 根,测得其平均电阻为 13.93,方差约为 0.061. 试求两种导电材料平均电阻之差的 95% 置信区间.

4. 用甲、乙两种饲料饲养的肉鸡的体重(单位:g)都服从正态分布,方差相同且未知. 现从这两种饲料饲养的肉鸡中各随机抽取 7 只,测得其平均体重分别为 761 和 782,方差分别为 465 和 425. 试求两种饲料饲养的肉鸡的平均体重之差的 95% 置信区间.

5. 用两种方法组装同一种产品所用时间都服从正态分布,现随机使用这两种方法各组装 16 个产品,平均时间分别为 30.2 小时和 28.4 小时,方差分别为 5 和 4. 试求两种方法组装产品所需平均时间之差的 95% 置信区间.

6. 设甲、乙两厂生产同样的灯泡,其寿命(单位:小时)都服从正态分布,从两厂生产的灯泡中各随机取 60 只,测得甲厂产品的灯泡平均寿命为 1295,乙厂产品的灯泡平均寿命为 1280,方差分别约为 2500 和 3600. 试求甲、乙两厂生产的灯泡平均寿命之差的 95% 置信区间.

7.（成对样本）由 9 名学生组成一个样本，让他们分别采用 A 和 B 两套试卷进行测试，结果如下：

学生编号	1	2	3	4	5	6	7	8	9
A 试卷	78	63	72	88	91	54	68	76	85
B 试卷	71	61	61	84	74	51	55	60	77
分数之差	7	2	11	4	17	3	13	16	8

假定两套试卷分数之差服从正态分布，试求两套试卷平均分数之差的 95% 置信区间.

8.（成对样本）为观察某药对高胆固醇血症的疗效，测定了 9 名患者服药前和服药一个疗程后的血清胆固醇含量，得到如下数据：

患者号	1	2	3	4	5	6	7	8	9
服药前	313	255	284	328	302	341	319	295	281
服药后	301	250	278	320	311	324	328	299	271
胆固醇含量之差	12	5	6	8	−9	17	−9	−4	10

假设化验结果服从正态分布. 试求服药前后血清胆固醇含量的均值之差的 95% 置信区间.

9. 随机抽取机器 A 生产的 17 根钢管的内径（单位：mm）的方差为 0.34，随机抽取机器 B 生产的 13 根钢管的内径（单位：mm）的方差为 0.29. 两个样本相互独立，且假定两机器生产的钢管内径都服从正态分布. 试求两机器生产的钢管内径的方差之比的 90% 置信区间.

10. 为研究某大学男生和女生生活费用支出（单位：元）上的差异，各随机抽取 19 名男生和 17 名女生，测得他（她）们的生活费用支出的方差分别为 2850 与 2050. 假设男生和女生生活费用支出都服从正态分布. 试求男生和女生生活费支出方差之比的 95% 置信区间.

11. 研究甲、乙两种药对某病的治疗效果，甲种药治疗 80 例，治愈 56 例，乙种药治疗 80 例，治愈 64 例. 试求两种药物治愈率之差的 95% 置信区间.

12. 甲、乙两厂生产同一种产品，从甲厂生产的产品中随机抽取 5000 件，发现有 2500 件一等品，从乙厂生产的产品中随机抽取 2000 件，发现有 1200 件一等品. 试求甲乙两厂产品的一等品率之差的 90% 置信区间.

§5.6　Excel 在参数估计中的应用

5.6.1　点估计

Excel 没有参数估计分析工具，对于给定的原始统计数据，常用分布的参数的矩估计值和最大似然估计值，可以利用表 5.3.1 中的公式和 Excel 中的函数进行计算.

例 5.6.1　设总体服从正态分布，其均值与方差均未知，来自总体容量为 10 的样本的样本值如下：

115	104	99	108	98	99	98	109	115	106

试用 Excel 求总体均值与方差的矩估计值.

　　解　步骤 1：将数据输入 A1:J1，如图 5.6.1 所示.

　　步骤 2：在 A2 输入函数=AVERAGE(A1:J1)，得 $\hat{\mu} = 105.1$.

　　步骤 3：在 A3 输入函数=VARP(A1:J1)，得 $\hat{\sigma}^2 = 39.69$.

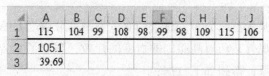

图 5.6.1　点估计的计算

5.6.2　单总体参数的区间估计

1）方差已知时正态总体均值的区间估计

　　方差已知时正态总体均值的 1-α 置信区间可用以下函数计算：

AVERAGE(number1, [number2], ...) $\mp$ CONFIDENCE.NORM(alpha,standard_dev,size)

其中，alpha 是显著性水平，standard_dev 总体标准差，size 为样本容量.

　　例 5.6.2　一种袋装食品的重量（单位：kg）服从方差为 25 的正态分布，其均值未知，现随机抽取 9 袋，测得其重量分别为

247	253	246	247	248	246	248	248	249

试用 Excel 计算该种袋装食品平均重量的 95%置信区间.

　　解　步骤 1：将数据输入$A$1:$I$1，如图 5.6.2 所示.

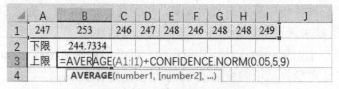

图 5.6.2　区间估计的计算

　　步骤 2：在 B2 输入=AVERAGE(A1:H1)-CONFIDENCE.NORM(0.05,5,9)，得 95%置信区间下限 244.7334.

　　步骤 3：在 B3 输入函数=AVERAGE(A1:H1)+CONFIDENCE.NORM(0.05,5,9)，得 95%置信区间上限 251.2666.

2）方差未知时正态总体均值的区间估计

　　方差未知时正态总体均值的 1 - α 置信区间可用以下函数计算：

AVERAGE(number1,[number2],...) $\mp$ T.INV.2T(probability,deg_freedom)* STDEV. S(number1, [number2],...)/Size^0.5

其中，probability 输入显著性水平，deg_freedom =Size-1，Size 为样本容量.

例 5.6.3　已知某种灯泡的寿命服从正态分布，其均值和方差都未知，现从一批灯泡中随机抽取 9 个，测得其寿命分别为

1309	1287	1316	1288	1289	1300	1305	1302	1301

试用 Excel 计算该批灯泡平均使用寿命的 95%置信区间.

解　步骤 1：将数据输入 A1:I1，如图 5.6.3 所示.

	A	B	C	D	E	F	G	H	I	J
1	1309	1287	1316	1288	1289	1300	1305	1302	1301	
2	下限	1291.9800								
3	上限	= AVERAGE(A1:I1)+T.INV.2T(0.05,8)* STDEV.S(A1:I1)/9^0.5								
4		AVERAGE(number1, [number2], ...)								

图 5.6.3　区间估计的计算

步骤 2：在 B2 输入函数= AVERAGE(A1:I1)-T.INV.2T(0.05,8)* STDEV.S(A1:I1)/9^0.5，得置信区间下限 1291.98.

步骤 3：在 B3 输入函数= AVERAGE(A1:I1)+T.INV.2T(0.05,8)* STDEV.S(A1:I1)/9^0.5，得置信区间上限 1307.3533.

本例也可以用“描述性统计”工具计算，如图 5.6.4 所示.

6	行1				
7					
8	平均	1299.667			
9	标准误差	3.3333			
10	中位数	1301			
11	众数	#N/A			
12	标准差	10			
13	方差	100			
14	峰度	-0.9068			
15	偏度	0.0809			
16	区域	29		下限	1291.9800
17	最小值	1287		上限	=C8+C21
18	最大值	1316			
19	求和	11697			
20	观测数	9			
21	置信度(95.0%	7.6867			
22					

图 5.6.4　区间估计的计算

3）正态总体方差的区间估计

正态总体方差的 $1-\alpha$置信区间可用以下函数计算：

(Size-1)*STDEV.S(number1,[number2],...)/ CHISQ.INV(probability,deg_freedom)

其中，probability 输入左尾或右尾二分之 alpha，deg_freedom =Size-1，Size 为样本容量.

例 5.6.4 已知某种灯泡的寿命服从正态分布，其均值和方差都未知，现从一批灯泡中随机抽取 9 个，测得其寿命分别为

1309	1287	1316	1288	1289	1300	1305	1302	1301

试用 Excel 计算该批灯泡平均寿命方差的 95%置信区间.

解 步骤 1：将数据输入 A1:I1，如图 5.6.5 所示.

▲	A	B	C	D	E	F	G	H	I	J
1	1309	1287	1316	1288	1289	1300	1305	1302	1301	
2	下限	4.5624								
3	上限	=8*STDEV.S(A1:I1)/CHISQ.INV(0.025,8)								

图 5.6.5   区间估计的计算

步骤 2：在 B2 输入函数=8*STDEV.S(A1:I1)/CHISQ.INV(0.025,8)，得 95%置信区间下限 4.5624.

步骤 3：在 B3 输入函数=8*STDEV.S(A1:I1)/CHISQ.INV(0.975,8)，得 95%置信区间上限 36.7018.

4）单总体成数的区间估计

单总体成数的区间估计直接按置信区间公式输入相关变量进行计算.

例 5.6.5 某地想估计某种流行性传染病患者所占的比例，随机抽取 2500 人，其中 10 人患有该种疾病. 试用 Excel 计算该地某种流行性传染病患者的比例的 95%置信区间.

解 步骤 1：在 A1 输入= 10/2500+NORM.S.INV(0.025)*(10/2500*(1-10/2500)/2500)^0.5 得 95%置信区间下限 0.0015.

步骤 2：在 A2 输入=10/2500-NORM.S.INV(0.025)*(10/2500*(1-10/2500)/2500)^0.5 得 95%置信区间上限 0.0065.

5.6.3   双总体参数的区间估计

这里仅介绍利用 Excel 提供的假设检验分析工具的同时计算样本均值、样本方差、分位数以及样本容量的平方根，进而了解一些情况下区间估计的技巧.

1）方差已知时正态总体均值之差的区间估计

令
$$z = \frac{\bar{x} - \bar{y}}{\sqrt{\sigma_1^2/m + \sigma_2^2/n}}, \tag{5.6.1}$$

则式（5.5.1）可写成

$$(\bar{x} - \bar{y})\left(1 \mp \frac{z_{\alpha/2}}{z}\right). \tag{5.6.2}$$

例 5.6.6 某中学欲估计实验班与普通班的数学平均成绩之差，为此从实验班的学生中随机抽取了 8 名学生，从普通班的学生中随机抽取了 10 名学生，测得成绩分别为

实验班	87	88	84	89	86	88	86	88		
普通班	84	80	76	83	85	84	82	81	84	81

已知实验班与普通班的数学成绩的方差分别为 3 和 7. 假设两个班的成绩均服从正态分布. 试用 Excel 计算两个班数学平均成绩之差的 95%置信区间.

解　步骤 1：将实验班样本数据输入$A$1:$I$1，普通班样本数据输入$A$2:$K$2.

步骤 2：点击“数据→数据分析→分析工具(A):z–检验:双样本平均差检验”. 在“z-检验:双样本平均差检验”对话框中进行图 5.6.6 所示的设置，点击“确定”.

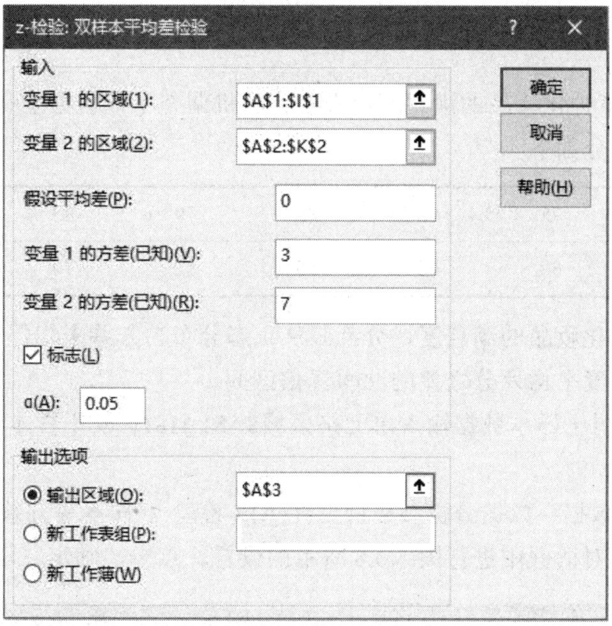

图 5.6.6　“z-检验：双样本平均差检验”对话框

结果如图 5.6.7 所示.

	A	B	C	D	E	F	G	H	I	J	K
1	实验班	87	88	84	89	86	88	86	88		
2	普通班	84	80	76	83	85	84	82	81	84	81
3	z-检验: 双样本均值分析										
4											
5		实验班	普通班								
6	平均	87	82								
7	已知协方差	3	7								
8	观测值	8	10								
9	假设平均差	0									
10	z	4.8224									
11	P(Z<=z) 单尾	0.0000			下限	2.9679					
12	z 单尾临界	1.6449			上限	=(B6-C6)*(1+B14/B10)					
13	P(Z<=z) 双尾	0.0000									
14	z 双尾临界	1.9600									

图 5.6.7　置信区间计算过程

步骤 3：在 F11 输入函数=(B6-C6)*(1-B14/B10)，得置信区间下限 2.9679.

步骤 4：在 F12 输入函数=(B6-C6)*(1+B14/B10)，得置信区间上限 7.0321.

结果：两个班数学平均成绩之差的 95%置信区间[2.9679,7.0321].

2）方差未知但相等时正态总体均值之差的区间估计

令

$$t = \frac{\bar{x} - \bar{y}}{s_w^2 \sqrt{1/m + 1/n}}, s_w^2 = \frac{(m-1)s_1^2 + (n-1)s_2^2}{m+n-2} , \qquad (5.6.3)$$

则式（5.5.3）可写成

$$(\bar{x} - \bar{y})\left(1 \mp \frac{t_{\alpha/2}(m+n-2)}{t}\right). \qquad (5.6.4)$$

例 5.6.7　在对某种化妆品的满意度调查中，随机调查了 8 名男士和 8 名女士，他（她）们对该种化妆品的评分如下：

男士	80	78	66	46	79	83	88	85
女士	75	60	45	85	82	74	60	61

假设男士和女士对该化妆品的满意度评分都服从正态分布，方差未知但相等. 试用 Excel 计算男士和女士的满意度平均评分之差的 95%置信区间.

解　步骤 1：将男士样本数据输入单元格区域$A$1:$I$1，女士样本数据输入单元格区域和$A$2:$I$2.

步骤 2：点击"数据→数据分析→分析工具(A):t-检验:双样本等方差假设". 在"t-检验:双样本等方差假设"对话框中进行图 5.6.8 所示的设置，点击"确定".

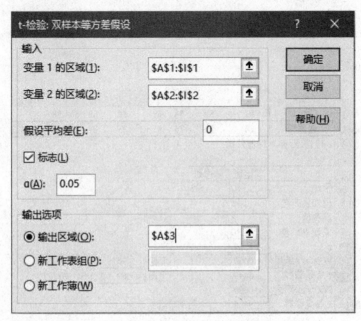

图 5.6.8　"t-检验:双样本等方差假设"对话框

结果如图 5.6.9 所示.

	A	B	C	D	E	F	G	H	I
1	男士	80	78	66	46	79	83	88	85
2	女士	75	60	45	85	82	74	60	61
3	t-检验:双样本等方差假设								
4									
5		男士	女士						
6	平均	75.625	67.75						
7	方差	185.9821	182.2143						
8	观测值	8	8						
9	合并方差	184.0982							
10	假设平均差	0							
11	df	14							
12	t Stat	1.1608							
13	P(T<=t) 单尾	0.1326		下限	-6.6755				
14	t 单尾临界	1.7613		上限	=(B6-C6)*(1+B16/B12)				
15	P(T<=t) 双尾	0.2651							
16	t 双尾临界	2.1448							

图 5.6.9 置信区间计算过程

步骤 3：在 E13 输入函数=(B6-C6)*(1-B16/B12)，得置信区间下限 – 6.6755.
步骤 4：在 E14 输入函数=(B6-C6)*(1+B16/B12)，得置信区间上限 22.4255.
结果：两个班数学平均成绩之差的 95%置信区间 [–6.6755, 22.4255].

3）方差未知且不相等时正态总体均值之差的区间估计

令

$$t = \frac{\bar{x} - \bar{y}}{\sqrt{s_1^2/m + s_2^2/n}}, \tag{5.6.5}$$

则式（5.5.6）可写成

$$(\bar{x} - \bar{y})\left(1 \mp \frac{t_{\alpha/2}(l)}{t}\right). \tag{5.6.7}$$

例 5.6.8 在对某种化妆品的满意度调查中，随机调查了 8 名男士和 8 名女士，他（她）们对该种化妆品的评分如下：

男士	80	78	66	46	79	83	88	85
女士	75	60	45	85	82	74	60	61

假设男士和女士对该化妆品的满意度评分都服从正态分布，方差未知且不相等. 试用 Excel 计算男士和女士的满意度平均评分之差的 95%置信区间.

解 步骤 1：将实验班样本数据输入$A$1:$I$1，普通班样本数据输入$A$2:$K$2.
步骤 2：点击"数据→数据分析→分析工具(A):t-检验:双样本异方差检验". 在"t-检验:双样本异方差检验"对话框中进行图 5.6.10 所示的设置，点击"确定".

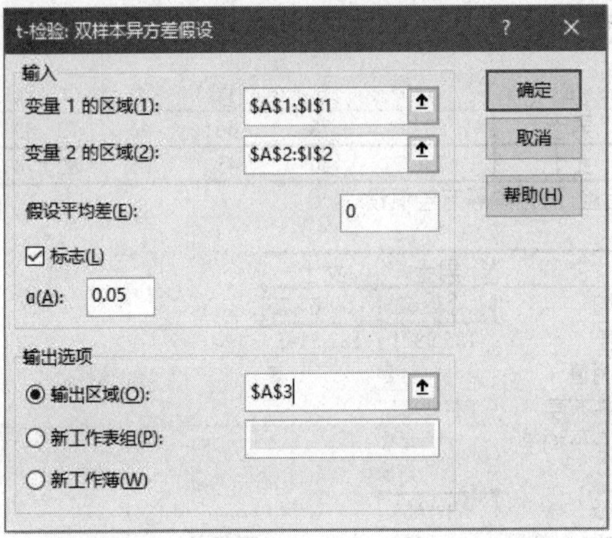

图 5.6.10　"t-检验:双样本异方差假设"对话框

结果如图 5.6.11 所示.

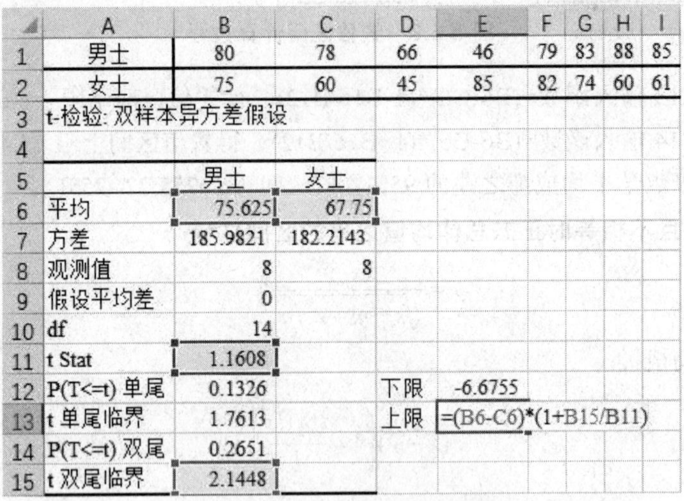

	A	B	C	D	E	F	G	H	I
1	男士	80	78	66	46	79	83	88	85
2	女士	75	60	45	85	82	74	60	61
3	t-检验: 双样本异方差假设								
4									
5		男士	女士						
6	平均	75.625	67.75						
7	方差	185.9821	182.2143						
8	观测值	8	8						
9	假设平均差	0							
10	df	14							
11	t Stat	1.1608							
12	P(T<=t) 单尾	0.1326		下限	-6.6755				
13	t 单尾临界	1.7613		上限	=(B6-C6)*(1+B15/B11)				
14	P(T<=t) 双尾	0.2651							
15	t 双尾临界	2.1448							

图 5.6.11　置信区间计算过程

步骤 3：在 E12 输入函数=(B6-C6)*(1-B15/B11)，得置信区间下限 – 6.6755.

步骤 4：在 E14 输入函数=(B6-C6)*(1+B15/B11)，得置信区间上限 22.4255.

结果：两个班数学平均成绩之差的 95%置信区间[– 6.6755,22.4255].

4）方差未知时成对正态总体均值之差的区间估计

令

$$t = \frac{\bar{x} - \bar{y}}{s_d / \sqrt{n}} , \qquad\qquad (5.6.7)$$

则式（5.5.9）可写成

$$(\bar{x} - \bar{y})\left(1 \mp \frac{t_{\alpha/2}(n-1)}{t}\right) . \qquad\qquad (5.6.8)$$

例 5.6.9　随机抽取 7 名工人，让他们分别采用两种工艺加工某种机器零件，测得零件的尺寸（单位：mm）如下：

工人编号	1	2	3	4	5	6	7
第一种工艺	50.09	50.11	50.13	49.9	50.02	49.88	50.07
第二种工艺	49.78	50.03	50.1	50.08	49.06	49.89	50.05

假定两种工艺加工的零件尺寸之差服从正态分布，试用 Excel 计算两种工艺加工的零件的平均尺寸之差的 95% 置信区间.

解　步骤 1：将工艺 1 的样本数据输入单元格区域 $A$1:$H$1，工艺 2 的样本数据输入单元格区域和 $A$2:$H$2.

步骤 2：点击"数据→数据分析→分析工具(A):t-检验:平均值的成对二样本分析". 在"t-检验:平均值的成对二样本分析"对话框中进行图 5.6.12 所示的设置，点击"确定".

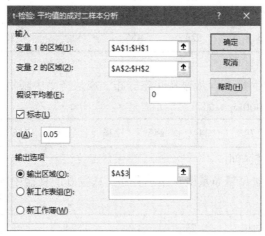

图 5.6.12　"t-检验:平均值的成对二样本分析"对话框

结果如图 5.6.13 所示.

▲	A	B	C	D	E	F	G	H
1	第一种工艺	50.09	50.11	50.13	49.9	50.02	49.88	50.07
2	第二种工艺	49.78	50.03	50.1	50.08	49.06	49.89	50.05
3	t-检验: 成对双样本均值分析							
4								
5		第一种工艺	第二种工艺					
6	平均	50.0286	49.8557					
7	方差	0.0102	0.1364					
8	观测值	7	7					
9	泊松相关系数	0.0682						
10	假设平均差	0						
11	df	6						
12	t Stat	1.2160						
13	P(T<=t) 单尾	0.1348		下限	-0.1750			
14	t 单尾临界	1.9432		=(B6-C6)*(1+B16/B12)				
15	P(T<=t) 双尾	0.2697						
16	t 双尾临界	2.4469						

图 5.6.13　置信区间计算过程

步骤 3：在 D13 输入函数=(B6-C6)*(1-B16/B12)，得置信区间下限-0.1750.

步骤 4：在 D14 输入函数=(B6-C6)*(1+B16/B12)，得置信区间上限 0.5207.

结果：两种工艺加工的零件的平均尺寸之差的 95%置信区间[– 0.1750,0.5207].

习题 5.6

1. 某种电子元件的寿命服从正态分布，其均值与方差均未知，随机抽取 6 件电子元件，测得寿命如下：

1290	1127	1247	1215	1210	1240	1245	1238	1541	1198

试求该种电子元件的寿命的均值与方差的点估计值.

2. 一台包装机包装的洗衣粉重量服从标准差为 15 的正态分布，随机抽取 9 袋，称得洗衣粉净重数据（单位：g）如下：

497	506	518	524	488	517	510	515	516

试求总体均值的 95%置信区间.

3. 某饲料配方中维生素 C 含量服从正态分布，现从产品中随机抽检 12 个样品，测得维生素 C 含量（单位：g/1000kg）如下：

255	238	236	248	244	245	236	235	246	248	255	245

试求总体均值的 95%置信区间.

4. 用机器包装的食盐每袋净重服从正态分布，从装好的食盐中随机抽取 9 袋，测得其净重（单位：g）如下：

497	507	510	475	488	524	491	515	484

试求总体均值和方差的 95%置信区间.

5. 一般人群食管癌的发生率为 8/10 000. 某研究者在当地随机抽取 5000 人，结果 6 人患食管癌. 试求总体成数的 95%置信区间.

6. 根据以往资料，甲、乙两种方法生产的钢筋的抗拉强度都服从正态分布，其标准差分别为 8 kg 和 10 kg. 从两种方法生产的钢筋中分别随机抽取了样本容量为 12 和 9 的样本，测得样本数据如下：

甲样本	54	50	53	52	46	48	49	51	54	48	47	48
乙样本	46	44	49	48	46	46	44	48	43			

试求这两种方法生产的钢筋的平均抗拉强度之差的 95%置信区间.

7. 种植玉米的甲、乙两个农业试验区，各分为 10 个小区，各小区的面积相同，除甲区增施磷肥外，其他试验条件均相同，两个试验区的玉米产量(单位：kg)如下（假设玉米产量服从正态分布，且有相同的方差）：

| 甲区 | 65 | 60 | 62 | 57 | 58 | 63 | 60 | 57 | 60 | 58 |
| 乙区 | 59 | 56 | 56 | 58 | 57 | 57 | 55 | 60 | 57 | 55 |

试求两个试验区的玉米平均产量之差的 95% 置信区间.

8. 为了检验甲、乙两种不同谷物种子的优劣，随机选取了 10 块土质不同的土地，并将每块土地分为面积相同的两部分，在每块土地的两部分人工管理等条件完全一样，分别种植这两种种子，测得各块土地上的产量（单位：kg）如下：

| 甲种子 | 23 | 35 | 29 | 42 | 39 | 29 | 37 | 34 | 35 | 28 |
| 乙种子 | 26 | 39 | 35 | 40 | 38 | 24 | 36 | 27 | 41 | 27 |

假定两种谷物的产量都服从正态分布，试求两种种子的平均产量之差的 95% 置信区间.

9. （成对样本）一个以减肥为主要目标的健美俱乐部声称，参加他们的训练班肥胖者的减肥效果显著，为了验证该声称是否可信，调查人员随机抽取了 10 名参加者，测得他们的体重如下：

| 训练前 | 102 | 101 | 108 | 103 | 97 | 110 | 96 | 102 | 104 | 97 |
| 训练后 | 85 | 89 | 101 | 96 | 86 | 80 | 87 | 93 | 93 | 102 |

假设训练前后的体重都服从正态分布，试求训练前后平均体重之差的 95% 置信区间.

10. 设甲、乙两种电子元件的电阻值都服从正态分布，现从这两种电子元件中独立地随机抽取两个样本，测得电阻值（单位：Ω）如下：

| 甲种 | 14 | 13 | 14 | 12 | 15 | 13 | 16 | 11 |
| 乙种 | 11 | 14 | 10 | 13 | 12 | 14 | | |

试求这两种电子元件电阻值的方差之比的 95% 置信区间.

第 6 章　假设检验

　　假设检验是一类重要的统计推断问题. 例如，某种零件的设计直径为 50 cm，现从某种型号车床加工出的该种零件中随机抽取 100 件，测得平均直径 49.7 cm，试问该机器生产的零件是否达到设计要求？该问题属于统计推断问题，即根据样本数据提供的信息推断总体的特征——均值是否为 50 cm 的问题.

　　英国统计学家皮尔逊（Karl Pearson）为考察实际数据与 χ^2 分布的拟合分布优劣问题，引进了著名的 "χ^2 检验法"，这是最早的假设检验方法. 英国统计与遗传学家费歇尔（R. A. Fisher，1890—1962）引进了显著性检验的概念，成为假设检验理论的先驱. 费歇尔 1924 年解决了理论分布包含有限个参数的情况，基于此方法的列联表检验在应用上有重要意义. 奈曼（J. Neyman）和皮尔逊（E. Pearson）从 1928 年开始一系列重要工作，提出并精确化了一些重要概念，发展了假设检验理论. 奈曼-皮尔逊的假设检验理论对后世产生了巨大影响，是现今统计教科书中不可缺少的一个组成部分.

皮尔逊

　　本章主要内容有假设检验的基本问题、单总体参数假设检验、双总体参数假设检验、分布拟合检验、列联表独立性检验和利用 Excel 进行假设检验等.

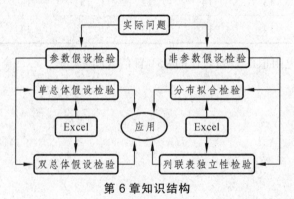

第 6 章知识结构

　　☆ 实际问题中，总体分布或参数是未知的，假设检验是先给出先验的总体分布或参数，然后利用统计方法对假设是否成立做出推断，假设检验可分为参数假设检验和非参数假设检验.

　　☆ 参数假设检验又可分为单总体参数的假设检验和多总体参数的假设检验.

　　☆ 非参数假设检验方法很多，这里介绍分布拟合检验和列联表独立性检验. 分布拟合检验是检验样本是否来自某种分布总体，列联表独立性检验是利用样本检验两总体是否相互影响.

☆ 假设检验可以利用 Excel 提供的分析工具进行计算.

本章假设检验时, 除特殊说明外, 所用的分位数都是右尾分位数.

§6.1　假设检验的基本问题

6.1.1　假设检验的思想方法和基本概念

下面通过 3 个例子来介绍假设检验的思想方法和基本概念.

例 6.1.1　生猪期货要求交易的标的物——生猪的体重在 100 kg 左右, 某养殖户卖出的生猪期货将要到期, 该养殖户从存栏的生猪中随机抽取 36 头生猪, 称得平均体重为 98 kg. 假设存栏生猪的体重服从均值为 μ、标准差为 5 kg 的正态分布. 试问该养殖户存栏的生猪是否达到交易标准?

分析　从数据知, 存栏生猪的平均体重比交易标准少 2 kg, 产生 2 kg 差异的原因可能是:

（1）差异是由抽样的随机性造成的, 生猪达到了交易标准.

（2）生猪体重确实未达到交易标准.

问题是 2 kg 的差异能否用抽样的随机性解释呢? 也就是存栏生猪的平均体重与交易标准是否有显著性差异呢? 为了回答这个问题, 假设存栏生猪体重的均值为 $\mu = 100$ kg, 然后根据样本提供的信息, 对假设是否成立做出统计推断, 这就是**假设检验**问题. 根据实际问题的要求对未知总体分布的某些特征提出一个论断, 称为**原假设**, 记作 H_0; 与 H_0 对立的论断称为**备择假设**, 记作 H_1. 在例 6.1.1 中, 假设检验问题是

$$H_0 : \mu = 100; H_1 : \mu \neq 100 .$$

因样本均值 $\bar{x}$ 是总体均值 μ 的无偏估计, 假设存栏生猪的体重服从正态分布, 当 H_0 为真时, 即便样本的随机性会使 $\bar{x} \neq 100$, 绝对抽样误差 $|\bar{x} - 100|$ 也不应该很大, 如果 $|\bar{x} - 100|$ 很大, 就有理由拒绝 H_0. H_0 为真时, 统计量

$$Z = \frac{\bar{x} - \mu}{\sigma / \sqrt{n}} = \frac{\bar{x} - 100}{5 / \sqrt{36}} \sim N(0,1) .$$

相对地, 若 $|\bar{x} - 100|$ 很大, $|Z|$ 势必也很大. 用小概率事件的实际不可能性原理（小概率事件在一次试验中几乎不可能发生）建立一个判断大小的标准. 将抽样看作一次试验, 选择一个小概率 $\alpha = 0.05$. 将 $\bar{x} = 98$ 代入统计量 Z, 计算得 $|Z|$ 的值 $|z| = 2.4 > 1.96 \approx z_{0.025} = z_{\alpha/2}$. 这说明小概率事件 $\{|Z| > z_{\alpha/2}\}$ 发生了, 这和小概率事件的实际不可能性原理相"冲突". 因此, 认为 $|Z|$ 足够大的令人有理由怀疑 "H_0 为真", 从而拒绝 H_0, 即存栏生猪的平均体重与交易标准存在显著性差异. 在例 6.1.1 中, 养殖户应该采取措施, 适当增加生猪的体重以便在期货交割时达到交易的标准.

如图 6.1.1 所示, 例 6.1.1 中小概率发生的区间 $\bar{W} = (-\infty, z_{1-\alpha/2}] \bigcup [z_{\alpha/2}, +\infty)$ 称为**拒绝域**, 对应的区间 $W = (z_{1-\alpha/2}, z_{\alpha/2})$ 称为**接受域**.

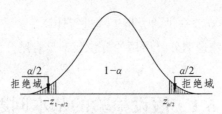

图 6.1.1　双侧检验的拒绝域

　　假设检验选取的小概率 α 称为**检验水平**或**显著性水平**，一般可取 0.1、0.05、0.025、0.01 等. 例 6.1.1 中 $H_1 : \mu \neq 100$，拒绝域在两侧，因此称该检验为**双侧检验**.

　　在例 6.1.1 中，统计推断方法是比较统计量 $|Z|$ 的值 $|z|$ 与 $z_{\alpha/2}$（小概率的临界值，$N(0,1)$ 的 $\alpha/2$ 分位数）的大小，此种方法称为**临界值检验法**. 双侧检验的临界值检验法是，当 $z \in \overline{W}$，拒绝 H_0，反之则接受 H_0.

　　注意到，例 6.1.1 中 $z \in \overline{W}$ 等价于概率 $p = P\{|Z| > |z|\} < \alpha$. 因此，假设检验可以通过比较 $p = P\{|Z| > |z|\}$ 与 α 的大小来推断，此方法称为 **p 值检验法**，$p = P\{|Z| > |z|\}$ 称为**显著性**. p 值检验法的优点是可以事先不确定显著性水平 α，而视 p 值的大小来确定精确的显著性水平.

　　在例 6.1.1 中，$p = P\{|Z| > |-2.4|\} \approx 0.02 < 0.05 = \alpha$. 因此，有充足理由拒绝 H_0，即存栏生猪的平均体重与交易标准存在显著性差异.

　　小概率事件的实际不可能性原理只是说小概率事件在一次试验中几乎不可能发生，但并不意味着肯定不发生. 例 6.1.1 的统计推断可能是错误的，因为真实情况是 $\mu = 100$，但小概率的发生却让我们做出了拒绝 $\mu = 100$ 的推断. 假设检验犯的此类错误是**弃真错误，称为第 I 类错误**或 α **错误**.

　　例 6.1.2　某厂生产的一种合金的强度（单位：Pa）服从 $N(\mu, 4^2)$，其中 μ 的设计值为不低于 95. 为保证质量，该厂每天都要对生产情况做例行检查，以判断生产状态是否正常. 某天从产品中随机抽取 25 块合金，测得其平均强度为 $\bar{x} = 94$. 试问当日生产是否正常？

　　分析　依题意，检验问题为

$$H_0 : \mu \geqslant 95; H_1 : \mu < 95 .$$

　　试想若 H_0 为真，即便样本的随机性会使 $\bar{x} < 95$，抽样误差 $\bar{x} - 95$ 也不应该很小，如果 $\bar{x} - 95$ 很小，就有理由拒绝 H_0. 由于 $\mu = 95$ 时，统计量

$$Z = \frac{\bar{x} - \mu}{\sigma / \sqrt{n}} = \frac{\bar{x} - 95}{4 / \sqrt{25}} \sim N(0,1) .$$

　　相对地，若 $\bar{x} - 95$ 很小，Z 势必也很小. 将抽样看作一次试验，取显著性水平 $\alpha = 0.05$. 将样本均值 $\bar{x} = 94$ 代入统计量 Z，计算得 Z 的值 $z = -1.25 > -1.65 \approx z_{0.95} = z_{1-\alpha}$. 这说明小概率事件 $\{Z \leqslant z_{1-\alpha}\}$ 没有发生. 根据小概率事件的实际不可能性原理，没有充足理由拒绝 H_0，即认为当日生产是正常的.

　　如图 6.1.2 所示，例 6.1.2 中 $H_1 : \mu < 95$，拒绝域 $\overline{W} = (-\infty, z_{1-\alpha}]$ 在左侧，因此称该检验为**左侧检验**. 左侧检验的临界值检验法是，当 $z \in \overline{W}$，拒绝 H_0，反之则接受 H_0.

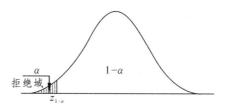

图 6.1.2　左侧检验的拒绝域

注意到，例 6.1.2 中 $z \in \overline{W}$ 等价于概率 $p = P\{Z \le z\} < \alpha$. 因此，左侧检验的 p 值检验法是，若 $p = P\{Z \le z\} < \alpha$，拒绝 H_0，反之则接受 H_0.

在例 6.1.2 中，$p = P\{Z < -1.25\} \approx 0.11 > 0.05 = \alpha$. 因此，没有充足理由拒绝 H_0，即认为当日生产是正常的.

例 6.1.2 的推断也可能是错误的，因为真实情况是 $\mu < 95$，但小概率没发生却让我们做出了接受 $\mu \ge 95$ 的推断. 假设检验犯的此类错误是**取伪错误**，称为**第 Ⅱ 类错误**或 **β 错误**.

例 6.1.3　某班上学期的数学平均成绩为 85 分，标准差为 4 分. 本学期教师在加强教学管理的同时进行了教学改革，为了检验教学改革的效果，在本学期的测试成绩中，随机抽取的 9 名学生的平均成绩为 87.5 分. 假设本学期的测试与上学期难易程度相当，成绩都服从正态分布且标准差相同. 试问教学改革是否有显著效果？

分析　依题意，检验问题为

$$H_0 : \mu \le 85 ; H_1 : \mu > 85 .$$

试想若 H_0 为真，即便样本的随机性会使 $\overline{x} > 85$，抽样误差 $\overline{x} - 85$ 也不应该很大，如果 $\overline{x} - 85$ 很大，就有理由拒绝 H_0. 由于 $\mu = 85$ 时，统计量

$$Z = \frac{\overline{x} - \mu}{\sigma / \sqrt{n}} = \frac{\overline{x} - 85}{4 / \sqrt{9}} \sim N(0, 1) .$$

相对地，若 $\overline{x} - 85$ 很大，Z 势必也很大. 将抽样看作一次试验，取显著性水平 $\alpha = 0.05$. 将样本均值 $\overline{x} = 87.5$ 代入检验统计量 Z，计算得 Z 的值 $z = 1.875 > 1.65 \approx z_{0.05} = z_{\alpha}$. 这说明小概率事件 $\{Z > z_{\alpha}\}$ 发生了. 根据小概率事件的实际不可能性原理，有充足的理由拒绝 H_0，即教学改革有显著效果.

如图 6.1.3 所示，例 6.1.3 中 $H_1 : \mu > 85$，拒绝域 $\overline{W} = [z_{\alpha}, +\infty)$ 在右侧，因此称该检验为**右侧检验**. 右侧检验的临界值检验法是，若 $z \in \overline{W}$，拒绝 H_0，反之则接受 H_0. 左侧检验和右侧检验都称为**单侧检验**.

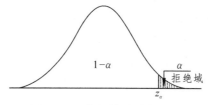

图 6.1.3　右侧检验的拒绝域

注意到，例 6.1.3 中 $z \in \bar{W}$ 等价于概率 $p = P\{Z > z\} < \alpha$. 因此，右侧检验的 p 值检验法是，若 $p = P\{Z > z\} < \alpha$，拒绝 H_0，反之则接受 H_0.

在例 6.1.3 中，$p = P\{Z>1.875\} \approx 0.03 < 0.05 = \alpha$. 因此，有充足理由拒绝 H_0，即教学改革有显著效果.

6.1.2 假设检验的步骤

1）临界值检验法

步骤 1：提出原假设和备择假设.

假设检验问题一般有以下三类：

（1）双侧检验：$H_0 : \theta = \theta_0$；$H_1 : \theta \neq \theta_0$.

（2）左侧检验：$H_0 : \theta > \theta_0$；$H_1 : \theta \leqslant \theta_0$.

（3）右侧检验：$H_0 : \theta \leqslant \theta_0$；$H_1 : \theta > \theta_0$.

其中，θ_0 为已知数.

步骤 2：确定检验统计量 X.

步骤 3：确定拒绝域. 给定显著性水平 α，双侧检验的拒绝域为 $\bar{W} = (-\infty, x_{1-\alpha/2}] \cup [x_{\alpha/2}, +\infty)$；左侧检验的拒绝域为 $\bar{W} = (-\infty, x_{1-\alpha}]$；右侧检验的拒绝域为 $\bar{W} = [x_\alpha, +\infty)$.

步骤 4：计算检验统计量的值和统计推断. 设经计算检验统计量的值为 x，若 $x \in \bar{W}$，拒绝 H_0，否则接受 H_0.

2）p 值检验法

步骤 1 提出原假设和备择假设.

步骤 2 确定检验统计量 X，并计算检验统计量的值 x.

步骤 3 计算显著性 p. 双侧检验时，计算 $p = P\{X > x\}$ 或 $p = P\{X \leqslant x\}$；左侧检验时，计算 $p = P\{X \leqslant x\}$；右侧检验时，计算 $p = P\{X > x\}$.

步骤 4 统计推断. 给定显著性水平 α，双侧检验时，若 $p = P\{X > x\} < \alpha/2$ 或 $p = P\{X \leqslant x\} < \alpha/2$，拒绝 H_0，否则接受 H_0；单侧检验时，若 $p < \alpha$，拒绝 H_0，否则接受 H_0.

6.1.3 检验问题的进一步说明

1）关于检验结果的解释

对于检验结果，若小概率事件没有发生，只说明在显著性水平 α 下，没有充足的理由拒绝原假设，至于原假设是否为真实际上不得而知. 而若小概率事件发生了，就说明在显著性水平 α 下，有充足的理由拒绝原假设.

2）两类错误的控制

假设检验时可能会犯两类错误，表 6.1.1 是假设检验时各种可能结果的概率.

表 6.1.1　假设检验中各种可能结果的概率

项　　目	没有拒绝 H_0	拒绝 H_0
H_0 为真	$1-\alpha$（正确决策）	α（弃真错误）
H_0 为伪	β（取伪错误）	$1-\beta$（正确决策）

事实上，两类错误中某一类错误的减小会导致另一类错误的增大，因此，不可能使 α 和 β 同时减小．按理说哪类错误带来的危害大，就应在检验中控制哪类错误发生的概率．但实践中主要控制 α，即根据实际需要确定小概率 α，降低犯弃真错误的风险．其原因是，原假设一般是原有的结论，都比较明确，而备择假设一般是新得出的结论，充满了不确定性．

3）单侧检验中原假设与备择假设的选择

在例 6.1.2 中，若假设问题为 $H_0:\mu\leqslant 95;H_1:\mu>95$，因检验统计量 Z 的值

$$z=\frac{94-95}{4/\sqrt{25}}=-1.25<z_{0.05}\approx 1.65，$$

检验统计量 Z 的值就落在了接受域，得出当日生产不正常的结论．这样同一个样本却得出了相反的结论．

那么该如何建立假设呢？因为备择假设成立是一个小概率事件，因而原假设就处于被保护的地位，也就是说，在一次试验中，原假设是具有优势的．实践中，原有的理论、原有的状况、原有的看法，或者以前被大多数人认可或接受的事件、不应轻易被否定的事件，在没有充足拒绝证据时，总是被假定是正确的．而那些新的理论、新的状况、新的看法、自我标榜的东西、揣测的东西要让人接受往往需要充足的证据．因此，在假设检验中，常把原有的理论、原有的状况、原有的看法，或者以前被大多数人认可或接受的事件、不应轻易被否定的事件作为原假设，而把那些新的理论、新的状况、新的看法、自我标榜的东西、揣测的东西作为备择假设．

习题 6.1

1. 什么是假设检验问题？什么是原假设？什么是备择假设？
2. 假设检验的基本原理是什么？
3. 在假设检验中，显著性水平 α 的意义是（　　）．
   （A）原假设 H_0 成立，经检验不能被拒绝的概率
   （B）原假设 H_0 成立，经检验被拒绝的概率
   （C）原假设 H_0 不成立，经检验被拒绝的概率
   （D）原假设 H_0 不成立，经检验不能被拒绝的概率
4. 什么是拒绝域？什么是接受域？
5. 什么是左侧检验？什么是右侧检验？什么是双侧检验？什么是单侧检验？

6. 什么是临界值检验法？什么是 p 值检验法？

7. 单侧检验时，如何确定原假设和备择假设？

8. 某种产品以往的废品率为 5%，采取某种技术革新措施后，对产品的样本进行检验：这种产品的废品率是否有所降低，取显著性水平 $\alpha = 0.05$，则此问题的原假设 H_0 : _____，备择假设 H_1 : _____.

9. 什么是第一类错误？什么是第二类错误？

10. 在假设检验中，H_0 为原假设，则称（　　　）为犯第 I 类错误.

　　（A）H_0 为真，接受 H_0 　　　　　（B）H_0 不真，拒绝 H_0

　　（C）H_0 为真，拒绝 H_0 　　　　　（D）H_0 不真，接受 H_0

11. 在假设检验中，H_0 为原假设，则称（　　　）为犯第 II 类错误.

　　（A）H_0 为真，接受 H_0 　　　　　（B）H_0 不真，拒绝 H_0

　　（C）H_0 为真，拒绝 H_0 　　　　　（D）H_0 不真，接受 H_0

12. 设总体 $X \sim N(\mu, \sigma^2)$，其中 μ 是未知参数，$x_1, x_2, \cdots, x_n$ 是来自总体的样本. 备择假设为 $H_1 : \mu \leqslant 0$，显著性水平 $\alpha = 0.05$，检验统计量为 $N(0,1)$，则拒绝域为_____，接受域为_____.

13. 设总体 $X \sim N(\mu, \sigma^2)$，其中 μ 和 σ 是未知参数，$x_1, x_2, \cdots, x_n$ 是来自总体的样本. 备择假设为 $H_1 : \mu \neq 0$，显著性水平 $\alpha = 0.05$，检验统计量为 $t(n-1)$，则拒绝域为_____，接受域为_____.

14. 设总体 $X \sim N(3, \sigma^2)$，其中 σ 是未知参数，$x_1, x_2, \cdots, x_n$ 是来自总体的样本. 备择假设为 $H_1 : \sigma^2 > 10$，显著性水平 $\alpha = 0.05$，检验统计量为 $\chi^2(n-1)$，则拒绝域为_____，接受域为_____.

§6.2　单总体参数的假设检验

6.2.1　正态总体均值的假设检验

设总体 $X \sim N(\mu, \sigma^2)$，其中 μ 是未知参数，$x_1, x_2, \cdots, x_n$ 是来自总体的样本，样本均值和方差分别为 $\bar{x}, s^2$. 考虑以下三类关于 μ 的检验问题：

（1）$H_0 : \mu = \mu_0$; $H_1 : \mu \neq \mu_0$.

（2）$H_0 : \mu > \mu_0$; $H_1 : \mu \leqslant \mu_0$.

（3）$H_0 : \mu \leqslant \mu_0$; $H_1 : \mu > \mu_0$.

其中，μ_0 为已知数.

1）总体方差已知时的检验

选择 $\mu = \mu_0$ 时的抽样分布即式（6.2.1）作为检验统计量：

$$Z = \frac{\bar{x} - \mu_0}{\sigma / \sqrt{n}} \sim N(0,1).$$

　　　　　（6.2.1）

检验统计量为 $N(0,1)$ 的假设检验称为 **Z 检验**或 **U 检验**.

例 6.2.1 某种电子元件的寿命服从正态分布, 其质量标准为平均寿命为 1200 小时, 标准差为 40 小时. 某厂宣布它采用一种新工艺生产的该产品质量大大超过了规定标准. 为了检验该厂的宣传, 随机抽取 9 件该种电子元件, 测得其平均寿命为 1220 小时. 试问在 $\alpha = 0.05$ 下能否说该厂产品质量显著高于规定标准?

解 (1) 临界值检验法.

步骤 1: 依题意, 本例是正态总体方差已知时均值的右侧检验, 原假设与备择假设分别为

$$H_0 : \mu \leqslant 1200; H_1 : \mu > 1200 .$$

步骤 2: 检验统计量为 $Z = \dfrac{\bar{x} - \mu_0}{\sigma / \sqrt{n}} \sim N(0,1)$.

步骤 3: 确定拒绝域. $\alpha = 0.05, z_\alpha = z_{0.05} \approx 1.65$, 拒绝域为 $\bar{W} = [z_\alpha, +\infty) = [1.65, +\infty)$.

步骤 4: 计算检验统计量的值和统计推断. $\bar{x} = 1220, \mu_0 = 1200, \sigma = 40, n = 9$, 代入检验统计量得 Z 的值为

$$z = \frac{1220 - 1200}{40 / \sqrt{9}} = 1.5 ,$$

因为 $z = 1.5 \notin \bar{W}$, 所以在 $\alpha = 0.05$ 下, 没有充足理由拒绝 H_0, 即认为该厂产品质量没有显著高于规定标准.

(2) p 值检验法.

步骤 1: 提出原假设和备择假设 (同上).

步骤 2: 确定检验统计量, 并计算检验统计量的值 (同上).

步骤 3: 计算显著性 p. $p = P\{Z > 1.5\} \approx 0.07$.

步骤 4: 统计推断. 因 $p > \alpha = 0.05$, 所以在 $\alpha = 0.05$ 下, 没有充足理由拒绝 H_0, 即认为该厂产品质量没有显著高于规定标准.

2) 总体方差未知时的检验

选择 $\mu = \mu_0$ 时的抽样分布即式 (6.2.2) 作为检验统计量:

$$T = \frac{\bar{x} - \mu_0}{s / \sqrt{n}} \sim t(n-1) . \tag{6.2.2}$$

检验统计量为 t 分布的假设检验称为 **t 检验**.

例 6.2.2 某种盒装纯牛奶标签上载明蛋白质 $\geqslant 2.9\%$. 质检人员随机抽取了 9 盒该种纯牛奶进行检验, 发现蛋白质平均含量为 2.89%, 标准差约为 0.02%. 假设该种盒装纯牛奶的蛋白质含量服从正态分布, 试在 $\alpha = 0.05$ 下检验该种纯牛奶是否合格 (计算过程保留 2 位小数).

解 (1) 临界值检验法.

步骤 1：依题意，本例是正态总体方差未知时均值的左侧检验，原假设与备择假设分别为

$$H_0 : \mu \geqslant 2.9; H_1 : \mu < 2.9 .$$

步骤 2：检验统计量为 $T = \dfrac{\overline{x} - \mu_0}{s/\sqrt{n}} \sim t(n-1)$.

步骤 3：确定拒绝域. $n = 9, \alpha = 0.05, t_{1-\alpha}(n-1) = t_{0.95}(8) \approx -1.86$ ，拒绝域为 $\overline{W} = (-\infty, t_{1-\alpha}(n-1)]$ $= (-\infty, -1.86]$.

步骤 4：计算检验统计量的值和统计推断. $\overline{x} = 2.89, \mu_0 = 2.9, s \approx 0.02$ ，代入检验统计量得 T 的值为

$$t = \frac{2.89 - 2.9}{0.02/\sqrt{9}} \approx -1.5 ,$$

因为 $t = -1.5 \notin \overline{W}$ ，所以在 $\alpha = 0.05$ 下，没有充足理由拒绝 H_0 ，可以认为该种纯牛奶合格.

（2）p 值检验法.

步骤 1：提出原假设和备择假设（同上）.

步骤 2：确定检验统计量，并计算检验统计量的值（同上）.

步骤 3：计算显著性 p .　$p = P\{t(8) \leqslant -1.5\} \approx 0.09$.

步骤 4：统计推断. 因 $p > \alpha = 0.05$ ，所以在 $\alpha = 0.05$ 下，没有充足理由拒绝 H_0 ，可以认为该种纯牛奶合格.

6.2.2　正态总体方差的假设检验

设总体 $X \sim N(\mu, \sigma^2)$ ，其中 σ^2 是未知参数，$x_1, x_2, \cdots, x_n$ 是来自总体的样本，样本方差为 s^2 . 考虑以下三类关于 σ^2 的检验问题：

（1）$H_0 : \sigma^2 = \sigma_0^2 ; H_1 : \sigma^2 \neq \sigma_0^2$.

（2）$H_0 : \sigma^2 > \sigma_0^2 ; H_1 : \sigma^2 \leqslant \sigma_0^2$.

（3）$H_0 : \sigma^2 \leqslant \sigma_0^2 ; H_1 : \sigma^2 > \sigma_0^2$.

其中，σ_0^2 为已知数.

选择 $\sigma^2 = \sigma_0^2$ 时的抽样分布即式（6.2.3）作为检验统计量：

$$\chi^2 = \frac{(n-1)s^2}{\sigma_0^2} \sim \chi^2(n-1) . \tag{6.2.3}$$

检验统计量为 χ^2 分布的假设检验称为 χ^2 检验.

例 6.2.3　某种型号的饮料装瓶机按要求每装一瓶 1000 mL 的饮料的标准差不超过 10 ml. 现从该种型号装瓶机装完的产品中随机抽取 25 瓶，测得标准差为 12 mL. 假设装瓶机装的饮料量服从正态分布，试在 $\alpha = 0.05$ 下检验该装瓶机是否工作正常？

解　（1）临界值检验法.

步骤 1：依题意，本例是关于正态总体方差的右侧检验，原假设与备择假设分别为

$$H_0: \sigma^2 \leqslant 100; H_1: \sigma^2 > 100 \,.$$

步骤 2：检验统计量为 $\chi^2 = \dfrac{(n-1)s^2}{\sigma_0^2} \sim \chi^2(n-1)$.

步骤 3：确定拒绝域. $n=25, \alpha=0.05, \chi_\alpha^2(n-1) = \chi_{0.05}^2(24) \approx 36.42$，拒绝域为 $\overline{W} = [\chi_\alpha^2(n-1), +\infty)$
$= [36.42, +\infty)$.

步骤 4：计算检验统计量的值和统计推断. $s^2 = 12^2, \sigma_0^2 = 10^2$，代入检验统计量得 χ^2 的值
为

$$c^2 = \frac{(25-1) \times 12^2}{100} = 34.56 \,,$$

因为 $c^2 = 34.56 \notin \overline{W}$，所以在 $\alpha = 0.05$ 下，没有充足理由拒绝 H_0，可以认为该装瓶机工作正常.

（2）p 值检验法.

步骤 1：提出原假设和备择假设（同上）.

步骤 2：确定检验统计量，并计算检验统计量的值（同上）.

步骤 3：计算显著性 p. 　$p = P\{\chi^2(24) > 34.56\} \approx 0.08$.

步骤 4：统计推断. 因 $p > \alpha = 0.05$，所以在 $\alpha = 0.05$ 下，没有充足理由拒绝 H_0，可以认为该装瓶机工作正常.

6.2.3　总体成数的假设检验

设总体 $X \sim B(1, \pi)$，其中 π 是未知参数，$x_1, x_2, \cdots, x_n$ 是来自总体的样本，样本成数为 P. 考虑以下三类关于 π 的检验问题：

（1）$H_0: \pi = \pi_0$；$H_1: \pi \neq \pi_0$.

（2）$H_0: \pi > \pi_0$；$H_1: \pi \leqslant \pi_0$.

（3）$H_0: \pi \leqslant \pi_0$；$H_1: \pi > \pi_0$.

其中，π_0 为已知数.

将抽样视作 n 次独立试验，易知样本成数 P 就是样本均值 $\bar{x}$，在大样本下，选择 $\pi = \pi_0$ 时的抽样分布即式（6.2.4）作为检验统计量：

$$Z = \frac{P - \pi_0}{\sqrt{\pi_0(1-\pi_0)/n}} \;\dot{\sim}\; N(0,1) \,, \tag{6.2.4}$$

此时的检验为 Z 检验.

例 6.2.4　某企业管理者认为，该企业职工对工作环境不满意的人数最多占职工总数的 10%，今随机抽取了 100 人，调查得知其中有 7 人对工作环境不满意. 试问在 $\alpha = 0.05$ 下调查结果是否支持这位负责人的看法？

解　（1）临界值检验法.

步骤 1：依题意，本例是关于总体成数的左侧检验，原假设与备择假设分别为

$$H_0: \pi \geqslant 0.1; H_1: \pi < 0.1.$$

步骤 2：检验统计量为 $Z = \dfrac{P - \pi_0}{\sqrt{\pi_0(1 - \pi_0)/n}} \sim N(0,1)$.

步骤 3：确定拒绝域. $\alpha = 0.05, z_{1-\alpha} = z_{0.95} \approx -1.65$，拒绝域为 $\overline{W} = (-\infty, z_{1-\alpha}] = (-\infty, -1.65]$.

步骤 4：计算检验统计量的值和统计推断. $P = \dfrac{7}{100} = 0.07, \pi_0 = 0.1, n = 100$，代入检验统计量得 Z 的值为

$$z = \frac{0.07 - 0.1}{\sqrt{0.1(1 - 0.1)/100}} \approx -1,$$

因为 $z = -1 \notin \overline{W}$，所以在 $\alpha = 0.05$ 下，没有充足理由拒绝 H_0，即认为调查结果不支持这位负责人的看法.

（2）p 值检验法.

步骤 1：提出原假设和备择假设（同上）.

步骤 2：确定检验统计量，并计算检验统计量的值（同上）.

步骤 3：计算显著性 p. $p = P\{Z \leqslant -1\} \approx 0.16$.

步骤 4：统计推断. 因 $p > \alpha = 0.05$，所以在 $\alpha = 0.05$ 下，没有充足理由拒绝 H_0，即认为调查结果不支持这位负责人的看法.

习题 6.2

1. 某机器正常状态时，加工的零件尺寸（单位：cm）服从均值为 5、方差为 4 的正态分布. 为检验该机器工作是否正常，从已生产出的一批零件中随机取 100 件，测得平均直径为 5.02. 试问在 $\alpha = 0.05$ 下该机器工作是否正常？

2. 一台包装机包装的洗衣粉额定标准重量为 500 g，根据以往经验，包装机的实际装袋重量服从标准差为 15 g 的正态分布. 为检验包装机工作是否正常，随机抽取 9 袋洗衣粉，称得其平均重量为 510 g. 试问在 $\alpha = 0.05$ 下这台包装机工作是否正常？

3. 某机床工作正常时加工的零件尺寸（单位：m）服从均值为 0.081 的正态分布. 现随机取 36 个零件进行检验，测得平均尺寸为 0.076，样本标准差为 0.025. 试问在 $\alpha = 0.05$ 下该机床工作是否正常？

4. 某饲料配方规定，维生素 C 含量服从正态分布，每 1000 kg 饲料中维生素 C 大于 246 g. 现从产品中随机抽检 36 个样品，测得其维生素 C 平均含量为 244 g/1000 kg. 试问在 $\alpha = 0.05$ 下此产品是否符合规定要求？

5. 某食品厂生产的一种罐头的防腐剂含量服从正态分布. 从中随机抽取 25 只罐头，测得防腐剂平均含量为 10.2 mg，标准差为 0.5 mg. 试问在 $\alpha = 0.05$ 下可否认为该厂生产的罐头防腐剂平均含量显著大于 10 mg？

6. 某项考试要求成绩服从标准差为 16 分的正态分布. 从考试成绩单中随机取 20 份，计算得样本标准差为 25 分. 试问在 $\alpha = 0.05$ 下此次考试成绩的标准差是否为 16 分？

7. 用机器包装食盐，规定每袋盐的净重服从正态分布，每袋标准重量为 500 g，标准差不能超过 5 g. 为检验机器工作是否正常，从装好的食盐中随机抽取 9 袋，测得其平均重量为 496 g，标准差为 6.25 g. 试问在 $\alpha = 0.05$ 下包装机工作是否正常？

8. 已知某种电子元件的使用寿命（单位：小时）服从正态分布，均值与方差均未知. 随机抽取其中 36 个，实测平均寿命为 203，标准差为 8. 试问在 $\alpha = 0.05$ 下：（1）这种电子元件的平均寿命是否大于 200？（2）这种电子元件寿命的标准差是否等于 7？

9. 一般人群食管癌的发生率为 8/10000. 某研究者在当地随机抽取 5000 人，结果 8 人患食管癌. 试问在 $\alpha = 0.05$ 下当地食管癌的发生率是否显著高于一般水平？

10. 某厂家向一百货商店长期供应某种货物. 合同规定，若次品率超过 3%，则百货商店可拒收货物. 今有一批货物，随机抽 80 件检验，发现有次品 4 件. 试问在 $\alpha = 0.05$ 下应如何处理这批货物？

§6.3　双总体参数的假设检验

6.3.1　双正态总体均值之差的假设检验

设总体 $X \sim N(\mu_1, \sigma_1^2)$，总体 $Y \sim N(\mu_2, \sigma_2^2)$，其中 μ_1 和 μ_2 是未知参数. $x_1, x_2, \cdots, x_m$ 和 $y_1, y_2, \cdots, y_n$ 分别是来自 X 和 Y 的样本，且相互独立，样本均值与方差分别是 $\bar{x}, \bar{y}, s_x^2, s_y^2$. 考虑以下三类关于 $\mu_1 - \mu_2$ 的检验问题：

（1）$H_0: \mu_1 - \mu_2 = \delta_0$；$H_1: \mu_1 - \mu_2 \neq \delta_0$.

（2）$H_0: \mu_1 - \mu_2 > \delta_0$；$H_1: \mu_1 - \mu_2 \leqslant \delta_0$.

（3）$H_0: \mu_1 - \mu_2 \leqslant \delta_0$；$H_1: \mu_1 - \mu_2 > \delta_0$.

其中，δ_0 为已知数.

1）总体方差已知时的检验

选择 $\mu_1 - \mu_2 = \delta_0$ 时的抽样分布即式（6.3.1）作为检验统计量：

$$Z = \frac{(\bar{x} - \bar{y}) - \delta_0}{\sqrt{\sigma_1^2/m + \sigma_2^2/n}} \sim N(0, 1)，\tag{6.3.1}$$

此时的检验为 Z 检验.

例 6.3.1　根据以往资料得知，甲、乙两种方法生产的钢筋的抗拉强度都服从正态分布，其标准差分别为 8 kg 和 10 kg. 从两种方法生产的钢筋中分别随机抽取了样本量为 12 和 9 的样本，测得样本均值分别为 50 kg 和 46 kg. 试问在 $\alpha = 0.05$ 下这两种方法生产的钢筋的平均抗拉强度是否有显著性差异？

解　步骤 1：设甲、乙两种方法生产的钢筋的抗拉强度分别为 $X \sim N(\mu_1, \sigma_1^2)$ 和

$Y \sim N(\mu_2, \sigma_2^2)$. 依题意，本例是双总体方差已知时总体均值之差 $\mu_1 - \mu_2$ 的双侧 Z 检验.

$$H_0 : \mu_1 - \mu_2 = 0 \; ; H_1 : \mu_1 - \mu_2 \neq 0.$$

步骤 2：检验统计量为 $Z = \dfrac{(\overline{x} - \overline{y}) - \delta_0}{\sqrt{\sigma_1^2/m + \sigma_2^2/n}} \sim N(0,1)$.

步骤 3：确定拒绝域. $\alpha = 0.05$，$z_{\alpha/2} = z_{0.025} \approx 1.96$，拒绝域为 $\overline{W} = (-\infty, -1.96] \cup [1.96, +\infty)$.

步骤 4：计算检验统计量的值和统计推断. $\overline{x} = 50, \overline{y} = 46, \delta_0 = 0, \sigma_1^2 = 8^2, \sigma_2^2 = 10^2$，$m = 12, n = 9$，代入检验统计量得 Z 的值为

$$z = \frac{(50 - 46) - 0}{\sqrt{8^2/12 + 10^2/9}} \approx 0.99,$$

因为 $z \approx 0.99 \notin \overline{W}$，所以在 $\alpha = 0.05$ 下，没有充足理由拒绝 H_0，即两种方法生产出的钢筋的平均抗拉强度没有显著性差异.

2）总体方差未知但相等时的检验

选择 $\mu_1 - \mu_2 = \delta_0$ 时的抽样分布即式（6.3.2）作为检验统计量：

$$T = \frac{(\overline{x} - \overline{y}) - \delta_0}{s_w \sqrt{1/m + 1/n}} \sim t(m + n - 2) , \tag{6.3.2}$$

其中
$$s_w^2 = \frac{(m-1)s_x^2 + (n-1)s_y^2}{m + n - 2} . \tag{6.3.3}$$

此时的检验为 t 检验.

例 6.3.2　设种植玉米的甲、乙两个农业试验区，各划分为若干小区，各小区的面积相同，除甲区增施磷肥外，其他试验条件均相同，两个试验区的小区玉米产量（单位：kg）均服从正态分布且方差相等. 现从甲、乙两个试验区各抽取 10 个小区，测得玉米平均产量分别为 60 和 57，方差分别约为 7.1 和 6.9，试问在 $\alpha = 0.05$ 下增施磷肥对玉米平均产量有无显著性影响？

解　步骤 1：设甲、乙两个试验小区的玉米产量分别为 $X \sim N(\mu_1, \sigma_1^2)$ 和 $Y \sim N(\mu_2, \sigma_2^2)$. 依题意，本例是双总体方差未知但相等时均值之差 $\mu_1 - \mu_2$ 的右侧 t 检验.

$$H_0 : \mu_1 - \mu_2 \leqslant 0 \; ; H_1 : \mu_1 - \mu_2 > 0.$$

步骤 2：检验统计量为 $T = \dfrac{(\overline{x} - \overline{y}) - \delta_0}{s_w \sqrt{1/m + 1/n}} \sim t(m + n - 2)$，其中，$s_w^2 = \dfrac{(m-1)s_x^2 + (n-1)s_y^2}{m + n - 2}$.

步骤 3：确定拒绝域. $m = n = 10, \alpha = 0.05, t_\alpha(m + n - 2) = t_{0.05}(18) \approx 1.73$，拒绝域为 $\overline{W} = [1.73, +\infty)$.

步骤 4：计算检验统计量的值和统计推断. $s_x^2 \approx 7.1, s_y^2 \approx 6.9, \overline{x} = 60, \overline{y} = 57, \delta_0 = 0$，

$s_w^2 = \dfrac{(10-1) \times 7.1 + (10-1) \times 6.9}{10 + 10 - 2} = 7$，代入检验统计量得 T 的值为

$$t = \frac{(60-57)-0}{\sqrt{7/10+7/10}} \approx 2.54 ,$$

因为 $t \approx 2.54 \in \overline{W}$，所以在 $\alpha = 0.05$ 下有充足理由拒绝 H_0，即增施磷肥对玉米平均产量有显著性影响.

3）总体方差未知且不等时的检验

在小样本下，选择 $\mu_1 - \mu_2 = \delta_0$ 时的抽样分布即式（6.3.4）作为检验统计量：

$$T = \frac{(\overline{x}-\overline{y})-\delta_0}{\sqrt{s_x^2/m+s_y^2/n}} \sim t(l) , \tag{6.3.4}$$

其中

$$l = \left(\frac{s_x^2}{m}+\frac{s_y^2}{n}\right)^2 \bigg/ \left(\frac{s_x^4}{m^2(m-1)}+\frac{s_y^4}{n^2(n-1)}\right) . \tag{6.3.5}$$

一般 l 不是整数，可以取接近 l 的整数代替之.

在小样本下，假设检验为 t 检验. 在大样本下，式（6.3.4）接近 $N(0,1)$，可用 Z 检验法检验.

例 6.3.3　为了检验甲、乙两种谷物种子的优劣，随机选取了 10 块土质不同的土地，并将每块土地分为面积相同的两部分，在人工管理等完全相同的条件下，分别种植这两种种子，测得甲、乙两种谷物的平均产量分别为 33.1 kg 和 38.3 kg，方差分别约为 33 和 43. 假定每块地两种谷物的产量都服从正态分布，试问在 $\alpha = 0.05$ 下甲乙两种种子的平均产量是否有显著性差异？

解　步骤 1：设每块地甲、乙两种谷物的产量分别为 $X \sim N(\mu_1, \sigma_1^2)$ 和 $Y \sim N(\mu_2, \sigma_2^2)$. 依题意，本例是小样本下，双总体方差未知且不相等时总体均值之差 $\mu_1 - \mu_2$ 的双侧 t 检验.

$$H_0 : \mu_1 - \mu_2 = 0 ; H_1 : \mu_1 - \mu_2 \neq 0 .$$

步骤 2：检验统计量为 $T = \dfrac{(\overline{x}-\overline{y})-\delta_0}{\sqrt{s_x^2/m+s_y^2/n}} \sim t(l)$ ，

其中

$$l = \left(\frac{s_x^2}{m}+\frac{s_y^2}{n}\right)^2 \bigg/ \left(\frac{s_x^4}{m^2(m-1)}+\frac{s_y^4}{n^2(n-1)}\right) .$$

步骤 3：确定拒绝域. $s_x^2 \approx 33, s_y^2 \approx 43, m = n = 10$ ， $l = \left(\dfrac{33}{10}+\dfrac{43}{10}\right)^2 \bigg/ \left(\dfrac{33^2}{10^2(10-1)}+\dfrac{43^2}{10^2(10-1)}\right) \approx 18$ ，

$\alpha = 0.05, t_{\alpha/2}(l) = t_{0.025}(18) \approx 2.10$，拒绝域为 $\overline{W} = (-\infty, -2.10] \bigcup [2.10, +\infty)$.

步骤 4：计算检验统计量的值和统计推断. $\overline{x} = 33.1, \overline{y} = 38.3, \delta_0 = 0$ ，代入检验统计量得 T 的值为

$$t = \frac{(33.1-38.3)-0}{\sqrt{33/10+43/10}} \approx -1.89 ,$$

因 $t \approx -1.89 \notin \overline{W}$ ，所以在 $\alpha = 0.05$ 下，没有充足理由拒绝 H_0 ，即甲、乙两种种子的平均产量无显著性差异.

4）成对总体均值的检验

成对样本或称**匹配样本**，是指一个样本中的数据与另一个样本中的数据对应. 比如先指定 12 个工人用第一种方法组装一批零件，再让这 12 个工人用第二种方法组装同一批零件，这样得到的样本数据即**成对样本**.

在正态假定下，当两总体之差的方差 σ_d^2 未知时，选择 $\mu_1 - \mu_2 = \delta_0$ 时的抽样分布即式（6.3.6）作为检验统计量：

$$T = \frac{(\overline{x} - \overline{y}) - \delta_0}{s_d / \sqrt{n}} \sim t(n-1) , \qquad (6.3.6)$$

其中，s_d 表示样本之差的标准差. 此时的检验是 t 检验.

例 6.3.4 一个以减肥为主要目标的健身俱乐部声称，参加他们的训练班至少可以使肥胖者减轻 8.5 kg. 为了验证该声称是否可信，调查人员随机抽取了 9 名参加者，测得他们的体重如下：

参加者	1	2	3	4	5	6	7	8	9
训练前	102	101	107	103	95	108	96	102	104
训练后	85	89	101	96	86	80	87	93	93
样本值之差	17	12	6	7	9	28	9	9	11

假设训练前后的体重都服从正态分布，试问在 $\alpha = 0.05$ 下调查结果是否支持该俱乐部的声称？

解 步骤 1：设训练前后的体重分别为 $X \sim N(\mu_1, \sigma_1^2)$ 和 $Y \sim N(\mu_2, \sigma_2^2)$. 依题意，本例是方差未知时成对总体均值之差 $\mu_1 - \mu_2$ 的右侧 t 检验.

$$H_0 : \mu_1 - \mu_2 \leq 8.5 ; H_1 : \mu_1 - \mu_2 > 8.5 .$$

步骤 2：检验统计量为 $T = \dfrac{(\overline{x} - \overline{y}) - \delta_0}{s_d / \sqrt{n}} \sim t(n-1)$ ，其中，s_d 表示样本之差的标准差.

步骤 3：确定拒绝域. $n = 9, \alpha = 0.05, t_\alpha(n-1) = t_{0.05}(8) \approx 1.86$ ，拒绝域为 $\overline{W} = [1.86, +\infty)$.

步骤 4：计算检验统计量的值和统计推断.

$$\overline{x} - \overline{y} = \frac{1}{9} \sum_{i=1}^{9} (x_i - y_i) = 12, s_d = \sqrt{\frac{1}{8} \sum_{i=1}^{9} [x_i - y_i - (\overline{x} - \overline{y})]^2} \approx 6.8 ,$$

代入检验统计量得 T 的值为

$$t = \frac{12 - 8.5}{6.8 / \sqrt{9}} \approx 1.54 ,$$

因为 $t \approx 1.54 \notin \overline{W}$，所以在 $\alpha = 0.05$ 下，没有充足理由拒绝 H_0，即调查结果不支持该俱乐部的声称.

6.3.2　双正态总体方差之比的假设检验

设总体 $X \sim N(\mu_1, \sigma_1^2)$，总体 $Y \sim N(\mu_2, \sigma_2^2)$，其中 σ_1^2 和 σ_2^2 是未知参数．$x_1, x_2, \cdots, x_m$ 和 $y_1, y_2, \cdots, y_n$ 分别是来自 X 和 Y 的样本，且相互独立，样本方差分别是 s_x^2, s_y^2．考虑以下三类检验问题：

（1）$H_0 : \dfrac{\sigma_1^2}{\sigma_2^2} = 1 ; H_1 : \dfrac{\sigma_1^2}{\sigma_2^2} \neq 1$．

（2）$H_0 : \dfrac{\sigma_1^2}{\sigma_2^2} > 1 ; H_1 : \dfrac{\sigma_1^2}{\sigma_2^2} \leqslant 1$．

（3）$H_0 : \dfrac{\sigma_1^2}{\sigma_2^2} \leqslant 1 ; H_1 : \dfrac{\sigma_1^2}{\sigma_2^2} > 1$．

选择 $\sigma_1^2 = \sigma_2^2$ 时的抽样分布即式（6.3.7）作为检验统计量：

$$F = \frac{s_x^2}{s_y^2} \sim F(m-1, n-1). \tag{6.3.7}$$

检验统计量为 F 分布的假设检验称为 F **检验**.

例 6.3.5　设甲、乙两种电子元件的电阻值（单位：Ω）都服从正态分布．从甲种电子元件中随机抽取 8 个，测得电阻值的方差为 2.57，从乙种电子元件中随机抽取 6 个，测得电阻值的方差为 2.67，试问在 $\alpha = 0.05$ 下这两种电子元件的方差是否相等？

解　步骤 1：设甲、乙两种电子元件的电阻值分别为 $X \sim N(\mu_1, \sigma_1^2)$ 和 $Y \sim N(\mu_2, \sigma_2^2)$．依题意，本例是关于双总体方差之比 $\dfrac{\sigma_1^2}{\sigma_2^2}$ 的双侧 F 检验．

$$H_0 : \frac{\sigma_1^2}{\sigma_2^2} = 1 ; H_1 : \frac{\sigma_1^2}{\sigma_2^2} \neq 1.$$

步骤 2：检验统计量为 $F = \dfrac{s_x^2}{s_y^2} \sim F(m-1, n-1)$．

步骤 3：确定拒绝域．$m = 8, n = 6, \alpha = 0.05, F_{\alpha/2}(m-1, n-1) = F_{0.025}(7, 5) \approx 6.85$，$F_{1-\alpha/2}(7, 5) = F_{0.975}(7, 5) = \dfrac{1}{F_{0.025}(5, 7)} = \dfrac{1}{5.29} \approx 0.19$，拒绝域为 $\overline{W} = (0, 0.19] \bigcup [6.85, +\infty)$．

步骤 4：计算检验统计量的值和统计推断．$s_x^2 = 2.57, s_y^2 = 2.67$，代入检验统计量得 F 的值为

$$f = \frac{2.57}{2.67} \approx 0.96,$$

因为 $f \approx 0.96 \notin \overline{W}$，所以在 $\alpha = 0.05$ 下，没有充足理由拒绝 H_0，即这两种电子元件的方差相等．

6.3.3　双总体成数之差的假设检验

设总体 $X \sim B(1;\pi_1)$ ，总体 $Y \sim B(1,\pi_2)$ ，其中 π_1 和 π_2 是未知参数. $x_1, x_2, \cdots, x_m$ 和 $y_1, y_2, \cdots, y_n$ 分别是来自 X 和 Y 的样本，且相互独立，样本成数分别是 P_1 和 P_2. 考虑以下三类关于 $\pi_1 - \pi_2$ 的检验问题：

（1）$H_0: \pi_1 - \pi_2 = \delta_0$ ；$H_1: \pi_1 - \pi_2 \neq \delta_0$.

（2）$H_0: \pi_1 - \pi_2 > \delta_0$ ；$H_1: \pi_1 - \pi_2 \leqslant \delta_0$.

（3）$H_0: \pi_1 - \pi_2 \leqslant \delta_0$ ；$H_1: \pi_1 - \pi_2 > \delta_0$.

其中， δ_0 是已知数.

当 m 和 n 充分大时，选择 $\pi_1 - \pi_0 = \delta_0$ 时的抽样分布即式（6.3.8）作为检验统计量：

$$Z = \frac{(P_1 - P_2) - \delta_0}{\sqrt{P_1(1-P_1)/m + P_2(1-P_2)/n}} \stackrel{\cdot}{\sim} N(0,1) . \qquad (6.3.8)$$

假设检验方法是 Z 检验.

例 6.3.6　一般认为上网打游戏的，男生比女生多；上网聊天的，女生比男生多. 为证实此种看法，进行了专门的问卷调查. 调查发现，被调查的 140 个女生和 150 个男生中喜欢上网聊天的人数分别为 56 人和 63 人. 试问在 $\alpha = 0.05$ 下调查结果是否支持上述看法？

解　步骤 1：设随机选 1 人，女生和男生上网聊天的人数分别为 $X \sim B(1, \pi_1)$ 和 $Y \sim B(1, \pi_2)$. 依题意，本例是双总体成数之差 $\pi_1 - \pi_2$ 的左侧近似 Z 检验.

$$H_0: \pi_1 - \pi_2 > 0 ; H_1: \pi_1 - \pi_2 \leqslant 0 .$$

步骤 2：检验统计量为 $Z = \dfrac{(P_1 - P_2) - \delta_0}{\sqrt{P_1(1-P_1)/m + P_2(1-P_2)/n}} \stackrel{\cdot}{\sim} N(0,1)$.

步骤 3：确定拒绝域. $\alpha = 0.05, z_{1-\alpha} = z_{0.95} \approx -1.65$, 拒绝域为 $\overline{W} = (-\infty, -1.65]$.

步骤 4：计算检验统计量的值和统计推断. $P_1 = \dfrac{56}{140} = 0.4, P_2 = \dfrac{63}{150} = 0.42, \delta_0 = 0$, $m = 140, n = 150$ ，代入检验统计量得 Z 的值为

$$z = \frac{(0.4 - 0.42) - \delta_0}{\sqrt{0.4 \times (1 - 0.4)/140 + 0.42 \times (1 - 0.42)/150}} \approx -0.35 ,$$

因 $z \approx -0.35 \notin \overline{W}$ ，所以在 $\alpha = 0.05$ 下，没有充足理由拒绝 H_0 ，即喜欢上网聊天的女生比率高于男生.

习题 6.3

1. 甲、乙两厂生产的同种零件的长度（单位：cm）都服从方差为 0.09 的正态分布. 从甲厂随机抽取 20 件产品，平均长度为 9.97；从乙厂随机抽取 25 件产品，平均长度为 10.13. 试

问在 $\alpha = 0.05$ 下甲、乙两厂的产品平均长度有无显著性差异？

2. 甲、乙两种类似的电阻器的电阻值（单位：Ω）都服从正态分布，且甲种的方差为 0.009，乙种的方差为 0.008. 从甲、乙两种电阻器中分别随机抽取 49 件，测得平均电阻值分别为 0.17 和 0.13. 试问在 $\alpha = 0.05$ 下两种电阻器的平均电阻值是否有显著性差异？

3. 用甲、乙两种饲料饲养的肉鸡的体重（单位：g）都服从正态分布，方差相同且未知. 现从用这两种饲料饲养的肉鸡中各随机抽取 7 只，测得其平均体重分别为 757 和 782，方差分别约为 465 和 425. 试问在 $\alpha = 0.05$ 下用甲、乙两种饲料饲养的肉鸡的平均体重有无显著性差异？

4. 为比较甲、乙两种安眠药的疗效，将 20 名患者随机分成甲、乙两组，每组 10 人，分别服用两种安眠药，测得服药后甲组延长睡眠的平均时间为 3.35 小时，标准差约为 2 小时，乙组延长睡眠的平均时间为 1.56 小时，标准差约为 1.9 小时. 假设服药后延长的睡眠时间服从正态分布且方差相同，试问在 $\alpha = 0.05$ 下两种安眠药的疗效有无显著性差别？

5. 甲、乙两厂生产同样的灯泡，其使用寿命（单位：h）都服从正态分布，从两厂生产的灯泡中各随机取 60 只，测得两厂生产的灯泡的平均寿命分别为 1405 和 1230，标准差分别约为 500 和 600. 试问在 $\alpha = 0.05$ 下两厂生产的灯泡的平均寿命有无显著性差异？

6. 某家禽研究所对粤黄鸡进行饲养对比试验，试验时间为 60 天，喂饲料 A 的 8 只鸡平均增重为 706 g，标准差约为 17 g，喂饲料 B 的 8 只鸡平均增重为 689 g，标准差约为 12 g. 假设两种饲料使鸡增重都服从正态分布，试问在 $\alpha = 0.05$ 下两种饲料对粤黄鸡的平均增重效果有无显著性差异？

7. （成对样本）某种自动机床加工的一种零件，其直径（单位：cm）服从正态分布. 现从甲、乙两班工人加工的零件中各随机抽验了 5 个，测得它们的直径分别为

机器编号	1	2	3	4	5
甲班	2.062	2.064	2.068	2.060	2.066
乙班	2.058	2.059	2.065	2.061	2.062
差	0.004	0.005	0.003	-0.001	0.004

试问在 $\alpha = 0.05$ 下甲、乙两班工人加工的零件的平均直径有无显著性差异？

8. （成对样本）为观察某药对高胆固醇血症的疗效，测定了 9 名患者服药前和服药一个疗程后的血清胆固醇含量，得到如下数据：

患者号	1	2	3	4	5	6	7	8	9
服药前	313	255	284	328	302	341	319	295	281
服药后	301	250	278	320	311	324	328	299	271
胆固醇含量之差	12	5	6	8	-9	17	-9	-4	10

假设化验结果服从正态分布，试在 $\alpha = 0.05$ 下检验患者服药前后的血清胆固醇含量有无显著下降？

9. 甲、乙两厂生产同一种电阻, 现从甲、乙两厂的产品中分别随机抽取 13 个和 10 个样品, 测得它们的电阻值（单位：Ω）的方差分别为 1.4 和 4.38. 假设这种电阻的电阻值服从正态分布, 试问在 $\alpha = 0.05$ 下两厂生产的电阻值的方差是否相等?

10. 随机抽取两种电子元件各 6 个测试其使用寿命（单位：h）, 经测定两个样本的方差分别为 1780 和 770. 假设这两种电子元件的使用寿命都服从正态分布, 试问在 $\alpha = 0.05$ 下这两种电子元件使用寿命的方差是否相等?

11. 某养猪场第一年饲养仔猪 9800 头, 死亡 980 头; 第二年饲养同种仔猪 10 000 头, 死亡 910 头. 试问在 $\alpha = 0.05$ 下第一年仔猪死亡率与第二年仔猪死亡率是否有显著性差异?

12. 某医院现有工作人员 900 人, 其中女性 140 人、男性 760 人. 在一次流感中 98 人发病, 其中女性 19 人、而男性 79 人. 试问在 $\alpha = 0.05$ 下是否可以认为女性患流感比例高于男性?

§6.4　分布拟合检验与列联表检验

6.4.1　分布拟合检验

本福特定律, 也称为本福德法则, 说明一堆从实际生活得出的数据中, 以 1 为首位数字的数出现的概率约为总数的三成, 接近期望值 $\frac{1}{9}$ 的 3 倍, 推广来说, 越大的数字, 以它为首位的数出现的概率就越低, 如图 6.4.1 所示.

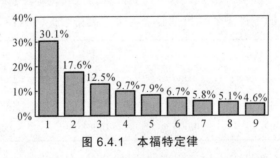

图 6.4.1　本福特定律

该定律精确地用数学表述则是, 在 b 进位制中, 以数字 i 为首位数字的数出现的概率为 $\log(i \times b + b) - \log(i \times b)$. 在十进制中, 以数字 i 为首位数字的数出现的概率为

i	1	2	3	4	5	6	7	8	9
p_i	30.1%	17.6%	12.5%	9.7%	7.9%	6.7%	5.8%	5.1%	4.6%

2001 年, 美国最大的能源交易商安然公司宣布破产, 当时传出该公司高层管理人员涉嫌做假账的传闻. 事后人们发现, 安然公司 2001 年至 2002 年所公布的每股盈利数字就不符合本福特定律, 这证明了安然的高层管理者可能改动过这些数据.

现在审计人员发现某上市公司的年报中统计的 350 个数据中分别以 1, 2, …, 9 为首位数字

的数据的个数分别为

i	1	2	3	4	5	6	7	8	9
n_i	92	65	41	30	26	25	21	19	31

试问该公司是否在年报中有作假的嫌疑呢？

前面讨论的假设检验都是对分布参数建立假设并进行检验，他们属于**参数假设检验**问题. 有时需要对总体的未知分布进行推断，这一类检验问题称为**分布拟合检验**或**拟合优度检验**，是一类非参数检验. 下面对分布拟合检验加以介绍.

设总体 X 的分布 $F(x)$ 未知，现对总体的 k 个类别 $A_1, A_2, \cdots, A_k$ 共观测了 n 次，k 个类别出现的观测频数分别为 $n_1, n_2, \cdots, n_k$，$\sum n_i = n$. 假设检验问题是：

$H_0 : F(x)$ 服从某分布；　$H_1 : F(x)$ 不服从某分布.

1）诸 $P(A_i) = p_i$ 已知时

如果 H_0 成立，由伯努利大数定律知，对每一类 A_i，其观测频率 $\dfrac{n_i}{n}$ 与概率 p_i 应接近. 或者说，观测频数 n_i 与期望频数 $E_i = np_i$ 应接近. 据此，英国统计学家皮尔逊（Karl Pearson，1857-1936）提出了如下检验统计量：

$$\chi^2 = \sum_{i=1}^{k} \frac{(n_i - E_i)^2}{E_i} = \sum_{i=1}^{k} \frac{(n_i - np_i)^2}{np_i}, \tag{6.4.1}$$

并证明在 H_0 成立时，对充分大的 n，χ^2 近似服从 $\chi^2(k-1)$.

由于统计量 χ^2 度量的是观测频数与期望频数的偏离程度，χ^2 值越大表示偏离程度越大，偏离程度越大越倾向于拒绝 H_0. 因此对给定的显著性水平 α，该检验为 χ^2 右侧检验.

例 6.4.1　对一开始提出的上市公司是否在年报中有作假嫌疑的问题进行分布拟合检验.

解　步骤 1：提出原假设与备择假设. 假设数据分布为 $F(x)$，则

$H_0 : F(x)$ 符合本福德法则；　$H_1 : F(x)$ 不符合本福德法则.

步骤 2：计算期望频数. 若某公司年报中的数字符合本福德法则，那么在 350 个数据中分别以 1, 2, $\cdots$, 9 为首位数字的数据的期望频数 E_i（四舍五入保留整数）应该分别为

i	1	2	3	4	5	6	7	8	9
p_i	30.1%	17.6%	12.5%	9.7%	7.9%	6.7%	5.8%	5.1%	4.6%
n_i	92	65	41	30	26	25	21	19	31
E_i	105	62	44	34	28	23	20	18	16

步骤 3：检验统计量为 $\chi^2 = \sum_{i=1}^{k} \dfrac{(n_i - E_i)^2}{E_i} \sim \chi^2(k-1)$.

步骤 4：确定拒绝域. 本例总体分为 9 类，$k = 9, \alpha = 0.05, \chi_\alpha^2(k-1) = \chi_{0.05}^2(8) \approx 15.51$, 拒绝域为 $\overline{W} = [15.51, +\infty)$.

步骤 5：计算检验统计量的值与统计推断. 将观测频数与期望频数代入检验统计量，计算得统计量 χ^2 的值为

$$c^2 = \frac{(92-105)^2}{105} + \frac{(65-62)^2}{62} + \frac{(41-44)^2}{44} + \frac{(30-34)^2}{34} + \frac{(26-28)^2}{28} +$$

$$\frac{(25-23)^2}{23} + \frac{(21-20)^2}{20} + \frac{(19-18)^2}{18} + \frac{(31-16)^2}{16} \approx 16.91 ,$$

因 $c^2 \approx 16.91 \in \overline{W}$，所以在 $\alpha = 0.05$ 下，有充足理由拒绝 H_0，即某公司在年报中有作假嫌疑.

例 6.4.2　某人说股市中的投资者是"10 个人中，只有 1 人赚钱，2 人不亏不赚，7 个人亏损"，在一次随机调查的 250 位投资者中，有 26 人回答赚了钱，有 58 人回答大体上不亏不赚，有 166 人回答亏了钱. 试问在 $\alpha = 0.05$ 下调查结果能否证实某人的论断呢？

解　步骤 1：提出原假设与备择假设. 设股市中赚钱、不亏不赚、亏损的投资者比例分别是 p_1, p_2, p_3，则

$H_0: p_1 = 0.1, p_2 = 0.2, p_3 = 0.7;$

$H_1: p_1 = 0.1, p_2 = 0.2, p_3 = 0.7$ 中至少有一个不成立.

步骤 2：计算期望频数. 若 H_0 为真，则在 250 位投资者中，赚钱、不亏不赚、亏损的投资者期望频数为

$$E_1 = 250p_1 = 25, E_2 = 250p_2 = 50, E_3 = 250p_3 = 175 ,$$

实际频数为 $n_1 = 26, n_2 = 58, n_3 = 166$.

步骤 3：检验统计量为 $\chi^2 = \sum_{i=1}^{k} \frac{(n_i - E_i)^2}{E_i} \sim \chi^2(k-1)$.

步骤 4：确定拒绝域. 本例总体分为 3 类，$k = 3, a = 0.05, \chi^2_\alpha(k-1) = \chi^2_{0.05}(2) \approx 5.99$，拒绝域为 $\overline{W} = [5.99, +\infty)$.

步骤 5：计算检验统计量的值与统计推断. 将观测频数与期望频数代入检验统计量，计算得 χ^2 的值为

$$c^2 = \frac{(26-25)^2}{25} + \frac{(58-50)^2}{50} + \frac{(166-175)^2}{175} \approx 1.78 ,$$

因 $c^2 \approx 1.78 \notin \overline{W}$，所以在 $\alpha = 0.05$ 下，没有充足理由拒绝 H_0，即该次调查支持此人的论断.

2）诸 $P(A_i) = p_i$ 不完全已知时

当诸 p_i 不完全已知时，可首先求未知 p_i 的最大似然估计值 $\hat{p}_i$. 由最大似然估计的不变性，$\hat{E}_i = n\hat{p}_i$ 是期望频数 $E_i = np_i$ 的最大似然估计. 费歇尔提出了如下检验统计量：

$$\chi^2 = \sum_{i=1}^{k} \frac{(n_i - \hat{E}_i)^2}{\hat{E}_i} = \sum_{i=1}^{k} \frac{(n_i - n\hat{p}_i)^2}{n\hat{p}_i} ,\qquad (6.4.2)$$

并证明在 H_0 成立时，对充分大的 n，χ^2 近似服从 $\chi^2(k-r-1)$，其中 r 为用以估计 p_i 的参数个

数. 因此，当诸 p_i 不完全已知时，可以用统计量（6.4.2）进行 χ^2 右侧检验.

例 6.4.3 某玻璃厂为研究其玻璃产品中的气泡分布情况, 对随机抽取的 100 件产品进行观察, 发现一个产品中的气泡数与发现的件数如下:

气泡数 i	0	1	2	3	4	5	6	7	8	9	10	11
产品件数 n_i	6	9	11	13	15	12	11	9	8	4	1	1

试问在 $\alpha = 0.05$ 下该产品中的气泡数是否服从泊松分布呢?

解 步骤 1: 提出原假设与备择假设. 假设气泡数的分布为 $F(x)$, 则

$H_0: F(x)$ 为泊松分布; $H_1: F(x)$ 不是泊松分布.

步骤 2: 估计参数. 若 H_0 为真, 则泊松分布的参数 λ 的最大似然估计为

$$\hat{\lambda} = \bar{x} = \sum_{i=0}^{11} i \times n_i \bigg/ \sum_{i=0}^{11} n_i = 4.4 .$$

步骤 3: 计算期望频数. 因 χ^2 检验主要用于大样本, 且各类频数需大于 5, 为此将气泡数大于 8 算作 1 类, 观测类别合并成 10 类, 即气泡数与产品件数如下:

气泡数 i	0	1	2	3	4	5	6	7	8	$\geqslant 9$
产品件数 n_i	6	9	11	13	15	12	11	9	8	6

在原假设下, 每类出现的概率为

$$p_i = \frac{\lambda^i}{i!} \mathrm{e}^{-\lambda} (i=0,1,\cdots,8), \quad p_9 = 1 - \sum_{i=0}^{8} p_i = 1 - \sum_{i=0}^{8} \frac{\lambda^i}{i!} \mathrm{e}^{-\lambda} ,$$

用 $\hat{\lambda}$ 代替 λ, 借助 Excel 中泊松分布函数, 计算得出 p_i 的最大似然估计值 $\hat{p}_i$ 如下:

i	0	1	2	3	4	5	6	7	8	$\geqslant 9$
$\hat{p}_i$	0.0123	0.0540	0.1188	0.1743	0.1917	0.1687	0.1237	0.0778	0.0428	0.0358

期望频数估计（四舍五入保留整数）如下:

i	0	1	2	3	4	5	6	7	8	$\geqslant 9$
$\hat{E}_i$	1	5	12	17	19	17	12	8	4	4

步骤 4: 检验统计量为 $\chi^2 = \sum_{i=1}^{k} \frac{(n_i - \hat{E}_i)^2}{\hat{E}_i} \sim \chi^2(k-r-1)$.

步骤 5: 确定拒绝域. 因估计 p_i 的参数只有 1 个 λ, 故 $r=1, k=10, \alpha=0.05$, $\chi_\alpha^2(k-r-1) = \chi_{0.05}^2(8) \approx 15.51$, 拒绝域为 $\overline{W} = [15.51, +\infty)$.

步骤 6: 计算检验统计量的值与统计推断. 将观测频数与期望频数代入检验统计量, 计算得 χ^2 的值为

$$c^2 = \frac{(6-1)^2}{1} + \frac{(9-5)^2}{5} + \frac{(11-12)^2}{12} + \frac{(13-17)^2}{17} + \frac{(15-19)^2}{19} +$$

$$\frac{(12-17)^2}{17}+\frac{(11-12)^2}{12}+\frac{(9-8)^2}{8}+\frac{(8-4)^2}{4}+\frac{(6-4)^2}{4}\approx 36.75\ ,$$

因 $c^2\approx 36.75\in \overline{W}$ ，故在 $\alpha =0.05$ 下，有充足理由拒绝 H_0 ，即该产品中的气泡数不服从泊松分布.

6.4.2　列联表独立性检验

某化妆品公司为对新开发的某种护肤品进行满意度调查，随机抽取 162 位消费者进行免费试用，试用后的满意情况统计数据如下：

对产品的态度	满意 n_{i1}	中立 n_{i2}	不满意 n_{i3}	合计 $n_{i.}$
男士 n_{1j}	58	11	10	79
女士 n_{2j}	35	25	23	83
合计 $n_{.j}$	93	36	33	$n=162$

从以上数据可以看出，男士满意的占比 $58/79\approx 73.4\%$ ，女士满意的占比 $35/83\approx 42.2\%$. 问题是，对新产品的满意情况是否与性别有关呢？

若性别和满意情况为两个随机变量，则上述问题就是检验这两个随机变量是否独立. 以下介绍 $r\times c$ 二维列联表及其独立性检验的方法.

设总体 A 和 B 的联合分布未知，现对总体 A 的 r 个类别 $A_1,A_2,\cdots,A_r$ 和 B 的 c 个类别 $B_1,B_2,\cdots,B_c$ 进行联合观测，观测频数见表 6.4.1. 表 6.4.1 称为 $r\times c$ **二维列联表**.

表 6.4.1　　$r\times c$ **二维列联表**

A	B					行和 $n_{i.}$
	B_1	$\cdots$	B_j	$\cdots$	B_c	
A_1	n_{11}	$\cdots$	n_{1j}	$\cdots$	n_{1c}	$n_{1.}$
$\vdots$	$\vdots$		$\vdots$		$\vdots$	$\vdots$
A_i	n_{i1}	$\cdots$	n_{ij}	$\cdots$	n_{ic}	$n_{i.}$
$\vdots$	$\vdots$		$\vdots$		$\vdots$	$\vdots$
A_r	n_{r1}	$\cdots$	n_{rj}	$\cdots$	n_{rc}	$n_{r.}$
列和 $n_{.j}$	$n_{.1}$	$\cdots$	$n_{.j}$	$\cdots$	$n_{.c}$	总和 n

假设检验问题是：

H_0 ：A 和 B 相互独立； H_1 ：A 和 B 不相互独立.

这类问题的检验称作**列联表的独立性检验**，这是另一类非参数检验.

设 $r\times c$ 二维列联表对应的联合分布列及边际分布列见表 6.4.2. 用 $p_{i.}$ 表示 A 的边际分布列， $p_{.j}$ 表示 B 的边际分布列， p_{ij} 表示 (A,B) 的联合分布列，则假设检验问题可以表述为

H_0 ：$p_{ij}=p_{i.}\times p_{.j}$ $(i=1,2,\cdots,r\ ;\ j=1,2,\cdots,c)$ ；

$H_1 : p_{ij} = p_{i \cdot} \times p_{\cdot j}$ 中至少有一个不成立.

表 6.4.2　$r \times c$ 二维列联表对应总体的分布

A	B					A 的边缘分布 $p_{i \cdot}$
	B_1	$\cdots$	B_j	$\cdots$	B_c	
A_1	p_{11}	$\cdots$	p_{1j}	$\cdots$	p_{1c}	$p_{1 \cdot}$
$\vdots$	$\vdots$	$\cdots$	$\vdots$	$\cdots$	$\vdots$	$\vdots$
A_i	p_{i1}	$\cdots$	p_{ij}	$\cdots$	p_{ic}	$p_{i \cdot}$
$\vdots$	$\vdots$	$\cdots$	$\vdots$	$\ddots$	$\vdots$	$\vdots$
A_r	p_{r1}	$\cdots$	p_{rj}	$\cdots$	p_{rc}	$p_{r \cdot}$
B 的边缘分布 $p_{\cdot j}$	$p_{\cdot 1}$	$\cdots$	$p_{\cdot j}$	$\cdots$	$p_{\cdot c}$	1

如果 H_0 为真，即 A 与 B 独立，则 $p_{ij} = p_{i \cdot} \times p_{\cdot j}$，现在 $p_{ij}, p_{i \cdot}, p_{\cdot j}$ 皆未知，可以对 $p_{ij}, p_{i \cdot}, p_{\cdot j}$ 进行最大似然估计.

在对总体 A 的观测中，第 i 类 A_i 要么出现要么不出现，出现计作 1，不出现计作 0，则第 i 类 A_i 服从 0-1 分布，$p_{i \cdot}$ 为总体成数，$\dfrac{n_{i \cdot}}{n}$ 是样本成数，$p_{i \cdot}$ 的最大似然估计为 $\dfrac{n_{i \cdot}}{n}$，即 $\hat{p}_{i \cdot} = \dfrac{n_{i \cdot}}{n}$.

同理，$p_{\cdot j}$ 的最大似然估计为 $\dfrac{n_{\cdot j}}{n}$，即 $\hat{p}_{\cdot j} = \dfrac{n_{\cdot j}}{n}$. 由最大似然估计的不变性知，$p_{ij}$ 的最大似然估计

$$\hat{p}_{ij} = \hat{p}_{i \cdot} \times \hat{p}_{\cdot j} = \frac{n_{i \cdot} \times n_{\cdot j}}{n^2}.$$

所以，若 H_0 为真，则 (A_i, B_j) 出现的期望频数为

$$\hat{E}_{ij} = n \hat{p}_{ij} = \frac{n_{i \cdot} \times n_{\cdot j}}{n}.$$

A 与 B 的独立性检验问题实际上是在表 6.4.2 中诸 p_{ij} 不完全已知时的分布拟合检验. 如果 H_0 成立，观测频数 n_{ij} 与期望频数 $\hat{E}_{ij}$ 应接近. 取检验统计量：

$$\chi^2 = \sum_{i=1}^{r} \sum_{j=1}^{c} \frac{(n_{ij} - \hat{E}_{ij})^2}{\hat{E}_{ij}} = \sum_{i=1}^{r} \sum_{j=1}^{c} \frac{(n_{ij} - n \hat{p}_{ij})^2}{n \hat{p}_{ij}}. \tag{6.4.3}$$

其中，诸 $\hat{p}_{ij}$ 是 p_{ij} 在 H_0 成立下的最大似然估计.

可以证明，在 H_0 成立时，χ^2 近似服从自由度为 $(r-1)(c-1)$ 的 χ^2 分布. 由于统计量 χ^2 度量的是观测频数与期望频数的偏离程度，χ^2 值越大表示偏离程度越大，偏离程度越大越倾向于拒绝 H_0. 因此对给定的显著性水平 α，列联表的独立性检验是 χ^2 右侧检验.

例 6.4.4　对上面提到的某种护肤品满意度调查进行列联表独立性检验.

解　步骤 1：提出原假设与备择假设.

H_0：满意度与性别无关；H_1：满意度与性别有关.

步骤 2：计算期望频数. 实际观测频数为

$$n_{11} = 58, n_{12} = 11, n_{13} = 10, n_{21} = 35, n_{22} = 25, n_{23} = 23 \ ,$$

$$n = 162, n_{1.} = 79, n_{2.} = 83, n_{.1} = 93, n_{.2} = 36, n_{.3} = 33.$$

期望频数估计（四舍五入保留整数）为

$$\hat{E}_{11} = \frac{n_{1.} \times n_{.1}}{n} = \frac{79 \times 93}{162} \approx 45 \ , \quad \hat{E}_{12} = \frac{n_{1.} \times n_{.2}}{n} = \frac{79 \times 36}{162} \approx 18 \ ,$$

$$\hat{E}_{13} = \frac{n_{1.} \times n_{.3}}{n} = \frac{79 \times 33}{162} \approx 16 \ , \quad \hat{E}_{21} = \frac{n_{2.} \times n_{.1}}{n} = \frac{83 \times 93}{162} \approx 48 \ ,$$

$$\hat{E}_{22} = \frac{n_{2.} \times n_{.2}}{n} = \frac{83 \times 36}{162} \approx 18 \ , \quad \hat{E}_{23} = \frac{n_{2.} \times n_{.3}}{n} = \frac{83 \times 33}{162} \approx 17 \ .$$

步骤 3：检验统计量为 $\chi^2 = \sum\limits_{i=1}^{r} \sum\limits_{j=1}^{c} \frac{(n_{ij} - \hat{E}_{ij})^2}{\hat{E}_{ij}} \sim \chi^2((r-1)(x-1))$.

步骤 4：确定拒绝域. $r = 2, c = 3, \alpha = 0.05, \chi_\alpha^2((r-1)(c-1)) = \chi_{0.05}^2(2) \approx 5.99$, 拒绝域为 $\overline{W} = [5.99, +\infty)$.

步骤 5：计算检验统计量的值与统计推断. 将观测频数和期望频数估计代入检验统计量有

$$c^2 = \frac{(58-45)^2}{45} + \frac{(11-18)^2}{18} + \frac{(10-16)^2}{16} + \frac{(35-48)^2}{48} + \frac{(25-18)^2}{18} + \frac{(23-17)^2}{17}$$

$$\approx 17.09 \ ,$$

因 $c^2 \approx 17.09 \in \overline{W}$，所以在 $\alpha = 0.05$ 下，有充足理由拒绝 H_0，即对新产品的满意情况与性别有关.

例 6.4.5　为了调查吸烟是否对患肺癌有影响，某肿瘤研究所随机调查了 100 000 人，得到如下数据（单位：人）：

	不患肺癌	患肺癌	总计
不吸烟	77 570	5	77 575
吸烟	22 420	5	22 425
总计	99 990	10	100 000

试在 $\alpha = 0.05$ 下检验肺癌是否与吸烟有关.

解　步骤 1：提出原假设与备择假设.

H_0：肺癌与吸烟无关；H_1：肺癌与吸烟有关.

步骤 2：计算期望频数. 实际观测频数为

$$n_{11} = 77 \ 570, n_{12} = 5, n_{21} = 22 \ 420, n_{22} = 5,$$

$$n_{1.} = 77 \ 575, n_{2.} = 22 \ 425, n_{.1} = 99 \ 990, n_{.2} = 10.$$

期望频数估计（四舍五入保留整数）为

$$\hat{E}_{11} = n\hat{p}_{11} = \frac{n_{1.} \times n_{.1}}{n} = \frac{77\,575 \times 99\,990}{100\,000} \approx 77\,567,$$

$$\hat{E}_{12} = n\hat{p}_{12} = \frac{n_{1.} \times n_{.2}}{n} = \frac{77\,575 \times 10}{100\,000} \approx 8,$$

$$\hat{E}_{21} = n\hat{p}_{21} = \frac{n_{2.} \times n_{.1}}{n} = \frac{22\,425 \times 99\,990}{100\,000} \approx 22\,423,$$

$$\hat{E}_{22} = n\hat{p}_{22} = \frac{n_{2.} \times n_{.2}}{n} = \frac{22\,425 \times 10}{100\,000} \approx 2.$$

步骤 3：检验统计量. $\chi^2 = \sum_{i=1}^{r} \sum_{j=1}^{c} \frac{(n_{ij} - \hat{E}_{ij})^2}{\hat{E}_{ij}} \sim \chi^2((r-1)(x-1))$.

步骤 4：确定拒绝域. $r = 2, c = 2, \alpha = 0.05, \chi_\alpha^2((r-1)(c-1)) = \chi_{0.05}^2(1) \approx 3.84$, 拒绝域为 $\overline{W} = [3.84, +\infty)$.

步骤 5：计算检验统计量的值与统计推断. 将观测频数和期望频数代入检验统计量有

$$c^2 = \frac{(77\,570 - 77\,567)^2}{77\,567} + \frac{(5-8)^2}{8} + \frac{(22\,420 - 22\,423)^2}{22\,423} + \frac{(5-2)^2}{2} \approx 5.63,$$

因 $c^2 \approx 5.63 \in \overline{W}$，所以在 $\alpha = 0.05$ 下，有充足理由拒绝 H_0，即患肺癌与吸烟有关.

习题 6.4

1. 掷一颗骰子 60 次，结果如下：

点数	1	2	3	4	5	6	合计
次数	7	8	12	11	9	13	60

试问在 $\alpha = 0.05$ 下这颗骰子是否均匀？

2. 作南瓜果皮色泽和形状的遗传学试验，得到 F2 代的观测数据如下：

果皮与形状	白皮蝶形	白皮圆形	黄皮蝶形	黄皮圆形
频次	420	159	145	60

试问在 $\alpha = 0.05$ 下分离比是否符合 $9 : 3 : 3 : 1$？

3. 某商店为了掌握每 5 分钟内到达的顾客数，观察了 100 次，统计结果如下：

5 分钟到达顾客	0	1	2	3	4	5	6	7
观察次数	6	14	20	24	20	13	2	1

试问在 $\alpha = 0.05$ 下每 5 分钟内到达的顾客数是否服从泊松分布？

4. 检查了一本书的 100 页，记录各页中的印刷错误的个数，其结果如下：

错误个数 i	0	1	2	3	4	5	6	≥ 7
含个错误的页数 n_i	36	40	19	2	0	2	1	0

试问在 $\alpha = 0.05$ 下一页中印刷错误个数是否服从泊松分布？

5. 在一批电子元件中抽取 300 只进行寿命试验，其结果如下：

寿命 t /h	$t < 100$	$100 \leq t < 200$	$200 \leq t < 300$	$t \geq 300$
灯泡数	121	78	43	58

试问在 $\alpha = 0.05$ 下电子元件的寿命是否服从参数为 0.005 的指数分布？

6. 110 名教师培训普 2 天通话，培训前后两次测验通过情况如下：

	第二次测验通过	第二次测验未通过
第一次测验通过	41	26
第一次测验未通过	24	19

试在 $\alpha = 0.05$ 下检验第二次测试结果是否与第一次测试结果有关.

7. 某公司有 A, B, C 三位业务员在甲、乙、丙三个地区开展营销业务活动. 他们的年销售额如下：

	甲	乙	丙
A	150	140	260
B	160	170	290
C	110	130	180

试在 $\alpha = 0.05$ 下检验业务员的销售额是否与地区有关.

8. 为研究儿童智力发展与营养的关系，某研究机构调查了 1436 名儿童，得到如下数据：

营养状况	智商				合计
	<80	80　90	90　99	≥ 100	
营养良好	367	342	266	329	1304
营养不良	56	40	20	16	132
合计	423	382	286	345	1436

试在 $\alpha = 0.05$ 下检验儿童智力发展是否与营养有关.

9. 在调查的 480 名男性中 38 名患有色盲，520 名女性中 6 名患有色盲，调查数据如下：

性别	被调查者		合计
	患色盲	未患色盲	
男	38	442	480
女	6	514	520
合计	44	956	1000

试在 $\alpha = 0.05$ 下检验色盲是否与性别有关.

§6.5　Excel 在假设检验中的应用

Excel 的数据分析工具中提供了"z-检验:双样本均值分析""t-检验:双样本等方差假设""t-检验:双样本异方差假设""t-检验:成对双样本均值分析""F 检验:双样本方差分析"等几种假设检验分析工具,利用这些分析工具可以进行双总体参数的假设检验,亦可进行单总体参数的近似假设检验.

6.5.1　单个总体参数的假设检验

1) 方差已知时总体均值的检验

例 6.5.1　某种电子元件的寿命服从正态分布,其质量标准为平均寿命达到 1200 小时,方差为 1500 小时.某厂宣布它采用一种新工艺生产的产品质量大大超过了规定标准.为了检验该厂的宣传,随机抽取 6 件电子元件,测得寿命分别为

1290	1127	1247	1215	1210	1240

试问在 $\alpha = 0.05$ 下能否说该厂产品质量显著高于规定标准?

解　步骤 1:$H_0 : \mu \leqslant 1200; H_1 : \mu > 1200$.

步骤 2:将样本数据输入单元格区域\$A\$1:\$F\$1,单元格区域\$A\$2:\$F\$2 内输入 0.

步骤 3:点击"数据→数据分析→分析工具(A):z-检验:双样本平均差检验".在"z-检验:双样本平均差检验"对话框中进行图 6.5.1 所示的设置,点击"确定".

图 6.5.1　"z-检验:双样本平均差检验"对话框

检验结果如图 6.5.2 所示.

	A	B	C	D	E	F
1	1290	1127	1247	1215	1210	1240
2	0	0	0	0	0	0
3	z-检验:双样本均值分析					
4						
5		变量1	变量2			
6	平均	1221.5	0			
7	已知协方差	1500	1E-26			
8	观测值	6	6			
9	假设平均差	1200				
10	z	1.3598				
11	P(Z<=z) 单尾	0.0869				
12	z 单尾临界	1.6449				
13	P(Z<=z) 双尾	0.1739				
14	z 双尾临界	1.9600				

图 6.5.2　检验结果

步骤 4：统计推断. 因 $p = P\{Z > 1.3598\} \approx 0.0869 > 0.05 = \alpha$，没有充足理由拒绝原假设，即不能说该厂产品质量显著高于规定标准.

2) 方差未知时总体均值的检验

例 6.5.2　某种听装纯牛奶标签上载明蛋白质 ≥ 2.9%. 质检人员随机抽取了 10 听该种纯牛奶进行检验，发现蛋白质含量（单位：%）分别为

2.8	2.9	3	3.1	2.8	2.75	2.7	2.8	3.1	2.85

试在 $\alpha = 0.05$ 下检验该种纯牛奶是否合格.

解　步骤 1：$H_0 : \mu \geq 2.9; H_1 : \mu < 2.9$.

步骤 2：将样本数据输入单元格区域 $A\$1:\$J\$1，单元格区域 $A\$2:\$J\$2 内输入 0.

步骤 3：点击"数据→数据分析→分析工具(A):t–检验:平均值的成对二样本分析". 在"t–检验:平均值的成对二样本分析"对话框中进行图 6.5.3 所示的设置，点击"确定".

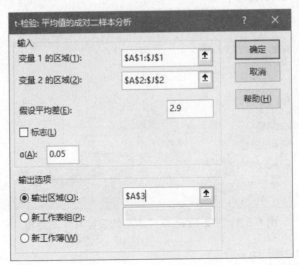

图 6.5.3　"t–检验：平均值的成对二样本分析"对话框

检验结果如图 6.5.4 所示.

	A	B	C	D	E	F	G	H	I	J
1	2.8	2.9	3	3.1	2.8	2.75	2.7	2.8	3.1	2.85
2	0	0	0	0	0	0	0	0	0	0
3	t-检验: 成对双样本均值分析									
4										
5		变量 1	变量 2							
6	平均	2.88	0							
7	方差	0.0201	0							
8	观测值	10	10							
9	泊松相关系数	#DIV/0!								
10	假设平均差	2.9								
11	df	9								
12	t Stat	-0.4460								
13	P(T<=t) 单尾	0.3331								
14	t 单尾临界	1.8331								
15	P(T<=t) 双尾	0.6662								
16	t 双尾临界	2.2622								

图 6.5.4　检验结果

步骤 4：统计推断. 因 $p = P\{t(9) \leqslant -0.4460\} \approx 0.3331 > 0.05 = \alpha$ ，故没有理由拒绝原假设，即该产品不显著高于标准.

本例也可用 't-检验:双样本异方差假设' 分析工具进行检验，请读者自行练习.

6.5.2　两个正态总体参数的假设检验

1）两个总体均值之差的检验

（1）方差已知时总体均值之差的检验.

例 6.5.3　根据以往资料得知，甲、乙两种方法生产的钢筋的抗拉强度都服从正态分布，其标准差分别为 8 kg 和 10 kg. 从两种方法生产的钢筋中分别随机抽取了样本容量为 12 和 9 的样本，测得样本数据（单位：kg）如下：

甲样本	54	50	53	52	46	48	49	51	54	48	47	48
乙样本	46	44	49	48	46	46	44	48	43			

试问在 $\alpha = 0.05$ 下这两种方法生产的钢筋的平均抗拉强度是否有显著性差别？

解　步骤 1：$H_0 : \mu_1 - \mu_2 = 0$ ；$H_1 : \mu_1 - \mu_2 \neq 0$.

步骤 2：将甲样本数据输入单元格区域 \$A\$1:\$M\$1，乙样本数据输入单元格区域 \$A\$2:\$J\$2.

步骤 3：点击"数据→数据分析→分析工具(A):z-检验:双样本平均差检验". 在"z-检验:双样本平均差检验"对话框中进行图 6.5.5 所示的设置，点击"确定".

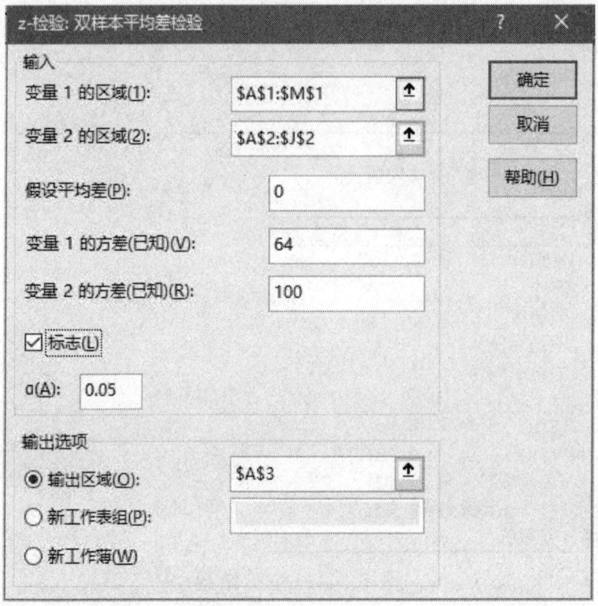

图 6.5.5　"z-检验:双样本平均差检验"对话框

检验结果如图 6.5.6 所示.

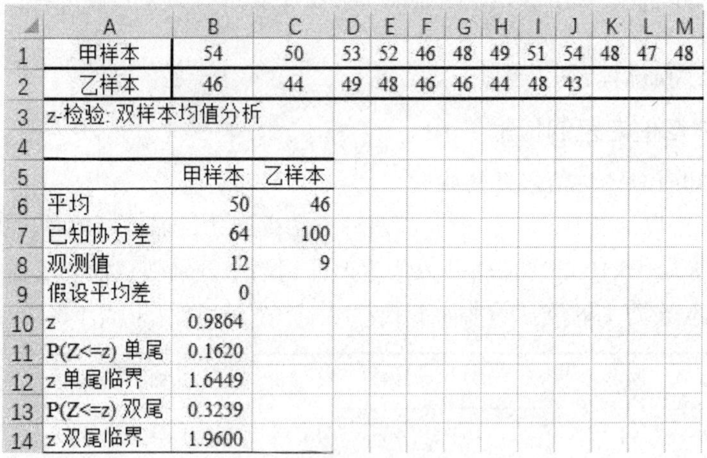

	A	B	C	D	E	F	G	H	I	J	K	L	M
1	甲样本	54	50	53	52	46	48	49	51	54	48	47	48
2	乙样本	46	44	49	48	46	46	44	48	43			
3	z-检验: 双样本均值分析												
4													
5		甲样本	乙样本										
6	平均	50	46										
7	已知协方差	64	100										
8	观测值	12	9										
9	假设平均差	0											
10	z	0.9864											
11	P(Z<=z) 单尾	0.1620											
12	z 单尾临界	1.6449											
13	P(Z<=z) 双尾	0.3239											
14	z 双尾临界	1.9600											

图 6.5.6　检验结果

步骤 4：统计推断. 因 $p = P\{Z > 0.9864\} \approx 0.1620 > 0.025 = \alpha/2$，故没有充足理由拒绝原假设，即两种方法生产出的钢筋的平均抗拉强度没有显著性差别.

（2）方差未知但相等时总体均值之差的检验.

例 6.5.4　设种植玉米的甲、乙两个农业试验区，各分为 10 个小区，各小区的面积相同，除甲区增施磷肥外，其他试验条件均相同，两个试验区的玉米产量（单位：kg）如下（假设玉米产量服从正态分布且有相同的方差）：

甲 区	65	60	62	57	58	63	60	57	60	58
乙 区	59	56	56	58	57	57	55	60	57	55

试问在 $\alpha = 0.05$ 下增施磷肥对玉米平均产量有无显著性影响？

解　步骤 1：$H_0: \mu_1 - \mu_2 \leqslant 0$ ；$H_1: \mu_1 - \mu_2 > 0$.

步骤 2：将甲区样本数据已输入单元格区域\$A\$1:\$K\$1，乙区样本数据已输入单元格区域和\$A\$2:\$K\$2.

步骤 3：点击"数据→数据分析→分析工具(A):t-检验：双样本等方差假设". 在"t-检验：双样本等方差假设"对话框中进行图 6.5.7 所示的设置，点击"确定".

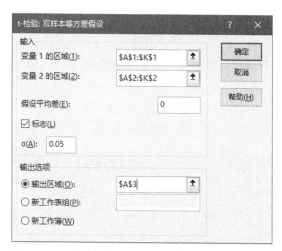

图 6.5.7　"t-检验：双样本等方差假设"对话框

检验结果如图表 6.5.8 所示.

	A	B	C	D	E	F	G	H	I	J	K
1	甲区	65	60	62	57	58	63	60	57	60	58
2	乙区	59	56	56	58	57	57	55	60	57	55
3	t-检验:双样本等方差假设										
4											
5		甲区	乙区								
6	平均	60	57								
7	方差	7.1111	2.6667								
8	观测值	10	10								
9	合并方差	4.8889									
10	假设平均差	0									
11	df	18									
12	t Stat	3.0339									
13	P(T<=t) 单尾	0.0036									
14	t 单尾临界	1.7341									
15	P(T<=t) 双尾	0.0071									
16	t 双尾临界	2.1009									

图 6.5.8　检验结果

步骤 4：统计推断. 因为 $p = P\{t(18) \geqslant 3.0339\} = 0.0036 < 0.05 = \alpha$，所以在 $\alpha = 0.05$ 下，有充足理由拒绝 H_0，即认为增施磷肥对玉米平均产量有显著性影响.

（3）方差未知且不相等时总体均值之差的检验.

例 6.5.5　为了检验甲、乙两种不同谷物种子的优劣，随机选取了 10 块土质不同的土地，并将每块土地分为面积相同的两部分，在人工管理等完全相同的条件下，分别种植这两种种子，测得各块土地上的产量（单位：kg）如下：

| 甲种子 | 23 | 35 | 29 | 42 | 39 | 29 | 37 | 34 | 35 | 28 |
| 乙种子 | 26 | 39 | 35 | 40 | 38 | 24 | 36 | 27 | 41 | 27 |

假定两种谷物的产量都服从正态分布，试问在 $\alpha = 0.05$ 下这两种种子的平均产量是否有显著性差异？

解　步骤 1：$H_0 : \mu_1 - \mu_2 = 0$；$H_1 : \mu_1 - \mu_2 \neq 0$.

步骤 2：将甲种子样本数据已输入单元格区域\$A\$1:\$K\$1，乙种子样本数据已输入单元格区域和\$A\$2:\$K\$2.

步骤 3：点击"数据→数据分析→分析工具(A):t-检验:双样本异方差假设". 在"t-检验:双样本异方差假设"对话框中进行图 6.5.9 所示的设置，点击"确定".

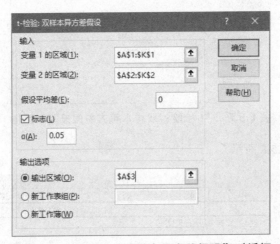

图 6.5.9　"t-检验：双样本异方差假设"对话框

检验分析结果如图 6.5.10 所示.

	A	B	C	D	E	F	G	H	I	J	K
1	甲种子	23	35	29	42	39	29	37	34	35	28
2	乙种子	26	39	35	40	38	24	36	27	41	27
3	t-检验: 双样本异方差假设										
4											
5		甲种子	乙种子								
6	平均	33.1	33.3								
7	方差	33.2111	43.1222								
8	观测值	10	10								
9	假设平均差	0									
10	df	18									
11	t Stat	-0.0724									
12	P(T<=t) 单尾	0.4715									
13	t 单尾临界	1.7341									
14	P(T<=t) 双尾	0.9431									
15	t 双尾临界	2.1009									

图 6.5.10　检验结果

步骤 4：统计推断. 因为 $p = P\{t(18) \leqslant -0.0724\} \approx 0.4715 > 0.025 = \alpha/2$，所以在 $\alpha = 0.05$ 下，没有充足理由拒绝 H_0，即认为这两种种子种植的平均产量无显著性差异.

（4）成对样本（匹配样本）.

例 6.5.6　一个以减肥为主要目标的健美俱乐部声称，参加他们的训练班至少可以使肥胖者减轻 8.5 kg. 为了验证该声称是否可信，调查人员随机抽取了 10 名参加者，测得到他们的体重如下：

训练前	102	101	108	103	97	110	96	102	104	97
训练后	85	89	101	96	86	80	87	93	93	102

假设训练前后的体重都服从正态分布，试问 $\alpha = 0.05$ 下调查结果是否支持该俱乐部的声称？

解　步骤 1：$H_0 : \mu_1 - \mu_2 \leqslant 8.5; H_1 : \mu_1 - \mu_2 > 8.5$.

步骤 2：将训练前样本数据已输入单元格区域 $A$1:$K$1，训练后样本数据已输入单元格区域和 $A$2:$K$2.

步骤 3：点击"数据→数据分析→分析工具(A):t-检验:成对双样本均值分析". 在"t-检验:成对双样本均值分析"对话框中进行图 6.5.11 所示的设置，点击"确定".

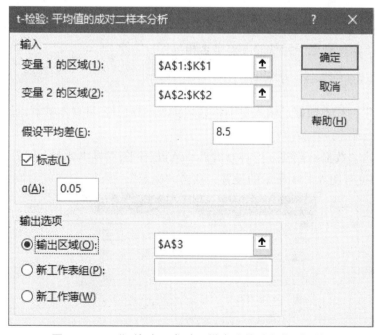

图 6.5.11　"t-检验：成对双样本均值分析"对话框

检验结果如图 6.5.12 所示.

	A	B	C	D	E	F	G	H	I	J	K
1	训练前	102	101	108	103	97	110	96	102	104	97
2	训练后	85	89	101	96	86	80	87	93	93	102
3	t-检验: 成对双样本均值分析										
4											
5		训练前	训练后								
6	平均	102	91.2								
7	方差	21.3333	50.6222								
8	观测值	10	10								
9	泊松相关系数	-0.0778									
10	假设平均差	8.5									
11	df	9									
12	t Stat	0.8285									
13	P(T<=t) 单尾	0.2144									
14	t 单尾临界	1.8331									
15	P(T<=t) 双尾	0.4288									
16	t 双尾临界	2.2622									

图 6.5.12　检验结果

步骤 4：统计推断．因为 $p = P\{t(9) > 0.8285\} \approx 0.2144 > 0.05 = \alpha$，因此没有充足理由拒绝原 H_0，即在 $\alpha = 0.05$ 下可以认为调查结果不支持该俱乐部的声称．

2）两个总体方差比的检验

例 6.5.7　设甲、乙两种电子元件的电阻值都服从正态分布，现从这两种电子元件中独立地随机抽取两个样本，测得电阻值（单位：Ω）为

甲种	14	13	14	12	15	13	16	11
乙种	11	14	10	13	12	14		

试问在 $\alpha = 0.05$ 下这两种电子元件的方差是否相等？

解　步骤 1：$H_0 : \dfrac{\sigma_1^2}{\sigma_2^2} = 1$；$H_1 : \dfrac{\sigma_1^2}{\sigma_2^2} \neq 1$．

步骤 2：将甲种样本数据已输入单元格区域 \$A\$1:\$I\$1，乙种样本数据已输入单元格区域 \$A\$2:\$G\$2．

步骤 3：点击"数据→数据分析→分析工具(A):F-检验:双样本方差"．在"F-检验:双样本方差"对话框中进行图 6.5.13 所示的设置，点击"确定"．

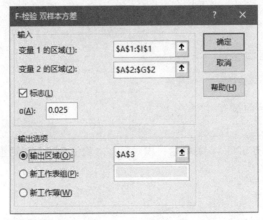

图 6.5.13　"F-检验：双样本方差"对话框

检验结果如图 6.5.14 所示.

▲	A	B	C	D	E	F	G	H	I
1	甲种	14	13	14	12	15	13	16	11
2	乙种	11	14	10	13	12	14		
3	F-检验 双样本方差分析								
4									
5		甲种	乙种						
6	平均	13.5	12.3333						
7	方差	2.5714	2.6667						
8	观测值	8	6						
9	df	7	5						
10	F	0.9643							
11	P(F<=f) 单尾	0.4645							
12	F 单尾临界	0.1892							

图 6.5.14　检验结果

步骤 4：F 检验时，当样本方差之比大于 1 时，Excel 给出的是单侧右尾概率和单侧右尾 α 分位数 $F_\alpha(m-1,n-1)$；当样本方差之比小于 1 时，Excel 给出的是单侧左尾概率和单侧右尾 $1-\alpha$ 分位数.

本例为双侧检验，因为 $p = \{F \leqslant 0.9643\} \approx 0.4645 > 0.025 = \alpha/2$，所以在 $\alpha = 0.05$ 下，没有充足理由拒绝 H_0，即可以认为这两种电子元件的方差相等.

6.5.3　分布拟合检验与独立性检验

Excel 给出的分布拟合检验和列联表独立性检验中，χ^2 检验函数为

CHISQ.TEST(actual_range,expected_range)

其中，actual_range 为观察值的数据区域，expected_range 为期望值的数据区域. 注意观察值的数据区域和期望值的数据区域包含的数据应具有相同的行数和列数，且数据要单元格位置对应，否则函数 CHISQ.TEST 返回错误值#N/A.

例 6.5.8　现在审计人员发现某上市公司的年报中统计的 350 个数据中分别以 1，2，…，9 为首位数字的数据的个数分别为

i	1	2	3	4	5	6	7	8	9
n_i	92	65	41	30	26	25	21	19	31

试问该公司是否在年报中有作假的嫌疑？

解　步骤 1：$H_0 : F(x)$ 符合本福德法则；$H_1 : F(x)$ 不符合本福德法则.

步骤 2：输入数据. 将首位字数、观察频数、本福特定律、期望频数、检验统计量值、临界值、收尾概率分别输入区域 A1:A7，将对应数据输入区域 B1:J3，如图 6.5.15 所示.

步骤 3：计算期望频数. 在 B4 输入=B3*SUM($B$2:$J$2)，往下一直复制到 J4.

	A	B	C	D	E	F	G	H	I	J
1	首位数字	1	2	3	4	5	6	7	8	9
2	观测频数	92	65	41	30	26	25	21	19	31
3	本福特定律	30.10%	17.60%	12.50%	9.70%	7.90%	6.70%	5.80%	5.10%	4.60%
4	期望频数	105.35	61.6	43.75	33.95	27.65	23.45	20.3	17.85	16.1
5	检验统计量	16.6004								
6	临界值	15.5073								
7	显著性p	0.0345								

图 6.5.15　卡方检验过程

步骤 4：计算检验统计量值，拒绝域，或收尾概率 p．

在 B5 输入=SUM((B2:J2-B4:J4)^2/B4:J4)，按组合键 Ctrl+Shift+Enter，得检验统计量的值．

在 B6 输入=CHIINV(0.05,8)，按 Enter 键，得临界值．

在 B7 输入=CHIDIST(B5,8)，按 Enter 键，得收尾概率（也可以输入=CHITEST(B2:J2,B4:J4)，直接得收尾概率）．

步骤 5：统计推断．因 $p = P\{\chi^2(8) \geq 16.6004\} \approx 0.0345 < 0.05 = \alpha$ ，所以应拒绝原假设，即认为某公司在年报中有作假的嫌疑．

例 6.5.9 某化妆品公司为对新开发的某种护肤品进行满意度调查，随机抽取 162 位消费者进行免费试用，试用后的满意情况统计数据如下：

对产品的态度	满意 n_{i1}	中立 n_{i2}	不满意 n_{i3}	合计 $n_{i.}$
男士 n_{1j}	58	11	10	79
女士 n_{2j}	35	25	23	83
合计 $n_{.j}$	93	36	33	$n = 162$

问题是，对新产品的满意情况是否与性别有关？

解　步骤 1：H_0：满意度与性别无关；H_1：满意度与性别有关．

步骤 2：输入数据．将数据连同标志输入区域\$A\$1:\$E\$4，如图 6.5.16 所示．

步骤 3：计算期望频数．在 B6 输入=\$E2*B\$4/\$E\$4，往右下一直复制到 D7．

	A	B	C	D	E
1	对产品的态度	满意	中立	不满意	合计
2	男士	58	11	10	79
3	女士	35	25	23	83
4	合计	93	36	33	162
5					
6	男士期望频数	45.3519	17.5556	16.0926	
7	女士期望频数	47.6481	18.4444	16.9074	
8	检验统计量	16.1649			
9	临界值	5.9915			
10	显著性p	0.0003			

图 6.5.16　列联表检验过程

步骤 4：计算检验统计量值，拒绝域，或收尾概率 p．

在 B8 输入=SUM((B2:D3-B6:D7)^2/B6:D7)，按组合键 Ctrl+Shift+Enter，得检验统计量的值．

在 B9 输入=CHIINV(0.05,2)，按 Enter 键，得临界值．

在 B10 输入=CHIDIST(B8,2)，按 Enter 键，得收尾概率（也可以输入=CHITEST(B2:D3,B6:D7)，直接得收尾概率）．

步骤 5：统计推断．因 $p = P\{\chi^2(2) \geq 16.1649\} \approx 0.0003 < 0.05$，所以应拒绝原假设，即对产品的满意情况与性别有关，从数据上看，男士更满意．

习题 6.5

1. 一台包装机包装的洗衣粉额定标准重量为 500 g，根据以往经验，包装机的实际装袋重量服从标准差为 15 g 的正态分布．为检验包装机工作是否正常，随机抽取 9 袋，称得洗衣粉净重数据（单位：g）如下：

497	506	518	524	488	517	510	515	516

试问在 $\alpha = 0.05$ 下这台包装机工作是否正常？

2. 某饲料配方规定，每 1000 kg 饲料中维生素 C 大于 246 g，现从产品中随机抽测 12 个样品，测得维生素 C 含量（单位：g/1000 kg）如下：

255	238	236	248	244	245	236	235	246	248	255	245

若该种饲料的维生素 C 含量服从正态分布，试问在 $\alpha = 0.05$ 下此产品是否符合规定要求？

3. 从某食品厂生产的一种罐头中随机抽取 20 只罐头，测得防腐剂含量（单位：mg）如下：

9.8	10.4	10.6	9.6	9.7	9.9	10.9	11.1	9.6	10.2
10.3	9.6	9.9	11.2	10.6	9.8	10.5	10.1	10.5	9.7

设这种罐头的防腐剂含量服从正态分布，试问在 $\alpha = 0.05$ 下可否认为该厂生产的罐头防腐剂含量的均值显著大于 10 mg？

4. 用机器包装食盐，规定每袋标准重量为 500 g．为检验机器工作是否正常，从装好的食盐中随机抽取 9 袋，测得其净重（单位：g）分别为

497	507	510	475	488	485	491	487	484

假设每袋盐的净重服从正态分布，试问在 $\alpha = 0.05$ 下包装机工作是否正常？

5. 甲、乙两种类似的电阻器的电阻值都服从正态分布，且甲种的方差为 0.6，乙种的方差为 0.3．从甲、乙两种电阻器中分别随机抽取 9 件，测得电阻（单位：Ω）分别为

| 甲种 | 15.4 | 14.7 | 16.3 | 14.6 | 15.5 | 14.2 | 15.2 | 16.3 | 16.1 |
| 乙种 | 14 | 14.2 | 13.6 | 13.8 | 13.3 | 13.5 | 13.85 | 14.2 | 15.1 |

试问在 $\alpha = 0.05$ 下甲种电阻器的平均电阻值超过乙种 1 Ω 是否可以接受？

6. 新旧不同的两种自动机床加工的同一种零件的直径都服从正态分布，且新旧机床加工的零件的方差分别为 0.0002 和 0.0006. 现从新旧两种自动机床加工的零件中各随机抽验了 9 个，测得它们的直径（单位：cm）分别为

| 新 | 2.12 | 2.1 | 2.11 | 2.1 | 2.09 | 2.1 | 2.11 | 2.09 | 2.12 |
| 旧 | 2.1 | 2.09 | 2.05 | 2.09 | 2.08 | 2.07 | 2.08 | 2.04 | 2.03 |

试问在 $\alpha = 0.05$ 下新机床加工的零件的平均直径超过旧机床 0.02 cm 是否可以接受？

7. 假设某地区男女生物理成绩都服从正态分布且方差相同. 高考后随机抽取的 10 名男生和 8 名女生的物理成绩如下：

| 男生 | 89 | 88 | 87 | 92 | 86 | 87 | 80 | 97 | 96 | 87 |
| 女生 | 86 | 80 | 87 | 91 | 83 | 76 | 83 | 78 |

试问在 $\alpha = 0.05$ 下该地男女生的物理平均成绩有无显著性差异？

8. 为比较甲、乙两种安眠药的疗效，将 20 名患者随机分成两组，每组 10 人，分别服用两种安眠药，测得服药后延长的睡眠时间数据（单位：h）如下：

| 甲 | 4 | 4.1 | 3.6 | 3.9 | 2.4 | 2.1 | 1.6 | 1.3 | 0.6 | 0.7 |
| 乙 | 3.7 | 3.4 | 2 | 2 | 0.8 | 0.7 | 0.3 | 0.2 | 0.2 | 0.3 |

假设服药后延长的睡眠时间服从正态分布且方差相同，试问在 $\alpha = 0.05$ 下两种安眠药的疗效有无显著性差异？

9. 某家禽研究所对粤黄鸡进行饲养对比试验，试验时间为 60 天，增重结果如下：

| 饲料 A | 720 | 710 | 735 | 680 | 690 | 705 | 720 | 705 | 710 | 705 |
| 饲料 B | 680 | 695 | 700 | 715 | 708 | 685 | 696 | 688 | 688 |

假设两种饲料使鸡增重都服从正态分布，试问在 $\alpha = 0.05$ 下两种饲料对粤黄鸡的平均增重效果有无显著性差异？

10. 有人曾对公雏鸡做了性激素效应试验. 将 22 只公雏鸡完全随机地分为两组，每组 11 只. 一组接受性激素 A（睾丸激素）处理；另一组接受激素 C（雄甾烯醇酮）处理. 在第 15 天取它们的鸡冠称重，所得数据如下：

| 激素 A | 68 | 81 | 88 | 85 | 80 | 78 | 79 | 73 | 69 | 68 | 90 |
| 激素 C | 75 | 60 | 82 | 55 | 60 | 70 | 57 | 64 | 77 | 65 | 88 |

试问在 $\alpha = 0.05$ 下两种激素对公雏鸡鸡冠有无显著性影响？

11.（成对样本）11 台同类型设备用甲、乙两种工艺生产的产品重量如下：

设备编号	1	2	3	4	5	6	7	8	9	10	11
甲工艺	0.138	0.143	0.142	0.144	0.137	0.14	0.142	0.141	0.147	0.148	0.148
乙工艺	0.14	0.142	0.136	0.142	0.141	0.135	0.133	0.141	0.136	0.141	0.139

假设产品的重量都服从正态分布，试问在 $\alpha = 0.05$ 下甲、乙两工艺生产的产品的平均重量有无显著性差异？

12.（成对样本）现从 8 窝仔猪中每窝随机选出性别相同、体重接近的仔猪各两头进行饲料对比试验，将每窝两头仔猪随机分配到两个饲料组中，饲养 30 天，测得仔猪增重（单位：kg）如下：

窝　号	1	2	3	4	5	6	7	8
甲饲料	10.0	11.2	11.0	12.1	10.5	9.8	11.5	10.8
乙饲料	9.8	10.6	9.0	10.5	9.6	9.0	10.8	9.8

假设仔猪增重服从正态分布，试问在 $\alpha = 0.05$ 下两种饲料喂养的仔猪的平均增重有无显著性差异？

13. 在针织品漂白工艺过程中，要考察温度对针织品断裂强力（主要质量指标）的影响. 为了比较 70 ℃ 与 80 ℃ 的影响有无差别，在这两个温度下，分别重复做了 9 次试验，得到数据（单位：kg/cm^2）如下：

70 ℃ 时的强力	85.9	85.7	85.7	85.8	85.7	86	85.5	85.5	85.4
80 ℃ 时的强力	85.7	86.5	86	83	85.8	86.3	86	89	85.8

假设针织品断裂强力服从正态分布，试问在 $\alpha = 0.05$ 下两种温度状态时的针织品断裂强力方差是否有显著性差别？

14. 测得两批电子器件的随机样品的电阻（单位：Ω）分别为

样品 1	0.140	0.138	0.143	0.142	0.144	0.137
样品 2	0.135	0.140	0.142	0.136	0.138	0.140

设这两批器件的电阻值都服从正态分布，且两样本独立. 试问在 $\alpha = 0.05$ 下可否认为两厂生产的电阻值的方差相等？

第7章 方差分析

第 6 章介绍了双总体均值之差的假设检验问题，实践中还会遇到比较多个总体均值的假设检验问题，解决此类问题的有效方法之一是方差分析.

方差分析是英国统计与遗传学家、现代统计科学的奠基人之一费歇尔（R. A. Fisher，1890—1962）在试验设计时为解释试验数据而首先引入的，用于检验两个及两个以上总体均值有无显著性差异的一种方法.

费歇尔

本章主要内容有单因素方差分析、双因素方差分析，以及利用 Excel 进行方差分析的案例.

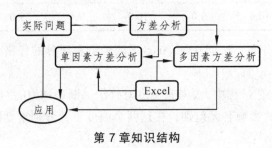

第 7 章知识结构

☆ 实际问题中，通常需要采用方差分析检验因素的不同水平（因素的不同表现）是否有显著性差异.

☆ 方差分析可分为单因素方差分析和多因素方差分析，多因素方差分析又可分为无交互作用的多因素方差分析和有交互作用的多因素方差分析.

☆ 方差分析涉及复杂的计算过程，可以利用 Excel 提供的方差分析工具进行基本的计算和统计推断.

§7.1 单因素方差分析

7.1.1 问题的提出

为了更好地理解方差分析的思想，先看一个例子.

例 7.1.1 有 3 个品牌的彩电在 4 个地区销售，为了分析品牌对彩电销售量的影响，统计每个品牌在各地区的销售量数据（单位：万台）如下：

表 7.1.1 3 个品牌 4 个地区的销售量

品牌	销售量			
品牌 1	36	38	36	34
品牌 2	34	36	34	32
品牌 3	32	34	30	32

问题是,品牌会不会影响销售量? 换句话说,这 3 个品牌的彩电销售量是否有显著性差异?

可将 3 个品牌的彩电销售量看作 3 个总体,若它们服从相同的分布,则 3 个品牌的彩电销售量就没有显著性差异. 假设 3 个总体都服从正态分布,则只要它们的均值和方差分别相等,则它们的分布就相同. 再假设它们的方差相同,则只要检验它们的均值是否相等,就可以推断它们是否服从相同的分布. 显然,可以利用第 6 章的双总体均值假设检验来检验不同品牌的彩电销售量是否有显著性差异. 但 3 个品牌的彩电销售量两两比较,则需要检验 3 次,检验工作量较大,而且多次检验会使犯 α 错误的概率相应累加,置信水平下降. 如果 $\alpha = 0.05$,每次检验犯 α 错误的概率为 0.05,不犯错误的概率为 0.95,3 次检验都不犯错误的概率为 0.95^3,检验 3 次至少犯一次 α 错误的概率为 $1 - 0.95^3 \approx 0.1426$. 所以,若能一次性检验 3 个总体是否有显著性差异,既能减少工作量,又能充分利用样本信息提高检验结果的可靠性.

方差分析是在假设多个总体都服从正态分布且方差相等的条件下,通过一次性检验它们的均值是否相等,从而推断这些总体的分布是否有显著性差异的方法.

方差分析中检验的对象称为**因素**. 因素的不同表现称为**水平**. 在例 7.1.1 中,检验问题只考察品牌一个因素对销售量的影响,我们称之为**单因素分析**,品牌为因素,不同的品牌称为**水平**. 若除了考察品牌这一因素外,还考察地区因素对销售量的影响,我们称之为**双因素分析**.

7.1.2 检验问题

在单因素方差分析中,设因素 A 共有 r 个水平 $A_1, A_2, \cdots, A_r$,将每一水平看作一个总体,共有 r 个总体,检验假设问题是:

H_0:因素 A 对研究对象无显著性影响; H_2:因素 A 对研究对象有显著性影响.

如果 H_0 成立,则称因素 A 不显著,否则称因素 A 显著.

为了进行检验,需要对每个总体进行独立重复试验获取样本数据. 设从第 i 个水平总体中获得 n_i 个试验数据,记 x_{ij} 表示第 i 个总体的第 j 次重复试验数据. 将试验数据列成表 7.1.2 的形式,称为**数据结构**.

表 7.1.2　单因素方差分析的数据结构

因素水平	观察值			
A_1	x_{11}	x_{12}	$\cdots$	x_{1n_1}
A_2	x_{21}	x_{22}	$\cdots$	x_{2n_2}
$\vdots$	$\vdots$	$\vdots$		$\vdots$
A_r	x_{r1}	x_{r2}	$\cdots$	x_{rn_r}

单因素方差分析假设：

（1）第 i 个水平总体服从 $N(\mu_i, \sigma^2)$，$i = 1, 2, \cdots, r$；

（2）所有的试验结果 x_{ij} 都相互独立.

由于每个总体都假设服从正态分布且方差相等，只要各总体的均值也相等，则各总体就没有差异. 所以，检验问题可以转化为对各总体均值进行检验：

$$H_0: \mu_1 = \mu_2 = \cdots = \mu_r = \mu；\quad H_1: \mu_i(i = 1, 2, \cdots, r) \text{ 不全相等.} \qquad (7.1.1)$$

7.1.3　平方和分解与方差分析

为简单起见，这里只讨论 $n_1 = n_2 = \cdots = n_r = m$ 时的情形，$n_1, n_2, \cdots, n_r$ 不全相等的情形可以作类似讨论. 令 $n = r \times m$，记

$$\overline{x}_i = \frac{1}{m}\sum_{j=1}^{m} x_{ij}，\quad \overline{x} = \frac{1}{m \times r}\sum_{i=1}^{r}\sum_{j=1}^{m} x_{ij} = \frac{1}{r}\sum_{i=1}^{r} \overline{x}_i.$$

$$x_{ij} - \overline{x} = (x_{ij} - \overline{x}_i) + (\overline{x}_i - \overline{x})，$$

$$\sum_{i=1}^{r}\sum_{j=1}^{m}(x_{ij} - \overline{x})^2 = \sum_{i=1}^{r}\sum_{j=1}^{m}[(x_{ij} - \overline{x}_i) + (\overline{x}_i - \overline{x})]^2$$

$$= \sum_{i=1}^{r}\sum_{j=1}^{m}(x_{ij} - \overline{x}_i)^2 + \sum_{i=1}^{r}\sum_{j=1}^{m}(\overline{x}_i - \overline{x})^2 + \sum_{i=1}^{r}\sum_{j=1}^{m}(x_{ij} - \overline{x}_i)(\overline{x}_i - \overline{x})，$$

可以证明 $\sum_{i=1}^{r}\sum_{j=1}^{m}(x_{ij} - \overline{x}_i)(\overline{x}_i - \overline{x}) = 0$，所以

$$\sum_{i=1}^{r}\sum_{j=1}^{m}(x_{ij} - \overline{x})^2 = \sum_{i=1}^{r}\sum_{j=1}^{m}(x_{ij} - \overline{x}_i)^2 + \sum_{i=1}^{r}\sum_{j=1}^{m}(\overline{x}_i - \overline{x})^2，$$

记

$$SST = \sum_{i=1}^{r}\sum_{j=1}^{m}(x_{ij} - \overline{x})^2，$$

$$SSA = \sum_{i=1}^{r}\sum_{j=1}^{m}(\overline{x}_i - \overline{x})^2 = m\sum_{i=1}^{r}(\overline{x}_i - \overline{x})^2，$$

$$SSE = \sum_{i=1}^{r} \sum_{j=1}^{m} (x_{ij} - \bar{x}_i)^2,$$

则

$$SST = SSA + SSE.$$

SST 中 x_{ij} 有 n 个，$\bar{x}$ 是 x_{ij} 的均值，对 x_{ij} 起到约束作用，视作 1 个约束条件，$df_{SST} = n-1$ 称为 SST 的自由度. SSA 中 $\bar{x}_i$ 有 r 个，$\bar{x}$ 是 $\bar{x}_i$ 的均值，对 $\bar{x}_i$ 起到约束作用，视作 1 个约束条件，$df_{SSA} = r-1$ 称为 SSA 的自由度. SSE 中 x_{ij} 有 n 个，$\bar{x}_i$ 是部分 x_{ij} 的均值，对 x_{ij} 起到约束作用，视作 r 个约束条件，$df_{SSE} = n-r$ 称为 SSE 的自由度，且

$$df_{SST} = df_{SSA} + df_{SSE}.$$

SST 反映的是样本值与总均值 $\bar{x}$ 的差异，称为**总偏差平方和**. SSE 反映的是在水平 A_i 下样本值与均值的差异，是由水平 A_i 内部的随机性引起的，称为**组内偏差平方和**. SSA 反映的是第 i 个水平的均值与总均值的差异，既可能是由随机性引起的，也可能是由水平不同而引起的，称为**组间偏差平方和**或**因素偏差平方和**.

如果 H_0 成立，则 $\sum\sum(\mu_i - \mu)^2 = 0$. 因为 $\bar{x}_i, \bar{x}$ 分别为 μ_i, μ 的无偏估计，即便存在样本的随机性，$\sum\sum(\mu_i - \mu)^2 \neq 0$，$SSA$ 也不应太大，若 SSA 太大，就有理由怀疑 H_0 的真实性. 相对地讲，SSA 越大，SSE 就越小，进而 $\dfrac{SSA}{SSE}$ 越大，$\dfrac{SSA/(r-1)}{SSE/(n-r)}$ 也越大. 因此，可以用 $\dfrac{SSA/(r-1)}{SSE/(n-r)}$ 的大小来判别 H_0 是否成立.

可以证明，在满足假设和 H_0 为真时，

$$F = \frac{SSA/(r-1)}{SSE/(n-r)} \sim F(r-1, n-r). \tag{7.1.2}$$

称 $\dfrac{SSA}{r-1}, \dfrac{SSE}{n-r}, \dfrac{SST}{n-1}$ 为**均方**，即平均每个自由度上的平方和.

选取式（7.1.2）作为检验统计量进行方差分析. 由上述分析知，单因素方差分析属于 F 右侧检验. 将上面分析结果排成表 7.1.3 所示的形式，称为**方差分析表**.

表 7.1.3　单因素方差分析表

差异源 （方差来源）	SS （平方和）	df （自由度）	MS （均方）	F （F 统计量值）	P value （右尾概率）	F crit （临界值）
组间 （因素 A）	SSA	$r-1$	MSA	F_A		$F_\alpha(r-1, n-r)$
组内 （误差 E）	SSE	$n-r$	MSE			
总计	SST	$n-1$				

7.1.4　参数估计

若检验结果为显著，可以进一步求各总体参数的最大似然估计：

（1）$\hat{\mu}_i = \bar{x}_i$.

（2）$\hat{\sigma}_M^2 = \dfrac{SSE}{n}$，由于 $\hat{\sigma}_M^2$ 不是 σ^2 的无偏估计，实际中通常用均方误差作为 σ^2 的无偏估计量，即

$$\hat{\sigma}^2 = \dfrac{SSE}{n-r} = MSE . \tag{7.1.3}$$

由于 $\overline{x}_i \sim N\left(\mu_i, \dfrac{\sigma^2}{n_i}\right), \dfrac{\overline{x}_i - \mu_i}{\sqrt{\sigma^2/n_i}} \sim N(0,1)$，$\dfrac{SSE}{\sigma^2} \sim \chi^2(n-r)$ 且相互独立，故

$$\dfrac{\sqrt{n_i}(\overline{x}_i - \mu_i)}{\sqrt{SSE/(n-r)}} = \dfrac{\sqrt{n_i}(\overline{x}_i - \mu_i)}{\sqrt{MSE}} \sim t(n-r) , \tag{7.1.4}$$

由此得到水平 A_i 的均值 μ_i 的 $1-\alpha$ 置信区间端点为

$$\overline{x}_i \mp t_{\alpha/2}(n-r)\sqrt{\dfrac{MSE}{n_i}} . \tag{7.1.5}$$

至此可总结出单因素方差分析的步骤：

步骤 1：提出原假设与备择假设.

步骤 2：计算方差分析表.

步骤 3：统计推断.

步骤 4：若因素显著，可对参数进行估计；若因素不显著，则无须进行参数估计.

例 7.1.2 对例 7.1.1 进行方差分析.

解 步骤 1：提出原假设与备择假设.

H_0：3 个品牌的彩电销售量没有显著性差异；

H_1：3 个品牌的彩电销售量有显著性差异.

步骤 2：计算方差分析表. 本例因素是品牌，有 3 个水平，每个水平有 4 个样本值，则此 $r=3, m=4, n=r \times m=12$，从而

$$\overline{x}_1 = \dfrac{1}{m}\sum_{j=1}^m x_{1j} = \dfrac{1}{4}\sum_{j=1}^4 x_{1j} = \dfrac{1}{4}(36+38+36+34) = 36,$$

$$\overline{x}_2 = \dfrac{1}{m}\sum_{j=1}^m x_{2j} = \dfrac{1}{4}\sum_{j=1}^4 x_{2j} = \dfrac{1}{4}(34+36+34+32) = 34,$$

$$\overline{x}_3 = \dfrac{1}{m}\sum_{j=1}^m x_{3j} = \dfrac{1}{4}\sum_{j=1}^4 x_{3j} = \dfrac{1}{4}(32+34+30+32) = 32,$$

$$\overline{x} = \dfrac{1}{r}\sum_{i=1}^r \overline{x}_i = \dfrac{1}{3}\sum_{i=1}^3 \overline{x}_i = \dfrac{1}{3}(36+34+32) = 34 ,$$

$$SST = \sum_{i=1}^r\sum_{j=1}^m (x_{ij}-\overline{x})^2 = (36-34)^2 + (38-34)^2 + (36-34)^2 + (34-34)^2 +$$

$$(34-34)^2 + (36-34)^2 + (34-34)^2 + (32-34)^2 +$$

$$(32-34)^2 + (34-34)^2 + (30-34)^2 + (32-34)^2 = 56,$$

$$SSA = m\sum_{i=1}^{r}(\bar{x}_i - \bar{x})^2 = 4\sum_{i=1}^{3}(\bar{x}_i - \bar{x})^2 = 4\times[(36-34)^2 + (34-34)^2 + (32-34)^2] = 32,$$

$$SSE = SST - SSA = 56 - 32 = 24,$$

$$F = \frac{SSA/(r-1)}{SSE/(n-r)} = \frac{32/(3-1)}{24/(12-3)} = 6.$$

查 F 分布表得 $F_{0.05}(2,9) \approx 4.26$，拒绝域为 $\bar{W} = [4.26, +\infty)$.

得方差分析表如下：

差异源	SS	df	MS	F	P-value	F crit
组间	32	2	16	6	—	4.26
组内	24	9	8/3			
总计	56	11				

步骤 3：统计推断. 因为 $F = 6 > 4.26 \approx F_{0.05}(2,9)$，所以在 $\alpha = 0.05$ 下拒绝 H_0，3 个品牌的彩电销售量有显著性差异.

步骤 4：参数估计. 品牌 1，$\hat{\mu}_1 = \bar{x}_1 = 36$；品牌 2，$\hat{\mu}_2 = \bar{x}_2 = 34$；品牌 3，$\hat{\mu}_3 = \bar{x}_3 = 32$，$\hat{\sigma}^2 = MSE = \frac{8}{3}$.

$df_e = n - r = 9, n_i = 4$，取 $\alpha = 0.05, t_{\alpha/2}(n-r) = t_{0.025}(9) \approx 2.26$. 本例三个水平的观测数相同，第 i 个水平均值的置信区间端点分别为 $\bar{x}_i \mp t_{0.025}(9)\sqrt{\dfrac{MSE}{4}}$，代入以上数值，得 μ_1, μ_2, μ_3 的 0.95 置信区间分别为 [34.15,37.85]；[32.15,35,15]；[30.15,33.85].

方差分析的计算量较大，实践中可以借助统计软件进行计算，7.3 节将介绍用 Excel 进行方差分析的方法.

例 7.1.3 为了对几个行业的服务质量进行评价，中国消费者协会在零售业抽取了 7 家企业、旅游业抽取了 6 家企业、航空业抽取了 5 家企业、家电制造业抽取了 5 家企业，然后统计出最近一年中消费者对各家企业的投诉次数如下：

行业	投诉次数						
零售业	64	32	70	41	43	58	51
旅游业	72	87	67	47	71	65	
航空业	57	38	30	51	59		
家电制造业	50	46	71	37	41		

试问在 $\alpha = 0.05$ 下四个行业的服务质量是否有显著性差异？若四个行业的服务质量有显著性

差异，试估计其中的参数.

解　步骤 1：提出原假设与备择假设.

H_0：四个行业的服务质量没有显著性影响；H_1：四个行业的服务质量有显著性影响.

步骤 2：计算方差分析表.

用 Excel 计算，得方差分析表如下：

组	观测数	求和	平均	方差
零售业	7	359	51.29	183.90
旅游业	6	409	68.17	167.37
航空业	5	235	47	157.5
家电制造业	5	245	49	175.5

方差分析表：

差异源	SS	df	MS	F	P-value	F crit
组间	1624.17	3	541.39	3.14	0.05	3.13
组内	3272.26	19	172.22			
总计	4896.43	22				

步骤 3：统计推断. 因 $F_A = 3.14 > 3.13 = F_{0.05}(3,19)$，所以在 $\alpha = 0.05$ 下拒绝 H_0，即四个行业的服务质量之间有显著性差异.

步骤 4：参数估计. 零售业 $\hat{\mu}_1 = \bar{x}_1 = 51.29$，旅游业 $\hat{\mu}_2 = \bar{x}_2 = 68.17$，航空业 $\hat{\mu}_3 = \bar{x}_3 = 47$，家电业 $\hat{\mu}_4 = \bar{x}_4 = 49$. $\hat{\sigma}^2 = MSE = 172.22$.

$df_e = n - r = 19$，$n_1 = 7, n_2 = 6, n_3 = n_4 = 5$，$\alpha = 0.05$，$t_{\alpha/2}(n-r) = t_{0.025}(19) = 2.09$. 本例中 4 个水平的观测数不同，第 i 个水平均值的置信区间分别为 $\bar{x}_i \mp 2.09\sqrt{\dfrac{MSE}{n_i}}$，将以上数值代入，得 μ_1, μ_2, μ_3 的 0.95 置信区间分别为 $[40.92, 61.66]$；$[56.97, 79.37]$；$[34.73, 59.27]$；$[36.73, 61.27]$.

习题 7.1

提示：第 5 至第 10 题可以借助 Excel 表进行方差分析，具体方法可参考 7.3 节内容.

1. 某公司采用 3 种方式推销其产品，为了检验不同推销方式的效果，从 3 种推销方式中各随机抽取 5 个样本数据进行方差分析，经计算，方差分析表中部分值如下：

差异源	SS	df	MS	F	P-value	F crit
组间	（　）	（　）	（　）	（　）	0.3481	3.8853
组内	364	（　）	（　）			
总计	434	14				

试求：（1）组间偏差平方和 SSA；（2）组间偏差平方和的自由度 df 和均方 MSA；（3）组内偏差平方和的自由度 df 和均方 MSE；（4）方差分析检验统计量 F 的值；（5）在 $\alpha = 0.05$ 下推断推销方式对销售量有无显著性影响.

2. 为了检验 3 种工作状态下某种产品的性能，随机抽取 15 件产品，随机分成 3 组，每组 5 个，3 组产品分别处于不同工作状态下，测试其性能指标值并进行方差分析，经计算，方差分析表中部分值如下：

差异源	SS	df	MS	F	P-value	F crit
组间	（　）	2	（　）	（　）	0.01	3.88
组内	9.6	（　）	（　）			
总计	20.4	（　）				

试求：（1）组间偏差平方和 SSA 和均方 MSA；（2）组内偏差平方和的自由度 df 和均方 MSE；（3）方差分析检验统计量 F 的值；（4）在 $\alpha = 0.05$ 下推断不同工作状态下产品性能有无显著性差异.

3. 为了解 4 种不同品牌的笔记本电脑对某种型号 CPU 耗电量有无显著性差异，随机选取 24 个 CPU，随机分成 4 组，每组 6 个，4 组 CPU 分别安装在不同品牌的笔记本电脑中进行测试，在相同工作环境和时间下测试其指标值并进行方差分析. 经计算，方差分析表中的部分信息如下：

差异源	SS	df	MS	F	P-value	F crit
组间	（　）	3	3	（　）	0.003	3.10
组内	9	（　）	（　）			
总计	（　）	23				

试求：（1）组间偏差平方和 SSA 和总计偏差平方和 SST；（2）组内偏差平方和的自由度 df 和均方 SSE；（3）统计量 F 的值；（4）在 $\alpha = 0.05$ 下推断 4 种不同品牌的笔记本电脑对某种型号 CPU 耗电量有无显著性差异.

4. 用 4 种抗凝剂对同一血液标本作红细胞沉降速度（一小时值）测定，每种各测定 8 次，利用测定数据进行方差分析. 经计算 $SST = 182, SSE = 128$. 试求：（1）组间偏差平方和 SSA；（2）组间均方 MSA 和组内均方 MSE；（3）统计量 F 的值；（4）在 $\alpha = 0.05$ 下推断 4 种抗凝剂所作血沉值之间有无显著性差异（$F_{0.05}(3, 28) \approx 2.95$）.

5. 某灯泡厂用 4 种不同质地的灯丝生产了 4 批灯泡. 在每批灯泡中随机抽取 8 个灯泡测得其使用寿命（单位：h）数据如下：

灯丝				灯泡使用寿命			
甲	1605	1611	1605	1682	1711	1710	1782	1698
乙	1521	1640	1491	1679	1705	1409	17881	1754
丙	1643	1750	1689	1627	1643	1634	1742	1800
丁	1718	18010	1503	1573	1639	1676	1693	1677

试在 $\alpha = 0.05$ 下检验这 4 种灯丝对灯泡的使用寿命有无显著性影响.

6. 以 A、B、C、D 四种药剂处理水稻种子, 随机抽取的水稻苗高 (单位: cm) 样本数据如下:

药剂				样本			
A	19	20	22	23	21	18	17
B	21	23	24	25	26	27	
C	15	16	17	18	19		
D	23	24	25	24			

试在 $\alpha = 0.05$ 下检验四种药剂对水稻苗高有无显著性影响.

7. 用 3 种抗凝剂对同一血液标本作红细胞沉降速度 (一小时值) 测定, 每种各测定 6 次, 测定数据如下:

抗凝剂				红细胞沉降速度			
第一种	14	13	13	11	14	12	16	15
第二种	10	15	14	16	15	11	14	17
第三种	11	14	16	12	12	13	15	16

试在 $\alpha = 0.05$ 下检验 3 种抗凝剂对血沉值有无显著性影响.

8. 将 24 家产品大致相同的公司, 按资金分为三类, 每个公司的每百元销售收入的生产成本 (单位: 元) 数据如下:

公　司				成本			
第一类	69	72	70	76	72	72	66	72
第二类	75	76	72	70	80	68	80	74
第三类	77	80	75	86	74	86	80	83

试在 $\alpha = 0.05$ 下检验三类公司的生产成本有无显著性差异.

9. 某公司采用 3 种方式推销其产品. 为检验不同方式推销产品的效果, 随机从 3 种方法中各随机抽取 5 个样本, 数据如下:

销售方式	销售量				
方式一	77	86	81	88	83
方式二	95	92	78	96	89
方式三	71	76	68	81	74

（1）试在 $\alpha = 0.05$ 下检验 3 种方法对销售量有无显著影响；（2）如果有显著性差异，对 3 种方法的平均销售量给出置信水平为 95% 的置信区间.

10. 某 SARS 研究所对 31 名志愿者进行某项生理指标测试，测试数据如下：

志愿者	生理指标										
SARS 患者	1.8	1.4	1.5	2.1	1.9	1.7	1.8	1.9	1.8	1.8	2.0
疑似者	2.3	2.1	2.1	2.1	2.6	2.5	2.3	2.4	2.4		
非患者	2.9	3.2	2.7	2.8	2.7	3.0	3.4	3.0	3.4	3.3	3.5

（1）试在 $\alpha = 0.05$ 下检验这三类人的该项生理指标有无显著性差异；（2）如果有显著性差异，对这三类人的该项生理指标均值给出置信水平为 95% 的置信区间.

§7.2　双因素方差分析

7.2.1　双因素方差分析及其类型

在实际问题中，有时需要考虑几个因素对试验结果的影响. 例如，分析影响彩电销售量的因素时，需要考虑品牌、销售地区、价格、质量等多个因素的影响.

例 7.2.1　有 3 个品牌的彩电在 4 个地区销售，为了分析品牌和地区对彩电销售量的影响，统计每个品牌在各地区的销售量数据（单位：台）如下：

品牌	地区 1	地区 2	地区 3	地区 4
品牌 1	36	38	36	34
品牌 2	34	36	34	32
品牌 3	32	34	30	32

试在 $\alpha = 0.05$ 下分析品牌和地区对彩电销售量是否有显著性影响.

方差分析涉及两个因素时，称为**双因素方差分析**. 在双因素方差分析中，如果各因素是相互独立的，则称为**无交互作用的方差分析**，或称为**无重复双因素分析**. 如果各因素不是相互独立的，即它们的不同组合也会产生影响，则称为**有交互作用的方差分析**，或称为**可重复双因素分析**.

7.2.2　无交互作用的双因素方差分析

1）检验问题

在无交互作用的方差分析中，设行因素 A 有 r 个水平 $A_1, A_2, \cdots, A_r$. 列因素 B 有 k 个水平 $B_1, B_2, \cdots, B_k$，将每一水平看作一个总体，共有 $r+k$ 个总体. 检验问题是：

（1）H_0：因素 A 对研究对象无显著性影响；H_1：因素 A 对研究对象有显著性影响.

（2）H_0：因素 B 对研究对象无显著性影响；H_1：因素 B 对研究对象有显著性影响.

设对每个总体进行独立重复试验，共取得 $r \times k$ 个样本数据，记 x_{ij} 表示第 i 个行总体第 j 个列总体的试验数据，数据结构见表 7.2.1.

表 7.2.1　无交互作用的双因素方差分析数据结构

行因素 A	列因素 B			
	B_1	B_2	$\cdots$	B_k
A_1	x_{11}	x_{12}	$\cdots$	x_{1k}
A_2	x_{21}	x_{22}	$\cdots$	x_{2k}
$\vdots$	$\vdots$	$\vdots$	$\ddots$	$\vdots$
A_r	x_{r1}	x_{r2}	$\cdots$	x_{rk}

无交互作用的方差分析假设：

（1）第 i 个行水平总体服从 $N(\mu_i, \sigma^2)(i = 1, 2, \cdots, r)$；

（2）第 j 个列水平总体服从 $N(\mu_j, \sigma^2)(j = 1, 2, \cdots, k)$；

（3）所有的试验结果 x_{ij} 都相互独立.

因此，原检验问题可以转化为以下检验问题：

（1）H_0：$\mu_i(i = 1, 2, \cdots, r)$ 全相等；H_1：$\mu_i(i = 1, 2, \cdots, r)$ 不全相等.　　　　（7.2.1）

（2）H_0：$\mu_j(j = 1, 2, \cdots, k)$ 全相等；H_1：$\mu_j(j = 1, 2, \cdots, k)$ 不全相等.　　　　（7.2.2）

2）总平方和分解与方差分析

记 $\bar{x}_{i \cdot} = \dfrac{1}{k} \sum_{j=1}^{k} x_{ij} (i = 1, 2, \cdots, r)$，$\bar{x}_{\cdot j} = \dfrac{1}{r} \sum_{i=1}^{r} x_{ij} (j = 1, 2, \cdots, k)$，

$$\bar{x} = \frac{1}{r \times k} \sum_{j=1}^{k} \sum_{i=1}^{r} x_{ij}, \quad n = r \times k,$$

则　　　　$$SST = \sum_{i=1}^{r} \sum_{j=1}^{k} (x_{ij} - \bar{x})^2, \quad SSA = \sum_{i=1}^{r} \sum_{j=1}^{k} (\bar{x}_{i \cdot} - \bar{x})^2 = k \sum_{i=1}^{r} (\bar{x}_{i \cdot} - \bar{x})^2,$$

$$SSB = \sum_{i=1}^{r} \sum_{j=1}^{k} (\bar{x}_{\cdot j} - \bar{x})^2 = r \sum_{j=1}^{k} (\bar{x}_{\cdot j} - \bar{x})^2, \quad SSE = \sum_{i=1}^{r} \sum_{j=1}^{k} (x_{ij} - \bar{x}_{i \cdot} - \bar{x}_{\cdot j} + \bar{x})^2.$$

SST 称为总偏差平方和，SSA 称为行因素偏差平方和，SSB 称为列因素偏差平方和，SSE 称为随机因素偏差平方.

可以证明，$SST = SSA + SSB + SSE$，且在满足假设和 H_0 为真时，

$$F_A = \frac{SSA/(r-1)}{SSE/[(k-1)(r-1)]} \sim F(r-1,(k-1)(r-1)),\qquad（7.2.3）$$

$$F_B = \frac{SSB/(k-1)}{SSE/[(k-1)(r-1)]} \sim F(k-1,(r-1)(k-1)).\qquad（7.2.4）$$

选取式（7.2.3）作为行因素 A 是否显著的检验统计量，式（7.2.4）作为检验列因素 B 是否显著的检验统计量．双因素方差分析仍为 F 右侧检验．

将上面分析结果排成表 7.2.2 所示的形式，即**方差分析表**．

表 7.2.2　无交互作用的双因素方差分析表

差异源	SS	df	MS	F	F crit
因素 A	SSA	$r-1$	MSA	F_A	$F_\alpha(r-1,(r-1)(k-1))$
因素 B	SSB	$k-1$	MSB	F_B	$F_\alpha(k-1,(r-1)(k-1))$
误差 E	SSE	$(r-1)(k-1)$	MSE		
总计	SST	$rk-1$			

例 7.2.2　对例 7.2.1 进行方差分析．

解　步骤 1：提出原假设与备择假设．

（1）H_0 :品牌对彩电销售量无显著性影响；H_1 :品牌对彩电销售量有显著性影响．

（2）H_0 :地区对彩电销售量无显著性影响；H_1 :地区对彩电销售量有显著性影响．

步骤 2：计算方差分析表．

用 Excel 计算，得方差分析表如下：

差异源	SS	df	MS	F	P-value	F crit
行	32	2	16	18	0.00	5.14
列	18.67	3	6.22	7	0.02	4.76
误差	5.33	6	0.89			
总计	56	11				

步骤 3：统计推断．本例中品牌因素有 3 个水平，地区因素有 4 个水平，因此 $r=3,k=4$，$n = r \times k = 12$，$F_A \sim F(2,6),F_B \sim F(3,6)$．因 $F_A = 18 > 5.14 = F_{0.05}(2,6)$，故在 $\alpha = 0.05$ 下拒绝 H_0，即品牌对彩电销售量有显著性影响．又因 $F_B = 7 > 4.76 = F_{0.05}(3,6)$，故在 $\alpha = 0.05$ 下拒绝 H_0，即地区对彩电销售量有显著性影响．

7.2.3　有交互作用的双因素方差分析

例 7.2.3　从某市高考考生中随机抽取男女生各 36 人，按考生性别和父母文化程度登记

个人的考试成绩，其中父母文化程度（按父母中较高者）分为小学以下、初中、高中、中专、本科和研究生以上六种，统计数据如下：

考生性别	父母最高文化程度					
	小学以下	初中	高中	中专	本科	研究生以上
男生	493	415	425	329	510	590
	388	438	541	440	498	459
	312	380	306	401	540	531
	288	437	456	458	561	480
	410	390	391	499	524	418
	343	476	518	508	462	534
女生	329	490	320	380	500	520
	506	541	484	584	456	567
	524	408	417	489	404	544
	405	580	570	567	530	425
	307	505	351	552	521	319
	292	317	503	537	319	502

试在 $\alpha = 0.05$ 下检验考生性别和父母文化程度对高考成绩有无显著性影响.

父母文化程度、考生的性别可能会影响考生的成绩，同时父母文化程度和考生性别可能共同影响考生的成绩，考虑**有交互作用的方差分析**.

1）检验问题

在有交互作用的方差分析中，设行因素 A 有 r 个水平 $A_1, A_2, \cdots, A_r$，列因素 B 有 k 个水平 $B_1, B_2, \cdots, B_k$. 将每一水平看作一个总体，行因素有 r 个总体，列因素有 k 个总体. 将水平 (A_i, B_j) 看作一个总体，共有 $r \times k$ 个总体. 检验问题是：

（1）H_0：因素 A 对研究对象无显著性影响；H_1：因素 A 对研究对象有显著性影响.

（2）H_0：因素 B 对研究对象无显著性影响；H_1：因素 B 对研究对象有显著性影响.

（3）H_0：因素 A 和 B 共同对研究对象无显著性影响；H_1：因素 A 和 B 共同对研究对象有显著性影响.

为了检验因素 A 和 B 是否相互独立，即它们的不同组合是否会产生影响，对因素 A 和 B 的水平的每对组合 (A_i, B_j)（$i = 1, 2, \cdots, r; j = 1, 2, \cdots, k$）都作 m（$m \geqslant 2$）次试验，共取得 $r \times k \times m$ 个数据，数据结构见表 7.2.3.

表 7.2.3　有交互作用的双因素方差分析数据结构

行因素 A	列因素 B			
	B_1	B_2	$\cdots$	B_k
A_1	x_{111} $\vdots$ x_{11m}	x_{121} $\vdots$ x_{12m}	$\cdots$ $\cdots$	x_{1k1} $\vdots$ x_{1km}
A_2	x_{211} $\vdots$ x_{21m}	x_{221} $\vdots$ x_{22m}	$\cdots$ $\cdots$	x_{2k1} $\vdots$ x_{2km}
$\vdots$	$\vdots$	$\vdots$	$\ddots$	$\vdots$
A_r	x_{r11} $\vdots$ x_{r1m}	x_{r21} $\vdots$ x_{r2m}	$\cdots$ $\cdots$	x_{rk1} $\vdots$ x_{rkm}

有交互作用的方差分析假设：

（1）第 i 个行水平总体服从 $N(\mu_i,\sigma^2)(i=1,2,\cdots,r)$；

（2）第 j 个列水平总体服从 $N(\mu_j,\sigma^2)(j=1,2,\cdots,k)$；

（3）每一对水平 (A_i,B_j) 总体服从 $N(\mu_{ij},\sigma^2)(i=1,2,\cdots,r;j=1,2,\cdots,k)$；

（4）所有的试验结果 x_{ij} 都相互独立.

因此，原检验问题可以转化为以下检验问题：

（1）$H_0:\mu_i(i=1,2,\cdots,r)$ 全相等；　$H_1:\mu_i(i=1,2,\cdots,r)$ 不全相等.　　　　（7.2.5）

（2）$H_0:\mu_j(j=1,2,\cdots,k)$ 全相等；　$H_1:\mu_j(j=1,2,\cdots,k)$ 不全相等.　　　　（7.2.6）

（3）$H_0:\mu_{ij}(i=1,2,\cdots,r;j=1,2,\cdots,k)$ 全相等；　$H_1:\mu_{ij}(i=1,2,\cdots,r;j=1,2,\cdots,k)$ 不全相等.

（7.2.7）

2）总平方和分解与方差分析

记　　　　$\overline{x}_{i\cdot\cdot}=\dfrac{1}{k\times m}\sum_{j=1}^{k}\sum_{l=1}^{m}x_{ijl}(i=1,2,\cdots,r)$，　$\overline{x}_{\cdot j\cdot}=\dfrac{1}{r\times m}\sum_{i=1}^{r}\sum_{l=1}^{m}x_{ijl}(j=1,2,\cdots,k)$，

$\overline{x}_{ij\cdot}=\dfrac{1}{m}\sum_{l=1}^{m}x_{ijl}(i=1,2,\cdots,r;j=1,2,\cdots,k)$，　$\overline{x}=\dfrac{1}{r\times k\times m}\sum_{i=1}^{r}\sum_{j=1}^{k}\sum_{l=1}^{m}x_{ijl}$，

则　　$SST=\sum_{i=1}^{r}\sum_{j=1}^{k}\sum_{l=1}^{m}(x_{ijl}-\overline{x})^2$，　$SSA=km\sum_{i=1}^{r}(\overline{x}_{i\cdot\cdot}-\overline{x})^2$，　$SSB=rm\sum_{j=1}^{k}(\overline{x}_{\cdot j\cdot}-\overline{x})^2$，

$$SAB = m\sum_{i=1}^{r}\sum_{j=1}^{k}(\overline{x}_{ij}\cdot - \overline{x}_{i}\cdot\cdot - \overline{x}_{\cdot j}\cdot + \overline{x})^2 \,, \quad SSE = \sum_{i=1}^{r}\sum_{j=1}^{k}\sum_{l=1}^{m}(x_{ijl} - \overline{x}_{ij}\cdot)^2 .$$

SST 称为总偏差平方和，SSA 称为因素 A 偏差平方和，SSB 称为因素 B 偏差平方和，SAB 称为因素 A 与因素 B 交互作用偏差平方和，SSE 称为随机因素偏差平方.

可以证明，$SST = SSA + SSB + SAB + SSE$，且在满足假设和 H_0 为真时，

$$F_A = \frac{SSA/(r-1)}{SSE/[rk(m-1)]} \sim F(r-1, rk(m-1)) \,, \tag{7.2.8}$$

$$F_B = \frac{SSB/(k-1)}{SSE/[rk(m-1)]} \sim F(k-1, rk(m-1)) \,, \tag{7.2.9}$$

$$F_{AB} = \frac{SAB/(r-1)(k-1)}{SSE/[rk(m-1)]} \sim F((r-1)(k-1), rk(m-1)) . \tag{7.2.10}$$

选取式（7.2.8）作为行因素 A 是否显著的检验统计量，式（7.2.9）作为列因素 B 是否显著的检验统计量，式（7.2.10）作为因素 A 和 B 交互作用是否显著的检验统计量.

有交互作用的方差分析属于 F 右侧检验. 将上面分析结果排成表 7.2.4 所示的形式，即方差分析表.

表 7.2.4　有交互作用的双因素方差分析表

差异源	SS	df	MS	F	F crit
因素 A	SSA	$r-1$	MSA	F_A	$F_{\alpha}(r-1, rk(m-1))$
因素 B	SSB	$k-1$	MSB	F_B	$F_{\alpha}(k-1, rk(m-1))$
因素 AB	SAB	$(r-1)(k-1)$	MAB	F_{AB}	$F_{\alpha}((r-1)(k-1), rk(m-1))$
误差 E	SSE	$rk(m-1)$	MSE		
总计	SST	$rkm-1$			

例 7.2.4　对例 7.2.3 进行方差分析.

解　步骤 1：提出原假设与备择假设.

（1）H_0:考生性别对高考成绩无显著性影响；H_1:考生性别对高考成绩有显著性影响.

（2）H_0:父母文化程度对高考成绩无显著性影响；H_1:父母文化程度对高考成绩有显著性影响.

（3）H_0:考生性别和父母文化程度共同对高考成绩无显著性影响；H_1:考生性别和父母文化程度共同对高考成绩有显著性影响.

步骤 2：计算方差分析表.

用 Excel 计算，得方差分析表如下：

方差来源	SS	df	MS	F	P-value	F crit
考生性别	2403.56	1	2403.56	0.39	0.53	4.00
父母文化程度	98 409.28	5	19 681.86	3.23	0.01	2.37
交互作用	38 084.44	5	7616.89	1.25	0.30	2.37
误差	365 711.33	60	6095.19			
总计	504 608.61	71				

步骤 3：统计推断. 本例中 $r=2, k=6, m=6$，统计量 $F_A \sim F(1,60)$，$F_B \sim F(5,60)$，$F_{AB} \sim F(5,60)$. 因 $F_A = 0.39 < 4.00 = F_{0.05}(1,60)$，故在 $\alpha = 0.05$ 下接受 H_0，即性别对高考成绩无显著性影响. 又因 $F_B = 3.23 > 2.37 = F_{0.05}(5,60)$，故在 $\alpha = 0.05$ 下拒绝 H_0，即父母文化程度对高考成绩有显著性影响. 因 $F_{AB} = 1.25 < 2.37 = F_{0.05}(5,60)$，故在 $\alpha = 0.05$ 下接受 H_0，即性别和父母文化程度共同对高考成绩无显著性影响.

习题 7.2

提示：第 2 至第 7 题，可以借助 Excel 表进行方差分析，具体方法参考 7.3 节内容.

1. 为了解不同配比的饲料对小猪体重的影响，用 3 种不同配比的饲料饲养 3 个品种的小猪各一头，一个月后称得小猪的体重（单位：kg）数据如下：

	品种甲	品种乙	品种丙
饲料甲	37	36	35
饲料乙	32	36	34
饲料丙	33	39	30

在 $\alpha = 0.05$ 下进行方差分析. 经计算，方差分析表的部分信息如下：

差异源	SS	df	MS	F	P-value	F crit
因素 A	8	（　）	（　）	0.62	0.58	6.94
因素 B	（　）	2	（　）	（　）	0.25	6.94
误差 E	26	4	（　）			
总计	60	8				

试求：（1）因素 B 偏差平方和 SSB；（2）因素 A 的自由度 df 和均方 MSA；（3）因素 B 的均方 MSB 和误差 E 的均方 MSE；（4）统计量 F_B 的值；（5）推断饲料配比对小猪体重有无显著性影响；（6）推断小猪品种对小猪体重有无显著性影响.

2. 某商品在 3 个地区用 3 种方法进行营销，销售额（单位：万元）数据如下：

	地区 1	地区 2	地区 3
营销方式 A	30	31	32
营销方式 B	35	33	32
营销方式 C	30	29	28

试在 $\alpha = 0.05$ 下检验营销方式和地区对销售额有无显著性影响.

3. 用 4 种插条密度和 3 种施肥方案对同种树苗的生长进行情况试验，测得树苗的平均高度（单位：cm）数据如下：

	插条密度 1	插条密度 2	插条密度 3	插条密度 4
施肥方案 1	120	112	115	135
施肥方案 2	128	119	122	125
施肥方案 3	107	98	101	112

试在 $\alpha = 0.05$ 下检验插条密度和施肥方案对树苗生长有无显著性影响.

4. 某种有 3 种不同包装的商品分别在 6 个地区进行销售，在某周内销售的商品件数如下：

	销售地区 1	销售地区 2	销售地区 3	销售地区 4	销售地区 5	销售地区 6
包装方式 1	201	128	211	107	66	145
包装方式 2	223	109	213	118	69	67
包装方式 3	246	141	189	176	102	106

试在 $\alpha = 0.05$ 下检验包装和销售地区对销量有无显著性影响.

5. 为检验广告媒体和广告方案对产品销售量的影响，一家营销公司做了一项试验，考察 3 种广告方案和 2 种广告媒体，获得的销售量数据如下：

	广告媒体（报纸）	广告媒体（电视）
广告方案甲	81	123
	121	89
广告方案乙	228	252
	146	276
广告方案丙	105	179
	184	153

试在 $\alpha = 0.05$ 下检验广告方案和广告媒体对商品销售量是否有显著性影响.

6. 比较 5 个品种大麦产量，以连续 2 年观测的单产量作为指标，用 3 个不同地区的产量作为三次重复，观测数据如下：

	第一年单产量	第二年单产量
品种 1	81	81
	147	100
	120	99
品种 2	105	82
	142	116
	121	62
品种 3	120	80
	151	112
	124	96
品种 4	110	87
	192	148
	141	126
品种 5	98	84
	146	108
	125	76

试在 $\alpha = 0.05$ 下检验年份和品种对产量是否有显著性影响.

7. 某食品公司对一种食品设计了 4 种新包装. 为了考察哪种包装最受欢迎，选取 8 个有近似相同销售量的商店作试验，观察在一定时期的销售量，数据如下：

	商店 1	商店 2	商店 3	商店 4	商店 5	商店 6	商店 7	商店 8
包装 1	12	18	20	19	25	21	34	16
	11	19	12	14	25	22	21	26
包装 2	14	12	13	13	16	21	19	11
	15	17	28	12	21	25	24	17
包装 3	19	17	21	16	18	25	32	12
	15	13	21	11	11	17	22	18
包装 4	24	30	30	31	26	17	14	19
	26	28	30	14	12	19	23	27

试在 $\alpha = 0.05$ 下检验包装和商店对销售量是否有显著性影响.

§7.3　Excel 在方差分析中的应用

Excel 提供了三种方差分析工具, 利用这些分析工具可以进行基本的方差分析.

7.3.1　单因素方差分析

例 7.3.1　用 Excel 对例 7.1.1 进行方差分析.

解　步骤 1: 将数据输入单元格区域 $A\$1:\$E\$3. 如图 7.3.1 所示.

▲	A	B	C	D	E
1	品牌1	36	38	36	34
2	品牌2	34	36	34	32
3	品牌3	32	34	30	32

图 7.3.1　数据所在单元格区域

步骤 2: 点击"数据→数据分析→分析工具:方差分析:单因素方差分析", 在"方差分析: 单因素方差分析"对话框中进行图 7.3.2 所示的设置, 点击"确定".

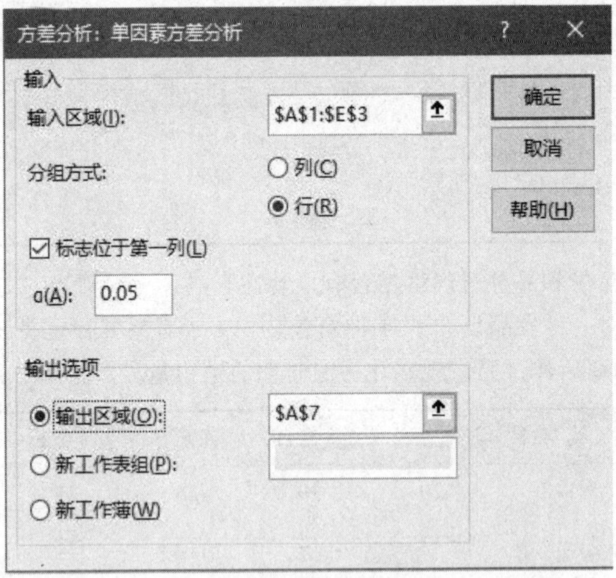

图 7.3.2　"方差分析: 单因素方差分析"对话框

检验结果如图 7.3.3 所示.

方差分析						
差异源	SS	df	MS	F	P-value	F crit
组间	32	2	16	6	0.02	4.26
组内	24	9	2.67			
总计	56	11				

图 7.3.3　单因素方差分析结果

步骤 3：统计推断．因为 $F = 6 > 4.26 \approx F_{0.05}(2,9)$，所以在 $\alpha = 0.05$ 下拒绝 H_0，3 个品牌的彩电销售量有显著性差异．

7.3.2 无交互作用的双因素方差分析

例 7.3.2 用 Excel 对例 7.2.1 进行方差分析．

解 步骤 1：将数据输入单元格区域 $A\$1:\$E\$4$，如图 7.3.4 所示．

	A	B	C	D	E
1		地区1	地区2	地区3	地区4
2	品牌1	36	38	36	34
3	品牌2	34	36	34	32
4	品牌3	32	34	30	32

图 7.3.4 数据所在单元格区域

步骤 2：点击"数据→数据分析→分析工具：方差分析：无重复双因素方差分析"，在"方差分析:无重复双因素方差分析"对话框中进行图 7.3.5 所示的设置，点击"确定"．

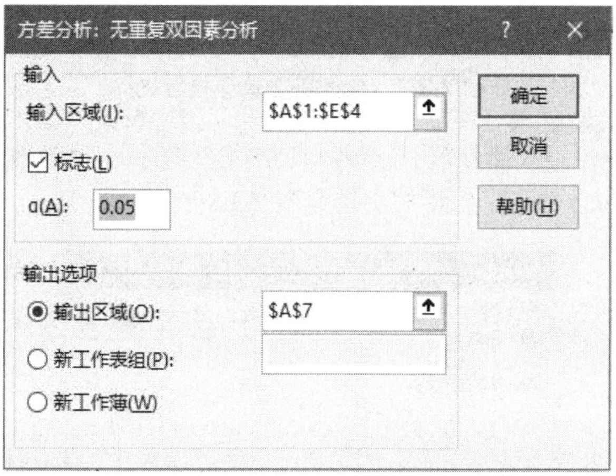

图 7.3.5 "方差分析：无重复双因素方差分析"对话框

检验结果如图 7.3.6 所示．

方差分析						
差异源	SS	df	MS	F	P-value	F crit
行	32	2	16	18	0.003	5.143
列	18.667	3	6.222	7	0.022	4.757
误差	5.333	6	0.889			
总计	56	11				

图 7.3.6 无重复双因素方差分析结果

步骤 3：统计推断．因 $F_A = 18 > 5.143 = F_{0.05}(2,6)$，故在 $\alpha = 0.05$ 下拒绝 H_0，即品牌对彩电销售量有显著性影响．因 $F_B = 7 > 4.757 = F_{0.05}(3,6)$，故在 $\alpha = 0.05$ 下拒绝 H_0，即地区对彩电销售量有显著性影响．

7.3.3 有交互作用的双因素方差分析

例 7.3.3 用 Excel 对例 7.2.3 进行方差分析.

解 步骤 1：将数据输入单元格区域 $A$1:$G$13，其中标志"小学以下、初中、高中、中专、本科、研究生以上"分别在单元格 B1、C1、D1、E1、F1 和 G1，标志"男生、女生"分别在单元格 A2、A8，单元格 A1 为空白，样本数据在单元格区域 $A$1:$G$13. 如图 7.3.7 所示.

	A	B	C	D	E	F	G
1		小学以下	初中	高中	中专	本科	研究生以上
2	男生	493	415	425	329	510	590
3		388	438	541	440	498	459
4		312	380	306	401	540	531
5		288	437	456	458	561	480
6		410	390	391	499	524	418
7		343	476	518	508	462	534
8	女生	329	490	320	380	500	520
9		506	541	484	584	456	567
10		524	408	417	489	404	544
11		405	580	570	567	530	425
12		307	505	351	552	521	319
13		292	317	503	537	319	502

图 7.3.7 数据所在单元格区域

步骤 2：点击"数据→数据分析→分析工具:方差分析:可重复双因素方差分析"，在"方差分析:可重复双因素方差分析"对话框中进行图 7.3.8 所示的设置，点击"确定".

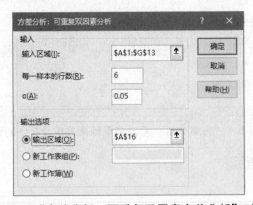

图 7.3.8 "方差分析：可重复双因素方差分析"对话框

检验结果如图 7.3.9 所示.

方差分析						
差异源	SS	df	MS	F	P-value	F crit
样本	2403.556	1	2403.556	0.394	0.532	4.001
列	98409.278	5	19681.856	3.229	0.012	2.368
交互	38084.444	5	7616.889	1.250	0.298	2.368
内部	365711.333	60	6095.189			
总计	504608.611	71				

图 7.3.9 可重复双因素方差分析结果

　　步骤 3：统计推断. 因 $F_A = 0.394 < 4.001 = F_{0.05}(1,60)$ ，故在 $\alpha = 0.05$ 下接受 H_0 ，即性别对高考成绩无显著性影响. $F_B = 3.229 > 2.368 = F_{0.05}(5,60)$ ，故在 $\alpha = 0.05$ 下拒绝 H_0 ，即父母文化程度对高考成绩有显著性影响. $F_{AB} = 1.250 < 2.368 = F_{0.05}(5,60)$ ，故在 $\alpha = 0.05$ 下接受 H_0 ，即性别和父母文化程度共同对高考成绩无显著性影响.

第 8 章   回归分析

变量之间的关系有两类：一类是确定性关系，如圆的面积 $S = \pi R^2$，给定圆的半径 R，圆的面积就被唯一地确定了；另一类是不确定性关系，如居民消费性支出 y 与居民收入 x 之间的关系是不确定的.

虽然可以说收入越高消费性支出也越高，但不能简单地将其描述为 $y = a + bx$. 这是因为，影响居民消费性支出的因素除了居民收入以外还有许多，这些因素有的已知有的未知，有的可度量有的不可度量. 因此，更一般地可以将居民消费性支出 y 与居民收入 x 之间的关系描述为

$$y = a + bx + \varepsilon,$$

其中，ε 为随机变量，用来描述除居民收入外影响居民消费性支出的那些未知的或不可度量的因素.

事实上，不同年份的居民消费性支出与居民收入的关系并不一样. 为简单起见，可以假设 a 和 b 不随年份而变化，只是 ε 随着年份而变化，这样第 i 年居民消费性支出与居民收入的关系就可表示为

$$y_i = a + bx_i + \varepsilon_i,\ i = 1, 2, \cdots, n.$$

通常情况下，a 和 b 是未知的，需要用样本来估计. 估计出 a 和 b 的值以及 ε 的分布，就可以对居民消费性支出与居民收入之间的关系进行进一步分析.

上述模型称为一元线性回归模型. 回归分析是研究变量间不确定关系的一种统计方法. 由于回归分析的参数估计、参数检验、预测区间的推导非常复杂，本章只对回归分析略微介绍，详细的回归分析方法请参阅计量经济学书籍.

本章的主要内容有一元线性回归分析、多元线性回归分析、非线性回归分析和 Excel 在回归分析中的应用等.

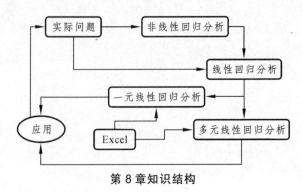

第 8 章知识结构

☆　实际问题中，变量之间的不确定关系可以用线性回归分析或非线性回归分析加以研究.

☆　有些非线性回归模型可以线性化为线性回归模型.

☆　线性回归分析可分为一元线性回归分析和多元线性回归分析.

☆　有许多优秀的统计软件可以进行回归分析，其中 Excel 可以进行简单的回归分析.

☆　以一元回归模型 $y_i = a + bx_i + \varepsilon_i (i = 1, 2, \cdots, n)$ 为例，回归分析的应用有：

（1）检验关系式 $y_i = a + bx_i$ 是否显著.

（2）检验参数 b 是否为 0，即 x_i 对 y_i 是否有显著性影响.

（3）若 x_i 对 y_i 有显著性影响，影响有多大，即 x_i 变动 1 个单位 y_i 变动几个单位？

（4）若 x_i 对 y_i 有显著性影响，如何用 x_i 去预测 y_i.

§8.1　一元线性回归分析

8.1.1　一元线性回归模型

一元线性回归模型的一般形式为

$$y_i = a + bx_i + \varepsilon_i, i = 1, 2, \cdots, n \tag{8.1.1}$$

其中，a 和 b 是未知**参数**；ε_i 为随机误差项，是随机变量，因而 y_i 也是随机变量；x_i 称为**自变量**；y_i 称为**因变量**；n 为样本量；$a + bx_i$ 称为**回归函数**或**回归**；参数 b 的含义为 x_i 增加 1 个单位 y_i 就增加 b 个单位. 模型（8.1.1）关于参数是线性的，且只有一个自变量，因此称为**一元线性回归模型**.

为了进一步分析，一般假设：

（1）$\varepsilon_i \sim N(0, \sigma^2)(i = 1, 2, \cdots, n)$.

（2）$Cov(\varepsilon_i, \varepsilon_j) = 0 (i \neq j, i, j = 1, 2, \cdots, n)$.

（3）x_i 为确定变量，自然 $Cov(x_i, \varepsilon_i) = 0 (i = 1, 2, \cdots, n)$.

8.1.2　参数估计

要通过模型（8.1.1）研究 y_i 和 x_i 的关系，需要估计 a，b 和 σ^2. 对于给定的样本 $(x_i, y_i)(i = 1, 2, \cdots, n)$，因 a 和 b 的真实值未知，设其估计值为 $\hat{a}$ 和 $\hat{b}$，则

$$y_i = \hat{a} + \hat{b}x_i + e_i, i = 1, 2, \cdots, n \tag{8.1.2}$$

其中，e_i 为 ε_i 的实现值，称为**残差**. 令

$$\hat{y}_i = \hat{a} + \hat{b}x_i, i = 1, 2, \cdots, n \tag{8.1.3}$$

是 y_i 的估计值（也称拟合值），则

$$e_i = y_i - \hat{y}_i = y_i - \hat{a} - \hat{b}x_i. \tag{8.1.4}$$

自然希望 e_i 的绝对值越小越好，但通常要使得 $\hat{a}$ 和 $\hat{b}$ 能够满足每个 $|e_i|$ 都达到最小是难以做到的. **最小二乘法**是使残差平方和达到最小，即

$$Q = \sum_{i=1}^{n} (y_i - \hat{a} - \hat{b}x_i)^2 \qquad (8.1.5)$$

达到最小，求参数估计 $\hat{a}$ 和 $\hat{b}$ 的一种方法.

对式（8.1.5）求 $\hat{a}$ 和 $\hat{b}$ 的偏导数并令其为 0，得

$$\begin{cases} \dfrac{\partial Q}{\partial \hat{a}} = -2\sum_{i=1}^{n}(y_i - \hat{a} - \hat{b}x_i) = 0, \\ \dfrac{\partial Q}{\partial \hat{b}} = -2\sum_{i=1}^{n}x_i(y_i - \hat{a} - \hat{b}x_i) = 0, \end{cases} \qquad (8.1.6)$$

通过求解式（8.1.6），得 a 和 b 的最小二乘估计：

$$\begin{cases} \hat{a} = \dfrac{\sum x_i^2 \sum y_i - \sum x_i \sum y_i x_i}{n\sum x_i^2 - (\sum x_i)^2}, \\ \hat{b} = \dfrac{n\sum y_i x_i - \sum y_i \sum x_i}{n\sum x_i^2 - (\sum x_i)^2}. \end{cases} \qquad (8.1.7)$$

也可以用最大似然估计法估计一元回归模型的参数. 可以证明，误差项 ε_i 的方差的无偏估计为

$$\hat{\sigma}^2 = \frac{1}{n-2}\sum e_i^2 . \qquad (8.1.8)$$

将参数估计量（8.1.7）代入模型（8.1.2）得

$$y_i = \hat{a} + \hat{b}x_i + e_i, i = 1,2,\cdots,n , \qquad (8.1.9)$$

称为**样本回归模型**，其中 e_i 称为**残差**，是 ε_i 的实现.

$$\hat{y}_i = \hat{a} + \hat{b}x_i, i = 1,2,\cdots,n , \qquad (8.1.10)$$

称为**样本回归方程**，其中 $\hat{y}_i$ 为 y_i 的**估计值**，也称拟合值.

8.1.3　模型的检验

参数估计出来之后，还需要对模型进行一系列检验. 可以依照以下次序对模型进行检验：模型的经济意义检验→误差项 ε_i 的正态性检验→ F 检验→ t 检验→ R^2 检验.

1）参数的经济意义检验

模型的经济意义检验属于理论检验，或经验检验. 主要检验参数估计值的大小、符号是否符合经济理论或经验实际. 若参数估计值的大小、符号不符合经济理论或经验实际，则数学上再完美的模型都是无意义的. 例如，在研究消费和收入的一元回归模型

$$y_i = a + bx_i + \varepsilon_i, \ i = 1, 2, \cdots, n$$

中，a 和 b 分别为自发性消费和边际消费倾向，a 应该大于 0，b 应该大于 0 小于 1．如果模型估计结果违反了上述理论假定，数学上再完美的估计都是没有意义的．

值得指出的是，要依据经济理论建立模型，不要为了拟合效果好，或检验显著而去臆造模型．

2）误差项 ε_i 的正态性检验

回归模型的 t 检验和 F 检验都是建立在误差项 ε_i 的正态性假设基础上的．若 ε_i 不服从正态分布，则 t 检验和 F 检验都会失效．可以利用残差的概率图进行 ε_i 的正态性检验，方法是：若概率图上的散点在一条直线附近就可认为 ε_i 服从正态分布．若概率图检验有拒绝正态性的倾向，则可进一步进行假设检验．

3）回归函数 $a + bx_i$ 的 F 检验

回归函数 $a + bx_i$ 的检验问题是：

$H_0 : a = b = 0$；$H_1 : a, b$ 不全为零．

为了得到检验统计量，先对总偏差进行分解．称 y_i 与其均值 $\overline{y} = \dfrac{1}{n} \sum y_i$ 之差 $y_i - \overline{y}$ 为总偏差．称 $TSS = \sum (y_i - \overline{y})^2$ 为**总偏差平方和**，$ESS = \sum (\hat{y}_i - \overline{y})^2$ 为**回归平方和**，$RSS = \sum (y_i - \hat{y}_i)^2 = \sum e_i^2$ 为**残差（剩余）平方和**．可以证明，$TSS = RSS + ESS$．

显然 ESS 在 TSS 中占的比重越大，RSS 就越小，模型的拟合效果越好．在模型满足 3 条假定下，统计量

$$F = \frac{ESS/1}{RSS/(n-2)} \sim F(1, n-2) . \tag{8.1.11}$$

因此，可以用式（8.1.11）作为检验统计量，对回归函数进行 F 检验．由以上分析可知，回归函数 $a + bx_i$ 的检验属于 F 右侧检验．设由样本值计算得检验统计量（8.1.11）的值为 f，若 $p = \{F(1, n-2) > f\} < \alpha$，则拒绝 H_0，即认为回归函数是显著不为 0 的．

4）单个参数的 t 检验

在模型满足三条假定下，对参数 a 和 b 的检验问题是：

（1）$H_0 : a = 0$；$H_1 : a \neq 0$．

（2）$H_0 : b = 0$；$H_1 : b \neq 0$．

检验统计量分别为

$$T = \frac{\hat{a}}{S_{\hat{a}}} \sim t(n-2), T = \frac{\hat{b}}{S_{\hat{b}}} \sim t(n-2) , \tag{8.1.12}$$

其中，参数的方差估计为

$$S_{\hat{a}}^2 = \frac{\sum e_i^2 \sum x_i^2}{n(n-2)\sum (x_i - \overline{x})^2}, S_{\hat{b}_1}^2 = \frac{\sum e_i^2}{(n-2)\sum (x_i - \overline{x})^2}.$$

单个参数的检验是双侧 t 检验. 设由样本值计算得检验统计量（8.1.12）的值为 t，若 $p = P\{|t(n-2)| > |t|\} < \alpha$，拒绝 H_0，即认为对应的自变量对因变量有显著性影响；否则接受 H_0，即认为对应的自变量对因变量没有显著性影响. 当 t 检验不显著，但 F 检验显著时，模型也可用，因为 F 检验要优于 t 检验.

5）模型拟合检验

如上所述，ESS 在 TSS 中占的比重越大，残差平方和 RSS 越小，模型的拟合效果越好. 定义可决系数（也称拟合优度）R^2 为

$$R^2 = \frac{ESS}{TSS} = 1 - \frac{RSS}{TSS} , \tag{8.1.13}$$

显然，$0 \leqslant R^2 \leqslant 1, R^2$ 越接近于 1，模型的拟合效果越好.

由于样本的随机性以及其他原因，要使回归模型能同时通过各项检验往往是非常困难的. 模型检验不理想时可以考虑修正估计方法或模型（详见计量经济学参考书）.

8.1.4　预测

如果模型经检验非常理想，则可以利用模型进行预测. 给定样本外的自变量观察值 x_0，代入样本回归方程（8.1.10）有

$$\hat{y}_0 = \hat{a} + \hat{b}x_0 , \tag{8.1.14}$$

其中 $\hat{y}_0$ 是 y_0 的估计值. 可以证明，y_0 的 $1-\alpha$ 置信区间的端点为

$$\hat{y}_0 \mp t_{1-\alpha/2}(n-2)\hat{\sigma}\sqrt{1 + \frac{1}{n} + \frac{(x_0 - \overline{x})^2}{\sum (\overline{x}_i - \overline{x})^2}} . \tag{8.1.15}$$

回归分析的过程如图 8.1.1 所示.

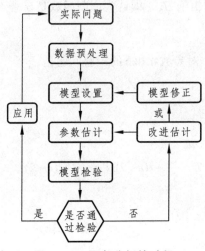

图 8.1.1　回归分析的过程

回归分析计算量非常大,现在一般都用统计软件进行回归分析.

例 8.1.1 1987—2009 年,我国农村居民家庭人均生活消费支出(单位:元)与农村居民家庭人均纯收入(单位:元)数据见表 8.1.1.

表 8.1.1 农村居民消费与收入数据

年份	农村居民家庭人均 生活消费支出(元) y_t	农村居民家庭人 均纯收入(元) x_t	t	$z_t = \ln y_t$	$v_t = \ln x_t$
1987	398.3	462.6	1	5.9872	6.1369
1988	476.7	544.9	2	6.1669	6.3006
1989	535.4	601.5	3	6.2830	6.3994
1990	584.6	686.3	4	6.3709	6.5313
1991	619.8	708.6	5	6.4294	6.5633
1992	659	784	6	6.4907	6.6644
1993	769.7	921.6	7	6.6460	6.8261
1994	1016.8	1221	8	6.9244	7.1074
1995	1310.4	1577.7	9	7.1781	7.3637
1996	1572.1	1926.1	10	7.3602	7.5633
1997	1617.2	2090.1	11	7.3885	7.6450
1998	1590.3	2162.0	12	7.3717	7.6788
1999	1577.4	2210.3	13	7.3635	7.7009
2000	1670.1	2253.4	14	7.4206	7.7202
2001	1741.1	2366.4	15	7.4623	7.7691
2002	1834.3	2475.6	16	7.5144	7.8142
2003	1943.3	2622.2	17	7.5721	7.8718
2004	2184.7	2936.4	18	7.6892	7.9849
2005	2555.4	3254.9	19	7.8460	8.0879
2006	2829.0	3587.0	20	7.9477	8.1851
2007	3223.9	4140.4	21	8.0783	8.3285
2008	3660.7	4760.6	22	8.2054	8.4681
2009	3993.5	5153.2	23	8.2924	8.5474

数据来源:《中国统计年鉴(1988—2010)》.

试建立一元线性回归模型分析农村居民家庭人均生活消费支出与农村居民家庭人均纯收入的关系.

解 用 y_t 表示农村居民家庭人均生活消费支出，用 x_t 表示农村居民家庭人均纯收入. 由宏观经济学的理论知，y_t 和 x_t 的关系可用一元线性回归模型描述为

$$y_t = a + bx_t + \varepsilon_t \quad (t = 1, 2, \cdots, 23)$$

式中，ε_t 表示除收入外对消费支出影响的其他因素.

用 Excel 提供的回归分析工具得到以下模型估计与检验结果：

$$y_t = 45.6001 + 0.7546 x_t + \varepsilon_t,$$
$$(0.0979) \quad (0.0000)$$
$$\hat{\sigma}^2 \approx 4417.1337, F \approx 5254.0005(0.0000), R^2 \approx 0.9960,$$

式中，括号内的数据为 t 检验或 F 检验统计量值对应的显著性 p 值.

参数估计与检验结果表明，$\hat{a} \approx 45.6001 > 0, 0 < \hat{b} = 0.7546 < 1$，模型有经济意义；残差图和残差正态概率图分别如图 8.1.2 和图 8.1.3 所示. 从图 8.13 可以看出，散点明显不在一条直线上，有拒绝误差项正态性的倾向. 参数 a 的 t 检验 p 值为 0.0979，因此在 $\alpha = 0.05$ 下，可认为参数 a 显著为 0；参数 b 的 t 检验 p 值为 0.0000，因此在 $\alpha = 0.05$ 下，可认为参数 b 显著不为 0. 但由于 F 检验统计量值为 5254.0005，相应的 p 值为 0.0000，回归函数 $a + bx_i$ 是显著的. 模型可决系数 $R^2 \approx 0.9960$，接近于 1，模型拟合良好. 模型拟合图如图 8.1.4 所示.

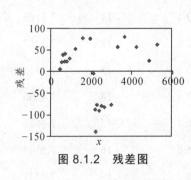

图 8.1.2 残差图

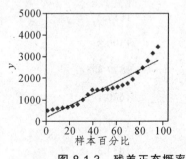

图 8.1.3 残差正态概率图

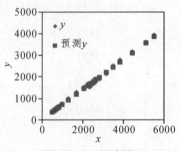

图 8.1.4 拟合图

习题 8.1

1. 为了调查广告投入对销售收入的影响，某商店记录了 5 个月的销售收入（单位:万元）和广告投入（单位：万元），数据如下：

月份	销售收入	广告投入
1	6	1
2	13	2.2
3	16	3.5
4	19	4.1
5	29	5.3

（1）画散点图，并判断销售收入和广告投入有无线性关系.

（2）试建立一元线性回归模型分析广告投入对销售收入的影响.

（3）试求广告投入 8 万元时的预期销售收入.

2. 某钢铁厂记录的合金强度与碳含量的实验数据如下：

合金强度	42.0	43.0	45.0	49.0	53.0	50	55
碳含量	0.1	0.12	0.11	0.16	0.17	0.18	0.21

（1）画散点图，并判断碳含量和合金强度有无线性关系.

（2）试建立一元线性回归模型分析碳含量对合金强度的影响.

（3）试求碳含量为 0.19 时的合金强度.

3. 某地区住宅建筑面积（单位：万平方米）与建造成本（单位：元/m²）的有关数据如下：

建筑地编号	建筑面积	建造成本
1	0.6	1860
2	0.95	1750
3	1.45	1710
4	2.1	1690
5	2.56	1678
6	3.45	1640
7	3.89	1620
8	4.37	1576
9	4.82	1566
10	5.66	1498
11	6.11	1425
12	6.23	1419

（1）画散点图，并判断建筑面积和建造成本有无线性关系.

（2）试建立一元线性回归模型分析建筑面积对建造成本的影响.

（3）试求建筑面积为 7 万平方米时的建造成本.

4. 我国 2008 年各地区城镇居民人均全年家庭可支配收入（单位：元）和消费性支出（单位：元）数据如下：

地区	可支配收入	消费性支出	地区	可支配收入	消费性支出
北京	24724.89	16460.26	湖北	13152.86	9477.51
天津	19422.53	13422.47	湖南	13821.16	9945.52
河北	13441.09	9086.73	广东	19732.86	15527.97
山西	13119.05	8806.55	广西	14146.04	9627.40
内蒙古	14432.55	10828.62	海南	12607.84	9408.48
辽宁	14392.69	11231.48	重庆	14367.55	11146.80
吉林	12829.45	9729.05	四川	12633.38	9679.14
黑龙江	11581.28	8622.97	贵州	11758.76	8349.21
上海	26674.9	19397.89	云南	13250.22	9076.61
江苏	18679.52	11977.55	西藏	12481.51	8323.54
浙江	22726.66	15158.30	陕西	12857.89	9772.07
安徽	12990.35	9524.04	甘肃	10969.41	8308.62
福建	17961.45	12501.12	青海	11640.43	8192.56
江西	12866.44	8717.37	宁夏	12931.53	9558.29
山东	16305.41	11006.61	新疆	11432.10	8669.36
河南	13231.11	8837.46			

数据来源：《中国统计年鉴（2009）》.

（1）画散点图，并判断可支配收入和居民消费性支出有无线性关系.

（2）试建立一元线性回归模型分析可支配收入对居民消费性支出的影响.

§8.2　多元线性回归分析

多元线性回归模型的一般形式为

$$y_i = b_1 x_{1i} + b_2 x_{2i} + \cdots + b_k x_{ki} + \varepsilon_i, i = 1, 2, \cdots, n, \tag{8.2.1}$$

其中，y_i 称为**因变量**，x_{ji} 称为**自变量**，ε_i 为随机误差项，b_j 为**参数**，k 为自变量的数目，n

为样本量. 模型右边部分 $b_1 x_{1i} + \cdots + b_k x_{ki}$ 称为**回归函数**或**回归**. 若模型含有常数项, 令 $x_{1i} = 1$ 即可.

多元线性回归模型的估计和检验与一元线性回归模型类似, 这里不再赘述, 这里只介绍决定系数和多重共线性问题.

在应用过程中发现, 如果在模型中增加一个自变量, R^2 往往增大, 这就给人一个错觉: 要使得模型拟合效果好, 只要增加自变量即可. 但是, 现实情况往往是, 由增加自变量个数引起的 R^2 的增大与拟合好坏无关. 在样本量一定的情况下, 增加自变量必定使得自由度减少, 所以对 R^2 修正的思路是: 将残差平方和与总离差平方和分别除以各自的自由度, 以剔除变量个数对拟合优度的影响. 称

$$\overline{R}^2 = 1 - \frac{RSS/(n-k)}{TSS/(n-1)} \qquad (8.2.2)$$

为**调整的决定系数**. 其中 $n-k, n-1$ 分别为残差平方和与总离差平方和的自由度.

多元线性回归模型的假设除一元线性回归的三条假设外, 还假设无多重共线性, 即任何两个自变量之间不相关. 若线性回归模型存在多重共线性, 则最小二乘估计会出现以下后果:

（1）参数估计值的经济含义不合理.

（2）参数 t 检验不显著, 将重要的自变量排除在模型之外.

检验多重共线性的简单方法是: 计算自变量间的相关系数, 若相关系数的绝对值较大, 则说明自变量之间可能存在多重共线性. 也可从模型估计结果去推测是否存在多重共线性. 若 R^2 和 F 统计量较大, 但 t 统计量较小, 甚至无法通过检验, 说明自变量对因变量的联合线性作用显著, 但各自变量间可能存在共线性而使得它们对因变量的独立作用不能分辨, t 检验不显著.

解决多重共线性的常用方法是逐步回归法. 该方法是按照自变量的重要程度逐步引入模型进行回归分析, 选择最合理的模型. 也可以反过来进行, 即先建立一个一般模型, 然后逐步剔除不重要的自变量, 反复进行估计, 直到找到最合理的模型.

例 8.2.1　经调查, 8 个城市的某种食品的销售额 y_i（单位: 万元）与其价格上涨率 x_{1i}（单位: %）和人口增长数 x_{2i}（单位: 万人）的资料如下:

城市	销售额	价格提高率	人口增长数
1	6	4	34
2	16	3	92
3	12	2	75
4	9	3	36
5	17	1	78
6	5	5	8
7	11	4	23
8	10	3	25

试用多元线性回归模型分析价格提高率或人口增加数对某种食品的销售额的影响. 若某城市的价格提高率为 3% 和人口增加数为 85 万人，试预测该城市的食品销售额.

解　依题意，建立二元线性回归模型 1：

$$y_i = b_0 + b_1 x_{1i} + b_2 x_{2i} + \varepsilon_i, \quad i = 1, 2, \cdots, 8.$$

用 Excel 提供的回归分析工具得到模型 1 的参数估计与检验结果：

$$y_i = 10.9698 - 1.2463 x_{1i} + 0.0792 x_{2i} + \varepsilon_i,$$
$$\quad (0.0946) \quad (0.3150) \quad (0.1398)$$
$$\hat{\sigma}^2 \approx 5.7099, F \approx 8.6648(0.0237), \bar{R}^2 \approx 0.6865,$$

其中，括号内的数据为 t 检验统计量值对应的 p 值.

3 个参数 t 检验的 p 值都大于 0.05，即 3 个参数都不显著，但 F 检验是显著的.

若建立一元回归模型 2：

$$y_i = b_0 + b_1 x_{1i} + \varepsilon_i, \quad i = 1, 2, \cdots, 8.$$

则参数估计与检验结果为

$$y_i = 19.2989 - 2.7356 x_{1i} + \varepsilon_i,$$
$$\quad (0.0005) \quad (0.0174)$$
$$\hat{\sigma}^2 \approx 7.6858, F \approx 10.5890(0.0174), R^2 \approx 0.6383,$$

若建立一元回归模型 3：

$$y_i = b_0 + b_2 x_{2i} + \varepsilon_i, \quad i = 1, 2, \cdots, 8.$$

则参数估计与检验结果为

$$y_i = 5.2954 + 0.1176 x_{2i} + \varepsilon_i,$$
$$\quad (0.0177) \quad (0.0077)$$
$$\hat{\sigma}^2 \approx 5.9446, F \approx 15.4479(0.0077), R^2 \approx 0.7203.$$

相比之下，模型 3 比模型 2 要好，因为模型 2 和模型 3 都能通过各项检验，但模型 3 的 R^2 和 F 都要比模型 2 大. 模型 3 的残差图和拟合图分别如图 8.2.1 和图 8.2.2 所示.

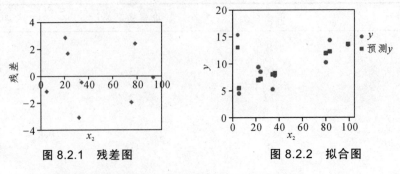

图 8.2.1　残差图　　　　　　　　图 8.2.2　拟合图

采用模型 3，人口增加数为 85 万人，则食品销售额为

$$\hat{y}_0 = 5.2954 + 0.1176 \times 85 = 15.2914 \text{（万元）}.$$

习题 8.2

1. 某公司销售额 y（单位：万元）主要取决于销售成本 x_1（单位：万元）和销售人员数 x_2（单位：人），该公司的销售统计数据如下：

年份	销售额	销售成本	销售人员数
2003	266	192	147
2004	287	211	162
2005	238	167	128
2006	297	220	168
2007	279	204	156
2008	293	216	166
2009	272	198	151
2010	269	195	149

试建立线性回归模型分析销售成本和销售人员数对销售额的影响.

2. 假设有开发商正在考虑购买商业区里的一组小型办公楼. 设 y 为办公楼的评估值，x_1 为底层面积（平方英尺），x_2 为办公室的个数，x_3 为入口个数，x_4 为办公楼的使用年数. 开发商从 1500 个可选的办公楼里随机选择了 11 个办公楼作为样本，得到下列数据. 其中"半个入口"指的是运输专用入口.

办公楼的评估值	底层面积	办公室的个数	入口个数	办公楼的使用年数
142,000	2310	2	2.0	20
144,000	2333	2	2.0	12
151,000	2356	3	1.5	33
150,000	2379	3	2.0	43
139,000	2402	2	3.0	53
169,000	2425	4	2.0	23
126,000	2448	2	1.5	99
142,900	2471	2	2.0	34
163,000	2494	3	3.0	23
169,000	2517	4	4.0	55
149,000	2540	2	3.0	22

试采用多元线性回归分析方法来估算给定地区内的办公楼的价值.

3. 研究货运总量 y（单位：吨）与工业总产值 x_1（单位：亿元）、农业总产值 x_2（单位：亿元）和居民非商品支出 x_3（单位：亿元）的关系，数据如下：

编号	货运总量	工业总产值	农业总产值	居民非商品支出
1	160	70	35	1.0
2	260	75	40	2.4
3	210	65	40	2.0
4	265	74	42	3.0
5	240	72	38	1.2
6	220	68	45	1.5
7	275	78	42	4.0
8	160	66	36	2.0
9	275	70	44	3.2
10	250	65	42	3.0

（1）对 y,x_1,x_2,x_3 进行相关分析.

（2）试用多元线性回归模型分析 x_1,x_2,x_3 对 y 的影响.

4. 研究农业增加值 x_1（单位：亿元）、工业增加值 x_2（单位：亿元）、建筑业增加值 x_3（单位：亿元）、社会消费总额 x_4（单位：亿元）、人口数 x_5（单位：万人）和受灾面积 x_6（单位：万公顷）对财政收入 y（单位：亿元）的影响，数据如下：

年份	财政收入	农业总产值	工业总产值	建筑业总产值	社会消费总额	人口数	受灾面积
1978	1132.3	1018.4	1607.0	138.2	2239.1	96259	50760
1979	1146.4	1258.9	1769.7	143.8	2619.4	97542	39370
1980	1159.9	1359.4	1996.5	195.5	2976.1	98705	44530
1981	1175.8	1545.6	2048.4	207.1	3309.1	100072	39790
1982	1212.3	1761.6	2162.3	220.7	3637.9	101654	33130
1983	1367.0	1960.8	2375.6	270.6	4020.5	103008	34710
1984	1642.9	2295.5	2789.0	316.7	4694.5	104357	31890
1985	2004.8	2541.6	3448.7	417.9	5773.0	105851	44370
1986	2122.0	2763.9	3967.0	525.7	6542.0	107507	47140
1987	2199.4	3204.3	4585.8	665.8	7451.2	109300	42090
1988	2357.2	3831.0	5777.2	810.0	9360.1	111026	50870

年份	财政收入	农业总产值	工业总产值	建筑业总产值	社会消费总额	人口数	受灾面积
1989	2664.9	4228.0	6484.0	794.0	10556.5	112704	46990
1990	2937.1	5017.0	6858.0	859.4	11365.2	114333	38470
1991	3149.5	5288.6	8087.1	1015.1	13145.9	115823	55470
1992	3483.4	5800.0	10284.5	1415.0	15952.1	117171	51330
1993	4349.0	6882.1	14143.8	2284.7	20182.1	118517	48830
1994	5218.1	9457.2	19359.6	3012.6	26796.0	119850	55040
1995	6242.2	11993.0	24718.3	3819.6	33635.0	121121	45821
1996	7408.0	13844.2	29082.6	4530.5	40003.9	122389	46989
1997	8651.1	14211.2	32412.1	4810.6	43579.4	123626	53429
1998	9876.0	14599.6	33429.8	46405.9	5262.0	124810	50145

（1）试对 $y, x_1, x_2, x_3, x_4, x_5, x_6$ 进行相关分析.

（2）试用多元线性回归模型分析 $x_1, x_2, x_3, x_4, x_5, x_6$ 对 y 的影响.

§8.3　非线性回归分析

8.3.1　非线性回归模型

在现实中，变量之间的关系或变量与参数之间的关系可能是非线性的. 例如，参数 b 表示变量 y 的 x 弹性，则 y 与 x 的关系为

$$y = ax^b,$$

事实上，对上式两边取对数得

$$\ln y = \ln a + b \ln x,$$

两边对 x 再求导数得

$$\frac{1}{y}\frac{\mathrm{d}y}{\mathrm{d}x} = \frac{b}{x}, \quad b = \frac{\mathrm{d}y}{\mathrm{d}x}\frac{x}{y} = \frac{\dfrac{\mathrm{d}y}{y} \times 100\%}{\dfrac{\mathrm{d}x}{x} \times 100\%},$$

即 b 为变量 y 的 x 弹性，它表示 x 增加 1%，y 增加的百分比.

如果回归模型关于自变量或参数是非线性的，则称其为**非线性回归模型**. 非线性回归模型的参数估计比较复杂，但有一些非线性回归模型可以通过线性化，转化为线性模型进行估计. 下面介绍一些非线性模型的线性化问题.

1）对数函数模型

若回归模型为

$$y_i = a + b \ln x_i + \varepsilon_i ,$$ （8.3.1）

令 $z_i = \ln x_i$ ，则模型可转化为

$$y_i = a + b z_i + \varepsilon_i ,$$

这是一个线性回归模型，可以通过普通最小二乘法估计其参数.

2）指数函数模型

若回归模型为

$$y_i = a \mathrm{e}^{b x_i + \varepsilon_i} ,$$ （8.3.2）

对模型两边取对数得

$$\ln y_i = \ln a + b x_i + \varepsilon_i ,$$

再令 $z_i = \ln y_i, c = \ln a$ ，则模型可转化为

$$z_i = c + b x_i + \varepsilon_i ,$$

这是一个线性回归模型，可以通过普通最小二乘法估计其参数.

3）幂函数模型

若回归模型为

$$y_i = a x_i^b \mathrm{e}^{\varepsilon_i} ,$$ （8.3.3）

对模型两边取对数得

$$\ln y_i = \ln a + b \ln x_i + \varepsilon_i ,$$

再令 $z_i = \ln y_i, c = \ln a, v_i = \ln x_i$ ，则模型可转化为

$$z_i = c + b v_i + \varepsilon_i ,$$

这是一个线性回归模型，可以通过普通最小二乘法估计其参数.

4）logistic 生长曲线模型

若回归模型为

$$y_i = \frac{k}{1 + a \mathrm{e}^{-b x_i + \varepsilon_i}} ,$$ （8.3.4）

由于 $\ln \dfrac{k - y_i}{y_i} = \ln a - b x_i + \varepsilon_i$ ，故令 $z_i = \ln \dfrac{k - y_i}{y_i}, c = \ln a$，则模型可转化为

$$z_i = c + b x_i + \varepsilon_i ,$$

这是一个线性回归模型，可以通过普通最小二乘法估计其参数.

例 8.3.1 利用表 8.1.1 中的数据，研究我国农村居民家庭人均生活消费支出（单位：元）的农村居民家庭人均纯收入（单位：元）弹性.

解 我国农村居民家庭人均生活消费支出 y 的农村居民家庭人均纯收入 x 弹性可通过模型

$$\ln y_t = a + b\ln x_t + \varepsilon_t$$

加以研究，b 即农村居民家庭人均生活消费支出的农村居民家庭人均纯收入弹性.

令 $z_t = \ln y_t, v_t = \ln x_t$，则模型可转化为

$$z_t = a + bv_t + \varepsilon_t,$$

这是一个线性回归模型，可以通过普通最小二乘法估计其参数和检验模型.

首先计算 $z_t = \ln y_t, v_t = \ln x_t$，数据见表 8.1.1.

用 Excel 提供的回归工具得到以下模型估计与检验结果：

$$\ln y_t = 0.3078 + 0.9279\ln x_t + \varepsilon_t$$
$$(0.0029)\ \ (0.0000)$$
$$\hat{\sigma}^2 \approx 0.0018, F \approx 5750.3942(0.0000), \overline{R}^2 \approx 0.9962.$$

参数估计与检验结果表明，参数 b 的 t 检验 p 值为 0.0000，参数是显著的，$\overline{R}^2$ 为 0.9962，模型拟合非常好. 由估计结果知，农村居民家庭人均生活消费支出（元）的农村居民家庭人均纯收入（元）弹性大约为 0.9279，即农村居民家庭人均纯收入增长 1%，则农村居民家庭人均生活消费支出增长 0.9279%，说明缺乏弹性. 模型的残差图和拟合图分别如图 8.3.1 和图 8.3.2 所示.

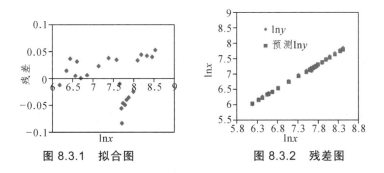

图 8.3.1 拟合图   图 8.3.2 残差图

8.3.2 时间序列的趋势模型

简单地说，以时间先后顺序排列的数据就是时间序列数据. 一般的时间序列数据通常可分解为趋势、季节变动和随机波动三种因素. 时间序列呈现的某种随时间变化而变化的规律，称为**趋势**. 时间序列的趋势可以用回归模型进行拟合. 例如，若时间序列 y_t 含有二次趋势，则可用以下模型拟合 y_t：

$$y_t = b_0 + b_1 t + b_2 t^2 + \varepsilon_t$$

其中，t 表示时间．令 $x_{1t} = t, x_{2t} = t^2$，则模型可线性化为

$$y_t = b_0 + b_1 x_{1t} + b_2 x_{2t} + \varepsilon_t .$$

分析时间序列的趋势，可先画出散点图，根据散点图呈现出的规律，用几种初等函数进行回归分析，然后通过比较找出最佳的趋势模型．

例 8.3.2　某地区 2002—2011 年的汽车保有量数据如下：

年份	汽车保有量/台	t	t^2
2002	892	1	1
2003	1560	2	4
2004	2531	3	9
2005	3760	4	16
2006	5300	5	25
2007	7109	6	36
2008	9200	7	49
2009	11589	8	64
2010	14243	9	81
2011	17188	10	100

试用回归模型研究该地区汽车保有量增长的趋势．

解　取 2002 年为时间 $t = 1$，画 2002—2011 年的汽车保有量的散点图，如图 8.3.3 所示．

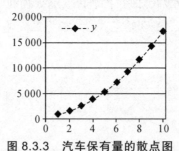

图 8.3.3　汽车保有量的散点图

从散点图可以看出，2002—2011 年汽车保有量呈曲线形上升趋势，可用二次曲线来拟合趋势，设模型为

$$y_t = b_0 + b_1 t + b_2 t^2 + \varepsilon_i$$

其中，t 表示时间，2002 年 t 设为 1，则 y_t 为第 t 年的汽车保有量．

模型估计结果如下：

$$y_t = 495.9000 + 250.8803t + 141.8561t^2 + \varepsilon_t$$
$$(0.0000)\quad\ (0.0000)\quad\ \ (0.0000)$$
$$\hat{\sigma}^2 \approx 33.4121, F \approx 4209411.6972(0.0000), \overline{R}^2 \approx 0.9999 .$$

参数估计与检验结果表明，参数的 t 检验 p 值皆小于 $\alpha=0.05$ ，参数是显著的， $\overline{R}^2$ 为 0.9999 ，模型拟合非常好，模型拟合效果如图 8.3.4 所示.

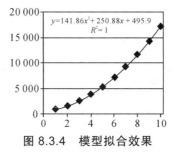

图 8.3.4　模型拟合效果

读者还可以尝试用其他函数拟合该地区汽车保有量的趋势.

习题 8.3

1. 已知 x 和 y 的样本数据如下，试用 $y=\alpha \mathrm{e}^{\beta/x} \mathrm{e}^{\varepsilon}$ 来拟合回归模型.

序号	x	y	$\ln y$	$1/x$	序号	x	y	$\ln y$	$1/x$
1	4.20	0.086	-2.45	0.24	9	2.60	0.220	-1.51	0.38
2	4.06	0.090	-2.41	0.25	10	2.40	0.240	-1.43	0.42
3	3.80	0.100	-2.30	0.26	11	2.20	0.350	-1.05	0.45
4	3.60	0.120	-2.12	0.28	12	2.00	0.440	-0.82	0.50
5	3.40	0.130	-2.04	0.29	13	1.80	0.620	-0.48	0.56
6	3.20	0.150	-1.90	0.31	14	1.60	0.940	-0.06	0.63
7	3.00	0.170	-1.77	0.33	15	1.40	1.620	0.48	0.71
8	2.80	0.190	-1.66	0.36					

2. 某市每百户家庭拥有的照相机数如下：

年份	t	y	$\ln y$	年份	t	y	$\ln y$
1978	1	7.5	2.01	1988	11	59.6	4.09
1979	2	9.8	2.28	1989	12	62.2	4.13
1980	3	11.4	2.43	1990	13	66.5	4.20
1981	4	13.3	2.59	1991	14	72.7	4.29
1982	5	17.2	2.84	1992	15	77.2	4.35
1983	6	20.6	3.03	1993	16	82.4	4.41
1984	7	29.1	3.37	1994	17	85.4	4.45
1985	8	34.6	3.54	1995	18	86.8	4.46
1986	9	47.4	3.86	1996	19	87.2	4.47
1987	10	55.5	4.02				

试拟合 Logistic 回归函数：$y = \dfrac{1}{\dfrac{1}{100} + ab^t}$.

3. 某公司 18 个月的营业额数据如下：

月 份	营 业 额	月 份	营 业 额
1	295	10	473
2	283	11	470
3	322	12	481
4	355	13	449
5	286	14	544
6	379	15	601
7	381	16	587
8	431	17	644
9	424	18	660

试建立趋势拟合模型，研究营业额的趋势变化.

4. 某地区 2002—2011 年的汽车保有量数据如下：

年份	汽车保有量/台	t
2002	892	1
2003	1568	2
2004	2528	3
2005	3771	4
2006	5298	5
2007	7109	6
2008	9203	7
2009	11581	8
2010	14243	9
2011	17188	10

试利用指数函数拟合该地区的汽车保有量趋势.

§8.4 Excel 在回归分析中的应用

8.4.1 回归分析

Excel 提供了两种回归工具, 一种是宏程序工具, 另一种是函数工具. 利用宏程序工具进行回归模型估计, 点击"数据→数据分析→分析工具:回归".

例 8.4.1 用 Excel 对例 8.2.1 进行求解.

解 步骤 1: 将数据连同标志输入单元格区域\$A\$1:\$D\$9, 如图 8.4.1 所示.

	A	B	C	D
1	城市	价格提高率	人口增长数	销售额
2	1	4	34	6
3	2	3	92	16
4	3	2	75	12
5	4	3	36	9
6	5	1	78	17
7	6	5	8	5
8	7	4	23	11
9	8	3	25	10

图 8.4.1 数据输入

步骤 2: 点击"数据→数据分析→分析工具(A):回归", 在"回归"对话框中进行图 8.4.2 所示的设置, 点击"确定".

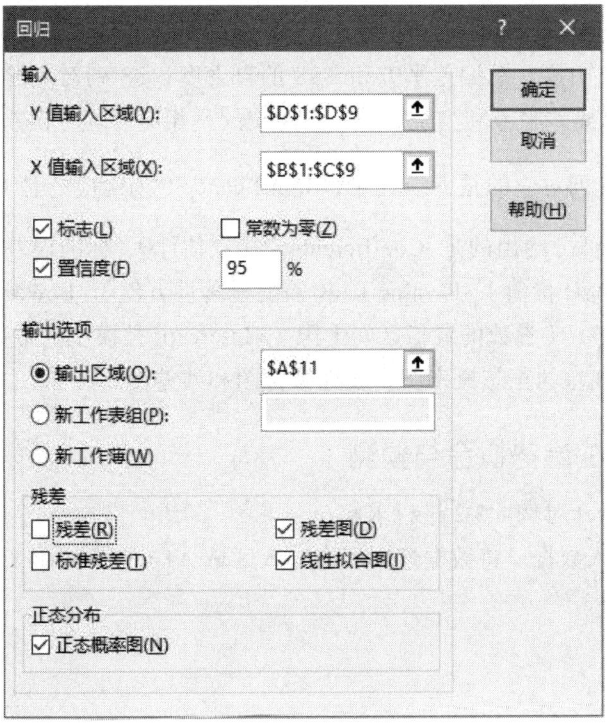

图 8.4.2 回归对话框

回归分析结果如图 8.4.3 所示.

11	SUMMARY OUTPUT					
12						
13	回归统计					
14	Multiple R	0.8810				
15	R Square	0.7761				
16	Adjusted R Square	0.6865				
17	标准误差	2.3895				
18	观测值	8				
19						
20	方差分析					
21		df	SS	MS	F	Significance F
22	回归分析	2	98.9505	49.4752	8.6648	0.0237
23	残差	5	28.5495	5.7099		
24	总计	7	127.5000			
25						
26		Coefficients	标准误差	t Stat	P-value	下限 95.0%　　上限 95.0%
27	Intercept	10.9698	5.3284	2.0587	0.0946	-2.7274　　24.6669
28	价格提高率	-1.2463	1.1163	-1.1165	0.3150	-4.1158　　1.6231
29	人口增长数	0.0792	0.0452	1.7539	0.1398	-0.0369　　0.1954

图 8.4.3　回归分析结果

分析结果的第一部分给出的是"回归统计",包括 Multiple R(复相关系数是 R Square 的平方根)、R Square(决定系数,或称拟合优度 R^2)、Adjusted R Square(调整后的 R^2)、标准误差($\hat{\sigma}$)和样本观测值个数.

分析结果的第二部分给出的是"方差分析",df 列对应的是回归平方和 ESS 的自由度、剩余平方和 RSS 的自由度、总偏差平方和 TSS 的自由度;SS 列对应的是回归平方和 ESS、剩余平方和 RSS、总离差平方和 TSS;MS 列对应的是相应的均方误差(SS/df),其中 MS-残差即 $\hat{\sigma}^2 = \dfrac{\sum e_i^2}{n-2}$. F 列对应的是 F 统计量;Significance F 列对应的是 F 检验的显著性 p 值.

分析结果的第三部分给出的是 Coefficients(参数估计)、标准误差(参数估计的标准误差)、t Stat(t 检验统计量值)、P-value(t 检验的显著性 p 值)、Lower 95%(参数的置信区间下限)和 Upper 95%(参数的置信区间上限). Intercept 是模型的常数项.

Excel 还会给出残差的正态概率图、线性拟合图和残差图.

8.4.2　时间序列的趋势拟合与预测

例 8.4.2　用 Excel 对例 8.3.2 进行求解.

解　步骤 1:输入数据. 将数据连同标志输入区域 A1:C11,如图 8.4.4 所示.(年份在 A 列,汽车总计在 B 列)

	A	B	C
1	年份	t	y
2	2002	1	892
3	2003	2	1560
4	2004	3	2531
5	2005	4	3760
6	2006	5	5300
7	2007	6	7109
8	2008	7	9200
9	2009	8	11589
10	2010	9	14243
11	2011	10	17188

图 8.4.4　数据单元格区域

步骤 2：绘制时间序列时序图（散点图）. 选中单元格区域 B1：C11，点击"插入→散点图→简单散点图".

步骤 3：给散点图添加趋势线并选择最佳趋势线. 右键点击散点图中的散点，在出现的菜单中选择"添加趋势线(R)..."，添加趋势线对话框如图 8.4.5 所示.

图 8.4.5　设置趋势线格式对话框

步骤 4：点击"趋势预测/回归分析类型"下的某类型复选框，本例选择的是"多项式(P)". 勾选"显示公式(E)"和"显示 R 平方值(R)"，点击"确定".

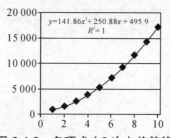

图 8.4.6 多项式（2 次）趋势线

步骤 5：重复以上步骤 4，根据 R^2 值选出最佳的趋势线.

步骤 6：预测. 按照显示公式计算预测值，即

$$\hat{y}_{11} = 495.9 + 250.88 \times 11 + 141.86 \times 11^2 \approx 24\,920.64 \ (\text{万辆}).$$

参考答案

习题 1.1

1.（C）（D）；　**2.**（A）（D）；　**3.**（A）（B）（D）；　**4.**（B）（C）（D）；　**5.**（1）
$\{(1,2,3),(1,2,4),(1,2,5),(1,3,4),(1,3,5),(1,4,5)\}$；（2）$A=\{$正正,正反$\}$，$B=\{$正反,反正$\}$，
$C=\{$正反,反正,正正$\}$；**6.**（1）$\Omega=\{2,3,4,5,6,7,8,9,10,11,12\}$；（2）$\Omega=\{1,2,3\}$；（3）$\Omega=\{t:t\geqslant 0\}$；
7.（D）；　**8.**（B）（D）；　**9.** $A=\{$正正正,正正反,正反正,反正正,正反反,反正反,反反正$\}$，
$B=\{$反反反,反反正,反正反,正反反$\}$，　$C=\{$反反正,反正反,正反反$\}$，　$D=\{$正正正,反反反$\}$；
10.（1）$\Omega=\{3,4,\cdots,18\}$，$A=\{11,12,\cdots,18\}$，（2）$\Omega=\{1,2,\cdots\}$，$A=\{1,2,3,4,5\}$；　**11.**（A）（B）
（C）；　**12.** 不成立；**13.**（1）$A\supset B$，（2）$A\subset B$；　**14.** $\bar{A}$ 表示事件"掷两枚硬币，至少有
一个反面"；$\bar{B}$ 表示事件"射击三次，至少有一次未命中目标"；$\bar{C}$ 表示事件"加工四个零件，
都不合格"；**15.** 互不相容不一定对立，对立一定互不相容；**16.**（A）（B）（C）（D）；
17. $A=\{X=1\}$，$B=\{X\geqslant 1\}$，$C=\{X=2\}$，$D=\{X=0\}$；A,C,D 互不相容；B,D 互不相容
且对立；**18.**（C）；**19.** $B_1=A_1\bar{A}_2\bar{A}_3$，$B_2=A_1\bar{A}_2\bar{A}_3\bigcup\bar{A}_1A_2\bar{A}_3\bigcup\bar{A}_1\bar{A}_2A_3$，$B_3=A_1(\bar{A}_2\bigcup\bar{A}_3)$，$B_4=\overline{A_1A_2A_3}$，
$B_5=\bar{A}_1\bar{A}_2\bar{A}_3$，$B_6=\bar{A}_1A_2A_3\bigcup A_1\bar{A}_2A_3\bigcup A_1A_2\bar{A}_3\bigcup A_1A_2A_3$；　**20.** $\bar{A}B=\{0.25\leqslant X\leqslant 0.5\}\bigcup\{1<X<1.5\}$，
$\bar{A}\bigcup B=\{0\leqslant X\leqslant 2\}$，　$\overline{AB}=\bar{A}=\{0\leqslant X\leqslant 0.5\}\bigcup\{1<X\leqslant 2\}$，　$\overline{A\bigcup B}=\bar{A}\bar{B}=\bar{B}=\{0\leqslant X<0.25\}\bigcup$
$\{1.5\leqslant X\leqslant 2\}$.

习题 1.2

1.（D）；　**2.**（B）；　**3.**（B）（D）；　**4.** $\dfrac{1}{12}$；　**5.** $\dfrac{7}{8}$；　**6.** $\dfrac{8}{15}$；　**7.**（1）$\dfrac{1}{20}$；（2）$\dfrac{1}{12}$；　**8.** $\dfrac{P_{29}^{10}}{29^{10}}$；
9. 0.5；　**10.** $\dfrac{1}{6}$；　**11.** $\dfrac{7}{12},\dfrac{7}{18},\dfrac{1}{36}$；　**12.**（1）$\dfrac{C_{13}^4}{C_{54}^4}$，（2）$\dfrac{4C_{13}^4}{C_{54}^4}$，（3）$\dfrac{13^4}{C_{54}^4}$，（4）$\dfrac{2C_{26}^4}{C_{54}^4}$；
13.（A）（B）（C）；　**14.** $\dfrac{\sqrt{3}}{2}$；　**15.** 0.68；　**16.** 0.75；　**17.** $\dfrac{1013}{1152}$；　**18.** $A\subset B$，$A\bigcup B=\Omega$；
19.（B）（C）；　**20.**（D）；　**21.** $0.1,0.2,0.3,0.4$；　**22.**（1）30%，（2）7%，（3）73%，（4）
14%，（5）90%，（6）10%.

习题 1.3

1. $\dfrac{6}{7}$; 2. （A）; 3. 0, 1, $\dfrac{5}{7}$, $\dfrac{2}{7}$; 4. 0.6, 0.4, 0.5, 0.5; 5. 0.5; 6. $\dfrac{2}{17}$; 7. 证明（略）; 8. 0.45; 9. 48.25%; 10. 0.428, 0.152, 0.42; 11. 0.364; 12. 0.8, 0.5; 13. 0.3525; 14. （A）（B）（C）（D）; 15. （C）; 16. （C）; 17. （C）; 18. （D）; 19. 证明（略）; 20. 0.8, 0.2, 0.5, 0.5, 0.5, 0.5; 21. （1）0.3, （2）$\dfrac{3}{7}$; 22. 证明（略）; 23. 0.512, 0.008; 24. 0.65875; 25. $\dfrac{2}{3}$; 26. 0.433; 27. （1）0.72, （2）0.98, （3）0.26; 28. $\dfrac{15}{22}$; 29. $1-\dfrac{1}{2^{n}}$; 30. （1）0.552, （2）0.012, （3）0.328; 31. 0.458.

习题 2.1

1.

X	−1	0	1
p_i	0.5	0.1	0.4

2. （B）; 3. （B）; 4. （C）; 5. （B）; 6. （D）; 7. （A）（D）;

8.

X	0	1	2
p_i	0.01	0.18	0.81

9.

X	1	2	3	4	5	6
p_i	11/36	9/36	7/36	5/36	3/36	1/36

10. $P\{X=x\}=\dfrac{C_2^x C_8^{3-x}}{C_{10}^3}, x=0,1,2$;

11.

X	1	2	3	4
p_i	p	$p(1-p)$	$p(1-p)^2$	$(1-p)^3$

12. （1）

X	3	4	5
p_i	0.1	0.3	0.6

（2）$F(x) = \begin{cases} 0, & x < 3, \\ 0.1, 3 \leqslant x < 4, \\ 0.4, 4 \leqslant x < 5, \\ 1, & 5 \leqslant x; \end{cases}$

13. 0.3，0.5，0.7，1，0.5；

14.

Y	0	1	2	3
p_i	1/4	1/12	1/6	1/2

$\dfrac{1}{3}, \dfrac{1}{2}, \dfrac{2}{3}, \dfrac{3}{4}$；

15.

Y	1	2	5
p_i	0.2	0.4	0.3

16. （A）（B）（D）；**17.** （C）；**18.** $\dfrac{7}{8}$；**19.** 0.375，0.625，0.375，0.5；**20.** $\dfrac{1}{\pi}$，

$\dfrac{1}{3}$；**21.** $\dfrac{1}{24}$；**22.** $F(x) = \begin{cases} 0, & x < 0, \\ x^2, 0 \leqslant x \leqslant 1, \\ 1, & 1 \leqslant x; \end{cases}$ **23.** $\ln 2$，1，$\ln 1.25$；**24.** （1）10，$f(x) = \begin{cases} 10x^{-2}, x \geqslant 10, \\ 0, & x < 10, \end{cases}$

（2）0.5；**25.** 0.0625，0.9375，0.0625；**26.** （1）$A = B = 0.5$，（2）$f(x) = \begin{cases} \mathrm{e}^x 0.5, x \leqslant 0, \\ 0, & 0 < x \leqslant 1, \\ 0.5\mathrm{e}^{1-x}, x > 1. \end{cases}$

（3）0.5；**27.** （1）$F_Y(y) = \begin{cases} 0, & y < 1, \\ \sqrt{y-1}, 1 \leqslant y < 2, \\ 1, & y \geqslant 2, \end{cases}$ （2）$F_Y(y) = \begin{cases} 0, & y < 1, \\ \ln y, 1 \leqslant y < \mathrm{e}, \\ 1, & y \geqslant \mathrm{e}, \end{cases}$ （3）$F_Y(y) = \begin{cases} \mathrm{e}^y, y < 0, \\ 1, y \geqslant \mathrm{e}, \end{cases}$

（4）$F_Y(y) = \begin{cases} 1 - \dfrac{1}{y}, y > 1, \\ 0, & y \leqslant 1; \end{cases}$ **28.** $F_Y(y) = \begin{cases} 1 - \dfrac{1}{y}, y \geqslant 1, \\ 0, & y < 1. \end{cases}$

习题 2.2

1. （B）（D）；**2.** （C）；**3.** （D）；**4.** （C）；**5.** （C）；**6.** 1.3，0.61；

7. $x_1 p + x_2(1-p), p(1-p)(x_1 - x_2)^2$；**8.** 1.1，1.29，$-0.1$，11.61；**9.** $\dfrac{1}{3}$；**10.** 1.2，0.36；

11. $\dfrac{0.1 + p}{1 - p}$；**12.** 2.7，2.01；**13.** 0.37 万，0.0201；**14.** （1）11，（2）100；**15.** $\dfrac{a+b}{2}$，

$\dfrac{(b-a)^2}{12}$；**16.** 0.75，0.0375；**17.** $5 + \dfrac{2}{\lambda}, \dfrac{4}{\lambda^2}$；**18.** 0，2，1；**19.** $\dfrac{1}{15}$；**20.** 0，0.5；**21.** 2，

1.5；　**22.** $\dfrac{3}{4}, \dfrac{3}{16}$；　**23.** $\dfrac{1}{5}, \dfrac{2}{75}$.

习题 2.3

1. $P\{X=x\} = C_3^x 0.2^x 0.8^{3-x}, x = 0,1,2,3$；　**2.** $P\{X=x\} = C_3^x \left(\dfrac{1}{3}\right)^x \left(\dfrac{2}{3}\right)^{3-x}, x = 0,1,2,3$；　**3.** 95；

4. 320 000；**5.** 0.8338；**6.** 5 局 3 胜制对甲有利；**7.** 1.0556；**8.** 0.595 26；**9.** 0.0061；**10.** 4；

11. 0.81, 10；**12.** 证明（略）；**13.** 6.25；**14.** 0.0204, 0.2105；**15.** 0.0367, 6.25；**16.** 0.0729,

29；　**17.** 0.8；　**18.** 0.4286；**19.** 0.4162；　**20.** 0.1042, 0.1107；**21.** 0.9098, 0.0902；**22.** $\dfrac{1}{2}\text{e}^{-1}$；

23. 0.0023；**24.** 2；　**25.** 8.

习题 2.4

1. $\sqrt[4]{0.1}$；　**2.** 0.4；　**3.** $\dfrac{1}{3}$；　**4.** 0.352；　**5.** 21；　**6.** $\dfrac{4}{3}$；　**7.** 证明（略）；　**8.** 50；　**9.** 4；

10. 0.5166；　**11.** $3\text{e}^{-2} - 2\text{e}^{-3}$；　**12.** 0.3365；　**13.** 33.6；　**14.**（C）；**15.**（C）；**16.**（A）；

17.（C）；　**18.**（B）；**19.** 1.16；　**20.**（1）0.5328,（2）0.6977,（3）3；　**21.** 0.2；　**22.** 2.28%；

23. 77.8；　**24.** 他应选择第一个投资项目；　**25.** 189.3；　**26.** 57.69；　**27.** 0.0641.

习题 2.5

1. 0.55, − 1.11；　**2.** 0, − 1.2；　**3.** $\dfrac{\sqrt{3}}{3}$；　**4.** 1；　**5.** 0.71, 0.97；　**6.** 48.5, $\dfrac{2}{13}$；　**7.**（C）；

8. $\dfrac{\ln 2}{\lambda}$；　**9.** $2\ln 20$.

习题 3.1

1.

X	Y	
	0	1
0	0.25	0.25
1	0.25	0.25

2.

X	Y	
	0	1
0	0.16	0.24
1	0.24	0.36

3.

X	Y		
	1	2	3
1	1/3	0	0
2	1/6	1/6	0
3	1/9	1/9	1/9

4.

X	Y		
	1	2	3
1	0	1/6	1/6
2	1/6	0	1/6
3	1/6	1/6	0

5.

X	Y	
	0	1
0	0.1	0.1
1	0.8	0

6.

X_2	X_1	
	0	1
0	$1-e^{-1}$	0
1	$e^{-1}-e^{-2}$	e^{-2}

7.

X	Y		
	0	1	2
0	0	0	1/35
1	0	6/35	6/35
2	3/35	12/35	3/35
3	2/35	2/35	0

8. 0.4, 1, 0.2, 0.6, 0.1;

9. （1）

X	Y		
	0	1	2
0	1/9	2/9	1/9
1	2/9	2/9	0
2	1/9	0	0

（2）$\dfrac{8}{9}$, $\dfrac{5}{9}$, $\dfrac{1}{3}$, $\dfrac{1}{3}$, $\dfrac{4}{9}$;

10. $f(x,y)=\dfrac{4}{\pi^2(x^2+4)(y^2+4)}$; **11**. 0.25, 0.5, 0.5; **12**. $\dfrac{1}{16},\dfrac{1}{6},\dfrac{1}{2}$, 0; **13**. $1,\dfrac{1}{8},\dfrac{1}{3},\dfrac{1}{2}$;

14. $1-2\mathrm{e}^{-1},\dfrac{1}{2}\mathrm{e}^{-1}$; **15**. $\dfrac{65}{72}$; **16**. $1+\mathrm{e}^{-1}-2\mathrm{e}^{-0.5}$; **17**. 0.25, 0.5, 1; **18**. 0.0625, $\dfrac{1}{6}$, 1;

19. 0.125, 0.375, 0; **20**. 0.5, 0.5, $\sqrt{2}-\dfrac{3}{4}$.

习题 3.2

1. 0.3, 0.1, 0.3, 0.4, 0.6, 0.2, 不独立;

2. 相互独立;

X	0	1
P	0.5	0.5

Y	0	1
p	0.5	0.5

3. $a=0.16$, 相互独立;

X	0	1
p	0.4	0.6

Y	0	1
p	0.4	0.6

4. $a=0.12$, 不相互独立;

X	0	1
p	0.54	0.46

Y	1	2	3
p	0.16	0.33	0.51

5. 不独立；

X_1	X_2		
	-1	0	1
-1	0	0.25	0
0	0.25	0	0.25
1	0	0.25	0

6. （1）$F_X(x)=\begin{cases}1-\mathrm{e}^{-0.5x}, & x\geqslant 0,\\0, & x<0,\end{cases}$ $F_Y(y)=\begin{cases}1-\mathrm{e}^{-0.5y}, & y\geqslant 0,\\0, & y<0,\end{cases}$ （2）相互独立，（3）$\mathrm{e}^{-0.1}$；

7. （1）$f_X(x)=\begin{cases}1, & 0<x<1,\\0, & 其他,\end{cases}$ $f_Y(y)=\begin{cases}1, & 0<y<1,\\0, & 其他,\end{cases}$ （2）相互独立；

8. （1）$f_X(x)=\begin{cases}1+x, & -1<x<0,\\1-x, & 0<x<1,\\0, & 其他,\end{cases}$ $f_Y(y)=\begin{cases}2y, & 0<y\leqslant 1,\\0, & 其他,\end{cases}$ （2）不相互独立；

9. （1）$f(x,y)=\begin{cases}\dfrac{1}{\pi R^2}, & x^2+y^2\leqslant R^2,\\0, & 其他,\end{cases}$ （2）$f_X(x)=\begin{cases}\dfrac{2}{\pi R^2}\sqrt{R^2-x^2}, & -R<x<R,\\0, & 其他,\end{cases}$

$f_X(y)=\begin{cases}\dfrac{2}{\pi R^2}\sqrt{R^2-y^2}, & -R<x<R,\\0, & 其他,\end{cases}$ （3）不相互独立；

10. （1）$f_X(x)=\begin{cases}3x^2, & 0<x<1,\\0, & 其他,\end{cases}$ $f_Y(y)=\begin{cases}3y^2, & 0<y<1,\\0, & 其他,\end{cases}$ （2）相互独立；

11. （1）$f_X(x)=\begin{cases}x+\dfrac{1}{2}, & 0\leqslant x\leqslant 1,\\0, & 其他,\end{cases}$ $f_Y(y)=\begin{cases}y+\dfrac{1}{2}, & 0\leqslant y\leqslant 1,\\0, & 其他,\end{cases}$ （2）不相互独立；

12. （1）$f_X(x)=\begin{cases}x+\dfrac{1}{2}, & 0\leqslant x\leqslant 1,\\0, & 其他,\end{cases}$ $f_Y(y)=\begin{cases}y+\dfrac{1}{2}, & 0\leqslant y\leqslant 1,\\0, & 其他.\end{cases}$ （2）相互独立；

13. （1）$f_X(x)=\begin{cases}\mathrm{e}^{-x}, & x>0,\\0, & x\leqslant 0,\end{cases}$ $f_Y(y)=\begin{cases}y\mathrm{e}^{-y}, & y>0,\\0, & y\leqslant 0,\end{cases}$ （2）不相互独立；

14. （1）$f_X(x)=\begin{cases}4x(1-x^2), & 0\leqslant x\leqslant 1,\\0, & 其他,\end{cases}$ $f_Y(y)=\begin{cases}4y^3, & 0\leqslant y\leqslant 1,\\0, & 其他,\end{cases}$ （2）不相互独立；

15. （1）$f_X(x)=\begin{cases}3x^2, & 0<x<1,\\0, & 其他,\end{cases}$ $f_Y(y)=\begin{cases}\dfrac{3}{2}-\dfrac{3}{2}y^2, & 0<y<1,\\0, & 其他,\end{cases}$ （2）不相互独立；

16. （1）$f_X(x)=\begin{cases}6(x-x^2), & 0<x<1,\\0, & 其他,\end{cases}$ $f_Y(y)=\begin{cases}6(\sqrt{y}-y), & 0<y<1,\\0, & 其他,\end{cases}$ （2）不相互独立；

17. （1）

X	Y	
	0	1
0	0.09	0.21
1	0.21	0.49

（2）0.91，0.21；

18.（1）

X	Y			
	0	1	2	3
0	0.0032	0.0384	0.1536	0.2048
1	0.0048	0.0576	0.2304	0.3072

（2）0.2576，0.9344；

19.（1）$f(x,y)=\begin{cases}1,0<x<1,0<y<1,\\0,其他,\end{cases}$（2）0.68，0.5219；

20.（1）$f(x,y)=\begin{cases}0.5,0\leqslant x\leqslant 1,-1\leqslant y\leqslant 1,\\0,\quad 其他,\end{cases}$（2）0.75，0.75；

21.（1）$f(x,y)=\begin{cases}e^{-y},0\leqslant x\leqslant 1,y\geqslant 0,\\0,\quad 其他,\end{cases}$（2）$e^{-1}$，$e^{-1}$.

习题 3.3

1. 0.3，0.5，0.7，0.3；**2.**（1）$-\dfrac{1}{3}$，（2）$\dfrac{1}{3}$，（3）$\dfrac{1}{12}$；**3.**（A）；**4.** 200；**5.** 14 266.7；

6.（B）；**7.** 3.5n，$\dfrac{35n}{12}$；**8.** 1.8，10.12；**9.** 29，7.4；**10.** 16；**11.** 2；**12.**（1）$\dfrac{1}{21}$，（2）

2.61；**13.** 2；**14.** $\dfrac{3}{\sqrt{57}}$；**15.** $\dfrac{2}{3}$，0，0；**16.** 相关且不独立；**17.**（C）；**18.**（D）；**19.** $\rho=\dfrac{a^2-b^2}{a^2+b^2}$；

20. $\dfrac{3}{5}$；**21.** 5.4，0；**22.** $\dfrac{1}{3}$，$\dfrac{2\sqrt{7}}{7}$；**23.** 3，$\dfrac{3}{5}$，$\dfrac{6}{7}$，$\dfrac{12}{19}$；**24.** $N\left(\mu,\dfrac{\sigma^2}{n}\right)$；**25.** $1-\dfrac{1}{2\pi}$.

习题 3.4

1. 0.8944；**2.** 118；**3.** 0.8186，81；**4.**（1）0.1802，（2）最多 441；**5.** 98；**6.** 0.8064；

7. 0.8664；**8.** 0.9525；**9.** 0.0013；**10.** 0.7062；**11.**（1）0，（2）0.6331，（3）0.5；**12.**（1）

0.8944，（2）0.1379；　**13**. 1180.40；　**14**. 0.9049，32；　**15**. 144；　**16**. 147；　**17**. 68.

习题 4.1

1.（略）；　**2**.（略）；　**3**. 100，10000，100，250000；　**4**.（A）；　**5**. 3，$\dfrac{2}{3}$，4；　**6**. 0，

$\dfrac{1}{60}$，$\dfrac{1}{3}$；　**7**. np^2；　**8**. $\mu^2 + \sigma^2$；　**9**.（D）；　**10**. 证明（略）.

习题 4.2

1.

平均	中位数	众数	标准差	方差	峰度	偏度	最小值	最大值
4.125	4	4	2.2321	4.9821	0.0142	0.4095	1	8

2. 1.75，0.4712；　**3**.（略）；　**4**.（略）.

习题 4.3

1.（D）；　**2**.（1）0.95，（2）0.95，（3）0.90，（4）0.925；　**3**.（1）3.2470，（2）3.9403，
（3）2.1707，（4）7.2609；　**4**. $a = \dfrac{1}{20}, b = \dfrac{1}{100}$；　**5**. 0.05；　**6**. 0.95，0.05；　**7**.（1）0.035，（2）
0.975，（3）0.95，（4）0.8；　**8**.（1）-2.3060，（2）-1.8595，（3）2.3060，（4）2.3060；　**9**. $t(4)$；
10. 证明（略）；　**11**.（1）0.90，（2）0.1，（3）0.05，（4）0.025；　**12**.（1）3.87，（2）4.21，
（3）0.1754，（4）0.1953；　**13**. $F(1,1)$；　**14**. $N\left(\theta, \dfrac{\theta^2}{60}\right)$；　**15**. $N\left(p, \dfrac{p(1-p)}{50}\right)$；　**16**. 0.2206；
17. 97；**18**. 0.6826，0.95；**19**.（1）1537，（2）40；**20**. 0.95；**21**. 0.025；**22**. 0.3862；**23**. 8；
24. 0.909，0.95；**25**. 证明（略）.

习题 5.1

1. 证明（略）；　**2**. 证明（略）；　**3**. 证明（略）；　**4**. 证明（略）；　**5**. 证明（略）；　**6**. $c = \dfrac{1}{2(n-1)}$；

7.（1）是有效估计；　**8**. $\dfrac{n}{n+m}, \dfrac{m}{n+m}$；　**9**. $a_i = \dfrac{1}{\sigma_i^2} \Big/ \sum\limits_{i=1}^{k} \dfrac{1}{\sigma_i^2}$（$i = 1, 2, \cdots, k$）；　**10**. 证明（略）.

习题 5.2

1. $\hat{N} = 2\overline{x} + 1$；**2.** $\hat{p} = \overline{x}$；**3.** $\hat{p} = \dfrac{\overline{x}}{n}$；**4.** $\overline{x}, 1 - \mathrm{e}^{-\overline{x}}$；**5.** $\hat{\theta} = \dfrac{2\overline{x} - 1}{1 - \overline{x}}$；**6.** $\hat{\theta} = \overline{x} - 1$；**7.** $\hat{\theta} = 3\overline{x}$；

8. $\hat{\theta} = \left(\dfrac{\overline{x}}{1 - \overline{x}} \right)^2$；**9.** $\hat{a} = \overline{x} - \sqrt{3}s, \hat{b} = \overline{x} + \sqrt{3}s$；**10.** $\hat{p} = 1 - \dfrac{b_2}{\overline{x}}, \hat{m} = \left[\dfrac{\overline{x}^2}{\overline{x} - b_2} \right]$；**11.** $\hat{\theta} = 2.68$；

12. $\hat{\mu} = 4.674, \hat{\sigma}^2 = 4$.

习题 5.3

1. $\hat{\lambda} = \dfrac{1}{\overline{x}}, 1 - \mathrm{e}^{-1}$；**2.** $\hat{\theta} = -1 - n \Big/ \sum\limits_{i=1}^{n} \ln x_i$；**3.** $\hat{\theta} = \left(n \Big/ \sum\limits_{i=1}^{n} \ln x_i \right)^2$；**4.** $\hat{\theta} = \left(\dfrac{1}{n} \sum\limits_{i=1}^{n} \ln x_i - \ln c \right)^{-1}$；

5. $\hat{\theta} = \dfrac{1}{n} \sum\limits_{i=1}^{n} |x_i|$；**6.** $\hat{\lambda} = n \Big/ \sum\limits_{i=1}^{n} x_i^{\alpha}$；**7.** $\hat{\theta} = \dfrac{x_{(n)}}{k+1}$；**8.** $\hat{\theta} = x_{(1)}$；**9.** $\hat{\theta} = x_{(1)}$；**10.** （1）$\hat{\sigma} = 2$，

（2）0.95，（3）7.974.

习题 5.4

1. $[4.80, 5.20]$；**2.** $[84.88, 87.12]$；**3.** 171；**4.** $[37.34, 42.66]$；**5.** $[109.35, 130.65]$；**6.** $[3.16, 4.84]$；

7. $[55.64, 64.36]$；**8.** $[0.52, 1.11]$；**9.** （1）$[14.99, 15.02]$，（2）$[0.0001, 0.0012]$；**10.** $[0.36, 0.56]$；

11. $[0.56, 0.74]$；**12.** 385.

习题 5.5

1. $[12.16, 27.84]$；**2.** $[-1.96, 1.56]$；**3.** $[-0.23, 0.61]$；**4.** $[-45.58, 3.58]$；**5.** $[0.27, 3.33]$；

6. $[-4.76, 34.76]$；**7.** $[4.71, 13.29]$；**8.** $[-3.16, 11.16]$；**9.** $[0.45, 2.86]$；**10.** $[0.51, 3.66]$；

11. $[-0.23, 0.03]$；**12.** $[-0.12, -0.08]$.

习题 5.6

1. $\hat{\mu} = 1255.1, \hat{\sigma}^2 = 11884.1$；**2.** $[500.31, 519.91]$；**3.** $[239.86, 248.64]$；**4.** $[486.68, 511.32]$,

$[117.25, 943.24]$；**5.** $[0.0002, 0.0022]$；**6.** $[-3.95, 11.95]$；**7.** $[0.92, 5.08]$；**8.** $[-6.00, 5.60]$；

9. $[4.52, 17.08]$；**10.** $[0.14, 5.10]$.

习题 6.1

1. （略）；**2.** 小概率原理；**3.** （B）；**4.** （略）；**5.** （略）；**6.** （略）；**7.** （略）；**8.** $p \geqslant 0.05$，

$p < 0.05$；**9**．（略）；**10**．（C）；**11**．（D）；**2**．$\overline{W} = (-\infty, -1.65]$，$W = (1.65, +\infty)$；

13．$\overline{W} = (-\infty, -t_{0.025}(n-1)] \bigcup [t_{0.025}(n-1), +\infty)$，$W = (-t_{0.025}(n-1), t_{0.025}(n-1))$；**14**．$\overline{W} = [\chi^2_{0.05}(n-1), +\infty)$，

$W = (0, \chi^2_{0.05}(n-1))$．

习题 6.2

1．$H_1 : \mu \neq 5$，拒绝 H_1；　**2**．$H_1 : \mu \neq 500$，接受 H_1；　**3**．$H_1 : \mu \neq 0.081$，拒绝 H_1；

4．$H_1 : \mu \leqslant 246$，接受 H_1；　**5**．$H_1 : \mu > 10$，接受 H_1；　**6**．$H_1 : \sigma^2 \neq 16^2$，接受 H_1；**7**．$H_1 : \mu \neq 500$，

拒绝 H_1；　$H_1 : \sigma^2 > 100$，拒绝 H_1；　**8**．$H_1 : \mu > 200$，接受 H_1；　$H_1 : \sigma^2 \neq 49$，拒绝 H_1；

9．$H_1 : \pi > 0.0008$，接受 H_1；　**10**．$H_1 : \pi > 0.03$，拒绝 H_1．

习题 6.3

1．$H_1 : \mu_1 - \mu_2 \neq 0$，拒绝 H_1；　**2**．$H_1 : \mu_1 - \mu_2 \neq 0$，接受 H_1；　**3**．$H_1 : \mu_1 - \mu_2 \neq 0$，接受 H_1；

4．$H_1 : \mu_1 - \mu_2 \neq 0$，拒绝 H_1；　**5**．$H_1 : \mu_1 - \mu_2 \neq 0$，拒绝 H_1；　**6**．$H_1 : \mu_1 - \mu_2 \neq 0$，接受 H_1；

7．$H_1 : \mu_1 - \mu_2 \neq 0$，接受 H_1；**8**．$H_1 : \mu_1 - \mu_2 > 0$，拒绝 H_1；**9**．$H_1 : \sigma_1^2 \neq \sigma_2^2$，拒绝 H_1；

10．$H_1 : \sigma_1^2 \neq \sigma_2^2$，接受 H_1；　**11**．$H_1 : \pi_1 - \pi_2 \neq 0$，接受 H_1；　**12**．$H_1 : \pi_1 - \pi_2 > 0$，拒绝 H_1．

习题 6.4

1．是；　**2**．是；　**3**．是；　**4**．是；　**5**．是；　**6**．无；　**7**．无；　**8**．有；　**9**．有．

习题 6.5

1．$H_1 : \mu \neq 500$，接受 H_1；**2**．$H_1 : \mu < 246$，拒绝 H_1；**3**．$H_1 : \mu > 10$，接受 H_1；**4**．$H_1 : \mu \neq 500$，

拒绝 H_1；**5**．$H_1 : \mu_1 - \mu_2 > 1$，拒绝 H_1；**6**．$H_1 : \mu_1 - \mu_2 > 0.2$，拒绝 H_1；**7**．$H_1 : \mu_1 - \mu_2 \neq 0$，接

受 H_1；**8**．$H_1 : \mu_1 - \mu_2 \neq 0$，拒绝 H_1；**9**．$H_1 : \mu_1 - \mu_2 \neq 0$，拒绝 H_1；**10**．$H_1 : \mu_1 - \mu_2 \neq 0$，接受

H_1；**11**．$H_1 : \mu_1 - \mu_2 \neq 0$，接受 H_1；**12**．$H_1 : \mu_1 - \mu_2 \neq 0$，接受 H_1；**13**．$H_1 : \sigma_1^2 \neq \sigma_2^2$，接受 H_1；

14．$H_1 : \sigma_1^2 \neq \sigma_2^2$，拒绝 H_1．

习题 7.1

1．（1）70；（2）2，35；（3）12，30.33；（4）1.1538；（5）无；　**2**．（1）10.8，5.4；（2）

12，0.8；（3）6.75；（4）有；　**3**．（1）9，18；（2）20，0.45；（3）6.67；（4）有；　**4**．（1）

54；（2）$18, \dfrac{32}{7}$；（3）3.94；（4）有；　**5**. 无；　**6**. 有；　**7**. 无；　**8**. 有；　**9**.（1）有，（2）

[77.5, 88.5]，[84.5, 95.5]，[68.5, 79.5]；　**10**.（1）有，（2）[1.65, 1.93]，[2.16, 2.46]，[2.94, 3.22].

习题 7.2

1.（1）26，（2）2，4，（3）13，6.5，（4）2，（5）无，（6）无；　**2**. 有，无；　**3**. 有，有；　**4**. 无，有；　**5**. 有，无；无；　**6**. 无，有，无；　**7**. 有，无，无.

习题 8.1

1.（1）略.

（2）$y_i = 0.73 + 4.93x_i + \varepsilon_i$
$\qquad (0.77)(0.005)$
$\qquad \hat{\sigma}^2 = 4.81, F = 56.24(0.005), R^2 = 0.95.$

（3）40.17.

2.（1）略.

（2）$y_i = 30.74 + 116x_i + \varepsilon_i$
$\qquad (0.00)(0.00)$
$\qquad \hat{\sigma}^2 = 2.86, F = 47.06(0.001), R^2 = 0.90.$

（3）52.78.

3.（1）略.

（2）$y_i = 1845.12 - 64.22x_i + \varepsilon_i$
$\qquad (0.00) \quad (0.00)$
$\qquad \hat{\sigma}^2 = 985.11, F = 2829.28(0.00), R^2 = 0.95.$

（3）1395.58.

4.（1）略.

（2）$y_i = 725.35 + 0.66x_i + \varepsilon_i$
$\qquad (0.12) \quad (0.00)$
$\qquad \hat{\sigma}^2 = 416943.89, F = 506.08(0.00), R^2 = 0.95.$

习题 8.2

1.　$y_i = 51.54 + 0.72x_{1i} + 0.52x_{2i} + \varepsilon_i,$
$\qquad (0.00) \ (0.003) \ (0.028)$
$\qquad \overline{R}^2 = 1.00, F = 33711.01(0.000), \hat{\sigma}^2 = 0.04.$

2. $y_i = 52317.83 + 27.64x_{1i} + 12529.77x_{2i} + 2553.21x_{3i} - 234.24x_{4i} + \varepsilon_i,$

   (0.005) (0.002)   (0.000)   (0.003)   (0.000)

   $\hat{\sigma}^2 = 942022.55, F = 459.75(0.000), \overline{R}^2 = 0.99.$

3. （1）略.

 （2）$y_i = -459.62 + 4.68x_{1i} + 8.97x_{2i} + \varepsilon_i,$

    (0.020) (0.037) (0.008)

   $\overline{R}^2 = 0.69, F = 11.12(0.007), \hat{\sigma}^2 = 579.90.$

4. （1）略.

 （2）$y_i = 360.80 + 0.66x_{1i} - 0.04x_{4i} + \varepsilon_i,$

    (0.002) (0.000) (0.000)

   $\overline{R}^2 = 0.98, F = 792.39(0.000), \hat{\sigma}^2 = 85468.21.$

习题 8.3

1. $y = 0.02e^{6.06/x}e^{\varepsilon}$; **2.** $y = \dfrac{1}{\dfrac{1}{100} + 0.11 \times 1.15^t}$; **3.** $y = 239.73 + 21.929t + \varepsilon$; **4.** $y = 890.27e^{0.3191t}.$

参考文献

[1]　施雨，赵小艳，李耀武，等. 概率论与数理统计[M]. 北京：高等教育出版社，2021.

[2]　徐全智，吕恕. 概率论与数理统计[M]. 4 版. 北京：高等教育出版社，2021.

[3]　姚孟臣. 概率论与数理统计[M]. 3 版. 北京：中国人民大学出版社，2021.

[4]　王殿坤. 概率论和数理统计[M]. 北京：科学出版社，2021.

[5]　马志宏. 应用概率论与数理统计[M]. 北京：清华大学出版社，2021.

[6]　张天德，叶宏. 概率论与数理统计（慕课版）[M]. 北京：人民邮电出版社，2020.

[7]　茆诗松，周纪芗，张日权. 概率论与数理统计[M]. 4 版. 北京：中国统计出版社，2020.

[8]　白淑敏，崔红卫. 概率论与数理统计[M]. 3 版. 北京：北京邮电大学出版社，2022.

[9]　周永春，李朝艳，方茹，等. 概率论与数理统计[M]. 3 版. 北京：高等教育出版社，2020.

[10]　盛骤，谢式千，潘承毅. 概率论与数理统计[M]. 5 版. 北京：高等教育出版社，2019.

[11]　茆诗松，程依明，濮晓龙. 概率论与数理统计教程[M]. 3 版. 北京：高等教育出版社，2019.

[12]　刘贵基，张慧，陈晓兰，等. 概率论与数理统计[M]. 2 版. 北京：经济科学出版社，2018.

[13]　韩旭里，谢永钦. 概率论与数理统计[M]. 北京：北京大学出版社，2018.

[14]　郭文英，刘强，孙阳. 著概率论与数理统计[M]. 北京：中国人民大学出版社，2018.

[15]　王松桂. 概率论与数理统计[M]. 3 版. 北京：科学出版社，2018.

[16]　陈希孺. 概率论与数理统计[M]. 北京：中国科学技术大学出版社，2017.

[17]　吴赣昌. 概率论与数理统计（经管类）[M]. 5 版. 北京：中国人民大学出版社，2017.

[18]　孙慧. 概率论与数理统计[M]. 上海：同济大学出版社，2017.

附　录

附表 1　泊松分布表 $P\{X \leqslant k\} = \sum_{i=0}^{k} \dfrac{\lambda^i}{i!} e^{-\lambda}$

k	$\lambda=0.1$	$\lambda=0.2$	$\lambda=0.3$	$\lambda=0.4$	$\lambda=0.5$	$\lambda=0.6$	$\lambda=0.7$	$\lambda=0.8$	$\lambda=0.9$	$\lambda=1$
0	0.9048	0.8187	0.7408	0.6703	0.6065	0.5488	0.4966	0.4493	0.4066	0.3679
1	0.9953	0.9825	0.9631	0.9384	0.9098	0.8781	0.8442	0.8088	0.7725	0.7358
2	0.9998	0.9989	0.9964	0.9921	0.9856	0.9769	0.9659	0.9526	0.9371	0.9197
3	1.0000	0.9999	0.9997	0.9992	0.9982	0.9966	0.9942	0.9909	0.9865	0.9810
4	1.0000	1.0000	1.0000	0.9999	0.9998	0.9996	0.9992	0.9986	0.9977	0.9963
5	1.0000	1.0000	1.0000	1.0000	1.0000	1.0000	0.9999	0.9998	0.9997	0.9994
6	1.0000	1.0000	1.0000	1.0000	1.0000	1.0000	1.0000	1.0000	1.0000	0.9999
7	1.0000	1.0000	1.0000	1.0000	1.0000	1.0000	1.0000	1.0000	1.0000	1.0000
k	$\lambda=1.1$	$\lambda=1.2$	$\lambda=1.3$	$\lambda=1.4$	$\lambda=1.5$	$\lambda=1.6$	$\lambda=1.7$	$\lambda=1.8$	$\lambda=1.9$	$\lambda=2$
0	0.3329	0.3012	0.2725	0.2466	0.2231	0.2019	0.1827	0.1653	0.1496	0.1353
1	0.6990	0.6626	0.6268	0.5918	0.5578	0.5249	0.4932	0.4628	0.4337	0.4060
2	0.9004	0.8795	0.8571	0.8335	0.8088	0.7834	0.7572	0.7306	0.7037	0.6767
3	0.9743	0.9662	0.9569	0.9463	0.9344	0.9212	0.9068	0.8913	0.8747	0.8571
4	0.9946	0.9923	0.9893	0.9857	0.9814	0.9763	0.9704	0.9636	0.9559	0.9473
5	0.9990	0.9985	0.9978	0.9968	0.9955	0.9940	0.9920	0.9896	0.9868	0.9834
6	0.9999	0.9997	0.9996	0.9994	0.9991	0.9987	0.9981	0.9974	0.9966	0.9955
7	1.0000	1.0000	0.9999	0.9999	0.9998	0.9997	0.9996	0.9994	0.9992	0.9989
8	1.0000	1.0000	1.0000	1.0000	1.0000	1.0000	0.9999	0.9999	0.9998	0.9998
9	1.0000	1.0000	1.0000	1.0000	1.0000	1.0000	1.0000	1.0000	1.0000	1.0000
k	$\lambda=2.1$	$\lambda=2.2$	$\lambda=2.3$	$\lambda=2.4$	$\lambda=2.5$	$\lambda=2.6$	$\lambda=2.7$	$\lambda=2.8$	$\lambda=2.9$	$\lambda=3$
0	0.1225	0.1108	0.1003	0.0907	0.0821	0.0743	0.0672	0.0608	0.0550	0.0498
1	0.3796	0.3546	0.3309	0.3084	0.2873	0.2674	0.2487	0.2311	0.2146	0.1991
2	0.6496	0.6227	0.5960	0.5697	0.5438	0.5184	0.4936	0.4695	0.4460	0.4232
3	0.8386	0.8194	0.7993	0.7787	0.7576	0.7360	0.7141	0.6919	0.6696	0.6472
4	0.9379	0.9275	0.9162	0.9041	0.8912	0.8774	0.8629	0.8477	0.8318	0.8153
5	0.9796	0.9751	0.9700	0.9643	0.9580	0.9510	0.9433	0.9349	0.9258	0.9161
6	0.9941	0.9925	0.9906	0.9884	0.9858	0.9828	0.9794	0.9756	0.9713	0.9665
7	0.9985	0.9980	0.9974	0.9967	0.9958	0.9947	0.9934	0.9919	0.9901	0.9881
8	0.9997	0.9995	0.9994	0.9991	0.9989	0.9985	0.9981	0.9976	0.9969	0.9962
9	0.9999	0.9999	0.9999	0.9998	0.9997	0.9996	0.9995	0.9993	0.9991	0.9989

k	$\lambda=2.1$	$\lambda=2.2$	$\lambda=2.3$	$\lambda=2.4$	$\lambda=2.5$	$\lambda=2.6$	$\lambda=2.7$	$\lambda=2.8$	$\lambda=2.9$	$\lambda=3$
10	1.0000	1.0000	1.0000	1.0000	0.9999	0.9999	0.9999	0.9998	0.9998	0.9997
11	1.0000	1.0000	1.0000	1.0000	1.0000	1.0000	1.0000	1.0000	0.9999	0.9999
12	1.0000	1.0000	1.0000	1.0000	1.0000	1.0000	1.0000	1.0000	1.0000	1.0000
k	$\lambda=3.1$	$\lambda=3.2$	$\lambda=3.3$	$\lambda=3.4$	$\lambda=3.5$	$\lambda=3.6$	$\lambda=3.7$	$\lambda=3.8$	$\lambda=3.9$	$\lambda=4$
0	0.0450	0.0408	0.0369	0.0334	0.0302	0.0273	0.0247	0.0224	0.0202	0.0183
1	0.1847	0.1712	0.1586	0.1468	0.1359	0.1257	0.1162	0.1074	0.0992	0.0916
2	0.4012	0.3799	0.3594	0.3397	0.3208	0.3027	0.2854	0.2689	0.2531	0.2381
3	0.6248	0.6025	0.5803	0.5584	0.5366	0.5152	0.4942	0.4735	0.4532	0.4335
4	0.7982	0.7806	0.7626	0.7442	0.7254	0.7064	0.6872	0.6678	0.6484	0.6288
5	0.9057	0.8946	0.8829	0.8705	0.8576	0.8441	0.8301	0.8156	0.8006	0.7851
6	0.9612	0.9554	0.9490	0.9421	0.9347	0.9267	0.9182	0.9091	0.8995	0.8893
7	0.9858	0.9832	0.9802	0.9769	0.9733	0.9692	0.9648	0.9599	0.9546	0.9489
8	0.9953	0.9943	0.9931	0.9917	0.9901	0.9883	0.9863	0.9840	0.9815	0.9786
9	0.9986	0.9982	0.9978	0.9973	0.9967	0.9960	0.9952	0.9942	0.9931	0.9919
10	0.9996	0.9995	0.9994	0.9992	0.9990	0.9987	0.9984	0.9981	0.9977	0.9972
11	0.9999	0.9999	0.9998	0.9998	0.9997	0.9996	0.9995	0.9994	0.9993	0.9991
12	1.0000	1.0000	1.0000	0.9999	0.9999	0.9999	0.9999	0.9998	0.9998	0.9997
13	1.0000	1.0000	1.0000	1.0000	1.0000	1.0000	1.0000	1.0000	0.9999	0.9999
14	1.0000	1.0000	1.0000	1.0000	1.0000	1.0000	1.0000	1.0000	1.0000	1.0000
k	$\lambda=5$	$\lambda=6$	$\lambda=7$	$\lambda=8$	$\lambda=9$	$\lambda=10$	$\lambda=11$	$\lambda=12$	$\lambda=13$	$\lambda=14$
0	0.0067	0.0025	0.0009	0.0003	0.0001	0.0000	0.0000	0.0000	0.0000	0.0000
1	0.0404	0.0174	0.0073	0.0030	0.0012	0.0005	0.0002	0.0001	0.0000	0.0000
2	0.1247	0.0620	0.0296	0.0138	0.0062	0.0028	0.0012	0.0005	0.0002	0.0001
3	0.2650	0.1512	0.0818	0.0424	0.0212	0.0103	0.0049	0.0023	0.0011	0.0005
4	0.4405	0.2851	0.1730	0.0996	0.0550	0.0293	0.0151	0.0076	0.0037	0.0018
5	0.6160	0.4457	0.3007	0.1912	0.1157	0.0671	0.0375	0.0203	0.0107	0.0055
6	0.7622	0.6063	0.4497	0.3134	0.2068	0.1301	0.0786	0.0458	0.0259	0.0142
7	0.8666	0.7440	0.5987	0.4530	0.3239	0.2202	0.1432	0.0895	0.0540	0.0316
8	0.9319	0.8472	0.7291	0.5925	0.4557	0.3328	0.2320	0.1550	0.0998	0.0621
9	0.9682	0.9161	0.8305	0.7166	0.5874	0.4579	0.3405	0.2424	0.1658	0.1094
10	0.9863	0.9574	0.9015	0.8159	0.7060	0.5830	0.4599	0.3472	0.2517	0.1757
11	0.9945	0.9799	0.9467	0.8881	0.8030	0.6968	0.5793	0.4616	0.3532	0.2600
12	0.9980	0.9912	0.9730	0.9362	0.8758	0.7916	0.6887	0.5760	0.4631	0.3585
13	0.9993	0.9964	0.9872	0.9658	0.9261	0.8645	0.7813	0.6815	0.5730	0.4644
14	0.9998	0.9986	0.9943	0.9827	0.9585	0.9165	0.8540	0.7720	0.6751	0.5704

k	$\lambda=5$	$\lambda=6$	$\lambda=7$	$\lambda=8$	$\lambda=9$	$\lambda=10$	$\lambda=11$	$\lambda=12$	$\lambda=13$	$\lambda=14$
15	0.9999	0.9995	0.9976	0.9918	0.9780	0.9513	0.9074	0.8444	0.7636	0.6694
16	1.0000	0.9998	0.9990	0.9963	0.9889	0.9730	0.9441	0.8987	0.8355	0.7559
17	1.0000	0.9999	0.9996	0.9984	0.9947	0.9857	0.9678	0.9370	0.8905	0.8272
18	1.0000	1.0000	0.9999	0.9993	0.9976	0.9928	0.9823	0.9626	0.9302	0.8826
19	1.0000	1.0000	1.0000	0.9997	0.9989	0.9965	0.9907	0.9787	0.9573	0.9235
20	1.0000	1.0000	1.0000	0.9999	0.9996	0.9984	0.9953	0.9884	0.9750	0.9521
21	1.0000	1.0000	1.0000	1.0000	0.9998	0.9993	0.9977	0.9939	0.9859	0.9712
22	1.0000	1.0000	1.0000	1.0000	0.9999	0.9997	0.9990	0.9970	0.9924	0.9833
23	1.0000	1.0000	1.0000	1.0000	1.0000	0.9999	0.9995	0.9985	0.9960	0.9907
24	1.0000	1.0000	1.0000	1.0000	1.0000	1.0000	0.9998	0.9993	0.9980	0.9950
25	1.0000	1.0000	1.0000	1.0000	1.0000	1.0000	0.9999	0.9997	0.9990	0.9974
26	1.0000	1.0000	1.0000	1.0000	1.0000	1.0000	1.0000	0.9999	0.9995	0.9987
27	1.0000	1.0000	1.0000	1.0000	1.0000	1.0000	1.0000	0.9999	0.9998	0.9994
28	1.0000	1.0000	1.0000	1.0000	1.0000	1.0000	1.0000	1.0000	0.9999	0.9997
29	1.0000	1.0000	1.0000	1.0000	1.0000	1.0000	1.0000	1.0000	1.0000	0.9999

附表 2　标准正态分布表 $P\{X \leqslant x\} = \dfrac{1}{\sqrt{2\pi}} \int_{-\infty}^{x} e^{-\frac{t^2}{2}} dt$

x	0	0.01	0.02	0.03	0.04	0.05	0.06	0.07	0.08	0.09
0	0.5000	0.5040	0.5080	0.5120	0.5160	0.5199	0.5239	0.5279	0.5319	0.5359
0.1	0.5398	0.5438	0.5478	0.5517	0.5557	0.5596	0.5636	0.5675	0.5714	0.5753
0.2	0.5793	0.5832	0.5871	0.5910	0.5948	0.5987	0.6026	0.6064	0.6103	0.6141
0.3	0.6179	0.6217	0.6255	0.6293	0.6331	0.6368	0.6406	0.6443	0.6480	0.6517
0.4	0.6554	0.6591	0.6628	0.6664	0.6700	0.6736	0.6772	0.6808	0.6844	0.6879
0.5	0.6915	0.6950	0.6985	0.7019	0.7054	0.7088	0.7123	0.7157	0.7190	0.7224
0.6	0.7257	0.7291	0.7324	0.7357	0.7389	0.7422	0.7454	0.7486	0.7517	0.7549
0.7	0.7580	0.7611	0.7642	0.7673	0.7704	0.7734	0.7764	0.7794	0.7823	0.7852
0.8	0.7881	0.7910	0.7939	0.7967	0.7995	0.8023	0.8051	0.8078	0.8106	0.8133
0.9	0.8159	0.8186	0.8212	0.8238	0.8264	0.8289	0.8315	0.8340	0.8365	0.8389
1	0.8413	0.8438	0.8461	0.8485	0.8508	0.8531	0.8554	0.8577	0.8599	0.8621
1.1	0.8643	0.8665	0.8686	0.8708	0.8729	0.8749	0.8770	0.8790	0.8810	0.8830
1.2	0.8849	0.8869	0.8888	0.8907	0.8925	0.8944	0.8962	0.8980	0.8997	0.9015
1.3	0.9032	0.9049	0.9066	0.9082	0.9099	0.9115	0.9131	0.9147	0.9162	0.9177
1.4	0.9192	0.9207	0.9222	0.9236	0.9251	0.9265	0.9279	0.9292	0.9306	0.9319
1.5	0.9332	0.9345	0.9357	0.9370	0.9382	0.9394	0.9406	0.9418	0.9429	0.9441
1.6	0.9452	0.9463	0.9474	0.9484	0.9495	0.9505	0.9515	0.9525	0.9535	0.9545
1.7	0.9554	0.9564	0.9573	0.9582	0.9591	0.9599	0.9608	0.9616	0.9625	0.9633
1.8	0.9641	0.9649	0.9656	0.9664	0.9671	0.9678	0.9686	0.9693	0.9699	0.9706
1.9	0.9713	0.9719	0.9726	0.9732	0.9738	0.9744	0.9750	0.9756	0.9761	0.9767
2	0.9772	0.9778	0.9783	0.9788	0.9793	0.9798	0.9803	0.9808	0.9812	0.9817
2.1	0.9821	0.9826	0.9830	0.9834	0.9838	0.9842	0.9846	0.9850	0.9854	0.9857
2.2	0.9861	0.9864	0.9868	0.9871	0.9875	0.9878	0.9881	0.9884	0.9887	0.9890

x	0	0.01	0.02	0.03	0.04	0.05	0.06	0.07	0.08	0.09
2.3	0.9893	0.9896	0.9898	0.9901	0.9904	0.9906	0.9909	0.9911	0.9913	0.9916
2.4	0.9918	0.9920	0.9922	0.9925	0.9927	0.9929	0.9931	0.9932	0.9934	0.9936
2.5	0.9938	0.9940	0.9941	0.9943	0.9945	0.9946	0.9948	0.9949	0.9951	0.9952
2.6	0.9953	0.9955	0.9956	0.9957	0.9959	0.9960	0.9961	0.9962	0.9963	0.9964
2.7	0.9965	0.9966	0.9967	0.9968	0.9969	0.9970	0.9971	0.9972	0.9973	0.9974
2.8	0.9974	0.9975	0.9976	0.9977	0.9977	0.9978	0.9979	0.9979	0.9980	0.9981
2.9	0.9981	0.9982	0.9982	0.9983	0.9984	0.9984	0.9985	0.9985	0.9986	0.9986
3	0.9987	0.9987	0.9987	0.9988	0.9988	0.9989	0.9989	0.9989	0.9990	0.9990
3.1	0.9990	0.9991	0.9991	0.9991	0.9992	0.9992	0.9992	0.9992	0.9993	0.9993

附表 3 t 分布表 $P\{t(n) \leqslant t_\alpha(n)\} = \alpha$

n	α								
	0.75	0.8	0.85	0.9	0.95	0.975	0.99	0.995	0.999
1	1.0000	1.3764	1.9626	3.0777	6.3138	12.7062	31.8205	63.6567	318.3088
2	0.8165	1.0607	1.3862	1.8856	2.9200	4.3027	6.9646	9.9248	22.3271
3	0.7649	0.9785	1.2498	1.6377	2.3534	3.1824	4.5407	5.8409	10.2145
4	0.7407	0.9410	1.1896	1.5332	2.1318	2.7764	3.7469	4.6041	7.1732
5	0.7267	0.9195	1.1558	1.4759	2.0150	2.5706	3.3649	4.0321	5.8934
6	0.7176	0.9057	1.1342	1.4398	1.9432	2.4469	3.1427	3.7074	5.2076
7	0.7111	0.8960	1.1192	1.4149	1.8946	2.3646	2.9980	3.4995	4.7853
8	0.7064	0.8889	1.1081	1.3968	1.8595	2.3060	2.8965	3.3554	4.5008
9	0.7027	0.8834	1.0997	1.3830	1.8331	2.2622	2.8214	3.2498	4.2968
10	0.6998	0.8791	1.0931	1.3722	1.8125	2.2281	2.7638	3.1693	4.1437
11	0.6974	0.8755	1.0877	1.3634	1.7959	2.2010	2.7181	3.1058	4.0247
12	0.6955	0.8726	1.0832	1.3562	1.7823	2.1788	2.6810	3.0545	3.9296
13	0.6938	0.8702	1.0795	1.3502	1.7709	2.1604	2.6503	3.0123	3.8520
14	0.6924	0.8681	1.0763	1.3450	1.7613	2.1448	2.6245	2.9768	3.7874
15	0.6912	0.8662	1.0735	1.3406	1.7531	2.1314	2.6025	2.9467	3.7328
16	0.6901	0.8647	1.0711	1.3368	1.7459	2.1199	2.5835	2.9208	3.6862
17	0.6892	0.8633	1.0690	1.3334	1.7396	2.1098	2.5669	2.8982	3.6458
18	0.6884	0.8620	1.0672	1.3304	1.7341	2.1009	2.5524	2.8784	3.6105
19	0.6876	0.8610	1.0655	1.3277	1.7291	2.0930	2.5395	2.8609	3.5794
20	0.6870	0.8600	1.0640	1.3253	1.7247	2.0860	2.5280	2.8453	3.5518
21	0.6864	0.8591	1.0627	1.3232	1.7207	2.0796	2.5176	2.8314	3.5272
22	0.6858	0.8583	1.0614	1.3212	1.7171	2.0739	2.5083	2.8188	3.5050
23	0.6853	0.8575	1.0603	1.3195	1.7139	2.0687	2.4999	2.8073	3.4850
24	0.6848	0.8569	1.0593	1.3178	1.7109	2.0639	2.4922	2.7969	3.4668
25	0.6844	0.8562	1.0584	1.3163	1.7081	2.0595	2.4851	2.7874	3.4502
26	0.6840	0.8557	1.0575	1.3150	1.7056	2.0555	2.4786	2.7787	3.4350
27	0.6837	0.8551	1.0567	1.3137	1.7033	2.0518	2.4727	2.7707	3.4210
28	0.6834	0.8546	1.0560	1.3125	1.7011	2.0484	2.4671	2.7633	3.4082
29	0.6830	0.8542	1.0553	1.3114	1.6991	2.0452	2.4620	2.7564	3.3962

n	α								
	0.75	0.8	0.85	0.9	0.95	0.975	0.99	0.995	0.999
30	0.6828	0.8538	1.0547	1.3104	1.6973	2.0423	2.4573	2.7500	3.3852
31	0.6825	0.8534	1.0541	1.3095	1.6955	2.0395	2.4528	2.7440	3.3749
32	0.6822	0.8530	1.0535	1.3086	1.6939	2.0369	2.4487	2.7385	3.3653
33	0.6820	0.8526	1.0530	1.3077	1.6924	2.0345	2.4448	2.7333	3.3563
34	0.6818	0.8523	1.0525	1.3070	1.6909	2.0322	2.4411	2.7284	3.3479
35	0.6816	0.8520	1.0520	1.3062	1.6896	2.0301	2.4377	2.7238	3.3400
36	0.6814	0.8517	1.0516	1.3055	1.6883	2.0281	2.4345	2.7195	3.3326
37	0.6812	0.8514	1.0512	1.3049	1.6871	2.0262	2.4314	2.7154	3.3256
38	0.6810	0.8512	1.0508	1.3042	1.6860	2.0244	2.4286	2.7116	3.3190
39	0.6808	0.8509	1.0504	1.3036	1.6849	2.0227	2.4258	2.7079	3.3128
40	0.6807	0.8507	1.0500	1.3031	1.6839	2.0211	2.4233	2.7045	3.3069

附表 4 χ^2 分布表 $P\{\chi^2(n) \leqslant \chi^2_\alpha(n)\} = \alpha$

n	α								
	0.01	0.025	0.05	0.1	0.9	0.95	0.975	0.99	0.995
1	0.0002	0.0010	0.0039	0.0158	2.7055	3.8415	5.0239	6.6349	7.8794
2	0.0201	0.0506	0.1026	0.2107	4.6052	5.9915	7.3778	9.2103	10.5966
3	0.1148	0.2158	0.3518	0.5844	6.2514	7.8147	9.3484	11.3449	12.8382
4	0.2971	0.4844	0.7107	1.0636	7.7794	9.4877	11.1433	13.2767	14.8603
5	0.5543	0.8312	1.1455	1.6103	9.2364	11.0705	12.8325	15.0863	16.7496
6	0.8721	1.2373	1.6354	2.2041	10.6446	12.5916	14.4494	16.8119	18.5476
7	1.2390	1.6899	2.1673	2.8331	12.0170	14.0671	16.0128	18.4753	20.2777
8	1.6465	2.1797	2.7326	3.4895	13.3616	15.5073	17.5345	20.0902	21.9550
9	2.0879	2.7004	3.3251	4.1682	14.6837	16.9190	19.0228	21.6660	23.5894
10	2.5582	3.2470	3.9403	4.8652	15.9872	18.3070	20.4832	23.2093	25.1882
11	3.0535	3.8157	4.5748	5.5778	17.2750	19.6751	21.9200	24.7250	26.7568
12	3.5706	4.4038	5.2260	6.3038	18.5493	21.0261	23.3367	26.2170	28.2995
13	4.1069	5.0088	5.8919	7.0415	19.8119	22.3620	24.7356	27.6882	29.8195
14	4.6604	5.6287	6.5706	7.7895	21.0641	23.6848	26.1189	29.1412	31.3193
15	5.2293	6.2621	7.2609	8.5468	22.3071	24.9958	27.4884	30.5779	32.8013
16	5.8122	6.9077	7.9616	9.3122	23.5418	26.2962	28.8454	31.9999	34.2672
17	6.4078	7.5642	8.6718	10.0852	24.7690	27.5871	30.1910	33.4087	35.7185
18	7.0149	8.2307	9.3905	10.8649	25.9894	28.8693	31.5264	34.8053	37.1565
19	7.6327	8.9065	10.1170	11.6509	27.2036	30.1435	32.8523	36.1909	38.5823
20	8.2604	9.5908	10.8508	12.4426	28.4120	31.4104	34.1696	37.5662	39.9968
21	8.8972	10.2829	11.5913	13.2396	29.6151	32.6706	35.4789	38.9322	41.4011
22	9.5425	10.9823	12.3380	14.0415	30.8133	33.9244	36.7807	40.2894	42.7957
23	10.1957	11.6886	13.0905	14.8480	32.0069	35.1725	38.0756	41.6384	44.1813
24	10.8564	12.4012	13.8484	15.6587	33.1962	36.4150	39.3641	42.9798	45.5585
25	11.5240	13.1197	14.6114	16.4734	34.3816	37.6525	40.6465	44.3141	46.9279
26	12.1981	13.8439	15.3792	17.2919	35.5632	38.8851	41.9232	45.6417	48.2899

续表

n	α								
	0.01	0.025	0.05	0.1	0.9	0.95	0.975	0.99	0.995
27	12.8785	14.5734	16.1514	18.1139	36.7412	40.1133	43.1945	46.9629	49.6449
28	13.5647	15.3079	16.9279	18.9392	37.9159	41.3371	44.4608	48.2782	50.9934
29	14.2565	16.0471	17.7084	19.7677	39.0875	42.5570	45.7223	49.5879	52.3356
30	14.9535	16.7908	18.4927	20.5992	40.2560	43.7730	46.9792	50.8922	53.6720
31	15.6555	17.5387	19.2806	21.4336	41.4217	44.9853	48.2319	52.1914	55.0027
32	16.3622	18.2908	20.0719	22.2706	42.5847	46.1943	49.4804	53.4858	56.3281
33	17.0735	19.0467	20.8665	23.1102	43.7452	47.3999	50.7251	54.7755	57.6484
34	17.7891	19.8063	21.6643	23.9523	44.9032	48.6024	51.9660	56.0609	58.9639
35	18.5089	20.5694	22.4650	24.7967	46.0588	49.8018	53.2033	57.3421	60.2748
36	19.2327	21.3359	23.2686	25.6433	47.2122	50.9985	54.4373	58.6192	61.5812
37	19.9602	22.1056	24.0749	26.4921	48.3634	52.1923	55.6680	59.8925	62.8833
38	20.6914	22.8785	24.8839	27.3430	49.5126	53.3835	56.8955	61.1621	64.1814
39	21.4262	23.6543	25.6954	28.1958	50.6598	54.5722	58.1201	62.4281	65.4756
40	22.1643	24.4330	26.5093	29.0505	51.8051	55.7585	59.3417	63.6907	66.7660

附表 5 F 分布 α分位 $F_\alpha(m,n)$数表 $P\{F(m,n) \le F_\alpha(m,n)\}$

$\alpha = 0.90$

n \ m	1	2	3	4	5	6	7	8	9	10	12	14	16	18	20	25	30	60	120
1	39.86	49.50	53.59	55.83	57.24	58.20	58.91	59.44	59.86	60.19	60.71	61.07	61.35	61.57	61.74	62.05	62.26	62.79	63.06
2	8.53	9.00	9.16	9.24	9.29	9.33	9.35	9.37	9.38	9.39	9.41	9.42	9.43	9.44	9.44	9.45	9.46	9.47	9.48
3	5.54	5.46	5.39	5.34	5.31	5.28	5.27	5.25	5.24	5.23	5.22	5.20	5.20	5.19	5.18	5.17	5.17	5.15	5.14
4	4.54	4.32	4.19	4.11	4.05	4.01	3.98	3.95	3.94	3.92	3.90	3.88	3.86	3.85	3.84	3.83	3.82	3.79	3.78
5	4.06	3.78	3.62	3.52	3.45	3.40	3.37	3.34	3.32	3.30	3.27	3.25	3.23	3.22	3.21	3.19	3.17	3.14	3.12
6	3.78	3.46	3.29	3.18	3.11	3.05	3.01	2.98	2.96	2.94	2.90	2.88	2.86	2.85	2.84	2.81	2.80	2.76	2.74
7	3.59	3.26	3.07	2.96	2.88	2.83	2.78	2.75	2.72	2.70	2.67	2.64	2.62	2.61	2.59	2.57	2.56	2.51	2.49
8	3.46	3.11	2.92	2.81	2.73	2.67	2.62	2.59	2.56	2.54	2.50	2.48	2.45	2.44	2.42	2.40	2.38	2.34	2.32
9	3.36	3.01	2.81	2.69	2.61	2.55	2.51	2.47	2.44	2.42	2.38	2.35	2.33	2.31	2.30	2.27	2.25	2.21	2.18
10	3.29	2.92	2.73	2.61	2.52	2.46	2.41	2.38	2.35	2.32	2.28	2.26	2.23	2.22	2.20	2.17	2.16	2.11	2.08
12	3.18	2.81	2.61	2.48	2.39	2.33	2.28	2.24	2.21	2.19	2.15	2.12	2.09	2.08	2.06	2.03	2.01	1.96	1.93
14	3.10	2.73	2.52	2.39	2.31	2.24	2.19	2.15	2.12	2.10	2.05	2.02	2.00	1.98	1.96	1.93	1.91	1.86	1.83
16	3.05	2.67	2.46	2.33	2.24	2.18	2.13	2.09	2.06	2.03	1.99	1.95	1.93	1.91	1.89	1.86	1.84	1.78	1.75
18	3.01	2.62	2.42	2.29	2.20	2.13	2.08	2.04	2.00	1.98	1.93	1.90	1.87	1.85	1.84	1.80	1.78	1.72	1.69
20	2.97	2.59	2.38	2.25	2.16	2.09	2.04	2.00	1.96	1.94	1.89	1.86	1.83	1.81	1.79	1.76	1.74	1.68	1.64
25	2.92	2.53	2.32	2.18	2.09	2.02	1.97	1.93	1.89	1.87	1.82	1.79	1.76	1.74	1.72	1.68	1.66	1.59	1.56
30	2.88	2.49	2.28	2.14	2.05	1.98	1.93	1.88	1.85	1.82	1.77	1.74	1.71	1.69	1.67	1.63	1.61	1.54	1.50
60	2.79	2.39	2.18	2.04	1.95	1.87	1.82	1.77	1.74	1.71	1.66	1.62	1.59	1.56	1.54	1.50	1.48	1.40	1.35
120	2.75	2.35	2.13	1.99	1.90	1.82	1.77	1.72	1.68	1.65	1.60	1.56	1.53	1.50	1.48	1.44	1.41	1.32	1.26

续表

$\alpha = 0.95$

n \ m	1	2	3	4	5	6	7	8	9	10	12	14	16	18	20	25	30	60	120
1	161.45	199.50	215.71	224.58	230.16	233.99	236.77	238.88	240.54	241.88	243.91	245.36	246.46	247.32	248.01	249.26	250.10	252.20	253.25
2	18.51	19.00	19.16	19.25	19.30	19.33	19.35	19.37	19.38	19.40	19.41	19.42	19.43	19.44	19.45	19.46	19.46	19.48	19.49
3	10.13	9.55	9.28	9.12	9.01	8.94	8.89	8.85	8.81	8.79	8.74	8.71	8.69	8.67	8.66	8.63	8.62	8.57	8.55
4	7.71	6.94	6.59	6.39	6.26	6.16	6.09	6.04	6.00	5.96	5.91	5.87	5.84	5.82	5.80	5.77	5.75	5.69	5.66
5	6.61	5.79	5.41	5.19	5.05	4.95	4.88	4.82	4.77	4.74	4.68	4.64	4.60	4.58	4.56	4.52	4.50	4.43	4.40
6	5.99	5.14	4.76	4.53	4.39	4.28	4.21	4.15	4.10	4.06	4.00	3.96	3.92	3.90	3.87	3.83	3.81	3.74	3.70
7	5.59	4.74	4.35	4.12	3.97	3.87	3.79	3.73	3.68	3.64	3.57	3.53	3.49	3.47	3.44	3.40	3.38	3.30	3.27
8	5.32	4.46	4.07	3.84	3.69	3.58	3.50	3.44	3.39	3.35	3.28	3.24	3.20	3.17	3.15	3.11	3.08	3.01	2.97
9	5.12	4.26	3.86	3.63	3.48	3.37	3.29	3.23	3.18	3.14	3.07	3.03	2.99	2.96	2.94	2.89	2.86	2.79	2.75
10	4.96	4.10	3.71	3.48	3.33	3.22	3.14	3.07	3.02	2.98	2.91	2.86	2.83	2.80	2.77	2.73	2.70	2.62	2.58
12	4.75	3.89	3.49	3.26	3.11	3.00	2.91	2.85	2.80	2.75	2.69	2.64	2.60	2.57	2.54	2.50	2.47	2.38	2.34
14	4.60	3.74	3.34	3.11	2.96	2.85	2.76	2.70	2.65	2.60	2.53	2.48	2.44	2.41	2.39	2.34	2.31	2.22	2.18
16	4.49	3.63	3.24	3.01	2.85	2.74	2.66	2.59	2.54	2.49	2.42	2.37	2.33	2.30	2.28	2.23	2.19	2.11	2.06
18	4.41	3.55	3.16	2.93	2.77	2.66	2.58	2.51	2.46	2.41	2.34	2.29	2.25	2.22	2.19	2.14	2.11	2.02	1.97
20	4.35	3.49	3.10	2.87	2.71	2.60	2.51	2.45	2.39	2.35	2.28	2.22	2.18	2.15	2.12	2.07	2.04	1.95	1.90
25	4.24	3.39	2.99	2.76	2.60	2.49	2.40	2.34	2.28	2.24	2.16	2.11	2.07	2.04	2.01	1.96	1.92	1.82	1.77
30	4.17	3.32	2.92	2.69	2.53	2.42	2.33	2.27	2.21	2.16	2.09	2.04	1.99	1.96	1.93	1.88	1.84	1.74	1.68
60	4.00	3.15	2.76	2.53	2.37	2.25	2.17	2.10	2.04	1.99	1.92	1.86	1.82	1.78	1.75	1.69	1.65	1.53	1.47
120	3.92	3.07	2.68	2.45	2.29	2.18	2.09	2.02	1.96	1.91	1.83	1.78	1.73	1.69	1.66	1.60	1.55	1.43	1.35

续表

$\alpha = 0.975$

n \ m	1	2	3	4	5	6	7	8	9	10	12	14	16	18	20	25	30	60	120
1	647.79	799.50	864.16	899.58	921.85	937.11	948.22	956.66	963.28	968.63	976.71	982.53	986.92	990.35	993.10	998.08	1001.41	1009.80	1014.02
2	38.51	39.00	39.17	39.25	39.30	39.33	39.36	39.37	39.39	39.40	39.41	39.43	39.44	39.44	39.45	39.46	39.46	39.48	39.49
3	17.44	16.04	15.44	15.10	14.88	14.73	14.62	14.54	14.47	14.42	14.34	14.28	14.23	14.20	14.17	14.12	14.08	13.99	13.95
4	12.22	10.65	9.98	9.60	9.36	9.20	9.07	8.98	8.90	8.84	8.75	8.68	8.63	8.59	8.56	8.50	8.46	8.36	8.31
5	10.01	8.43	7.76	7.39	7.15	6.98	6.85	6.76	6.68	6.62	6.52	6.46	6.40	6.36	6.33	6.27	6.23	6.12	6.07
6	8.81	7.26	6.60	6.23	5.99	5.82	5.70	5.60	5.52	5.46	5.37	5.30	5.24	5.20	5.17	5.11	5.07	4.96	4.90
7	8.07	6.54	5.89	5.52	5.29	5.12	4.99	4.90	4.82	4.76	4.67	4.60	4.54	4.50	4.47	4.40	4.36	4.25	4.20
8	7.57	6.06	5.42	5.05	4.82	4.65	4.53	4.43	4.36	4.30	4.20	4.13	4.08	4.03	4.00	3.94	3.89	3.78	3.73
9	7.21	5.71	5.08	4.72	4.48	4.32	4.20	4.10	4.03	3.96	3.87	3.80	3.74	3.70	3.67	3.60	3.56	3.45	3.39
10	6.94	5.46	4.83	4.47	4.24	4.07	3.95	3.85	3.78	3.72	3.62	3.55	3.50	3.45	3.42	3.35	3.31	3.20	3.14
12	6.55	5.10	4.47	4.12	3.89	3.73	3.61	3.51	3.44	3.37	3.28	3.21	3.15	3.11	3.07	3.01	2.96	2.85	2.79
14	6.30	4.86	4.24	3.89	3.66	3.50	3.38	3.29	3.21	3.15	3.05	2.98	2.92	2.88	2.84	2.78	2.73	2.61	2.55
16	6.12	4.69	4.08	3.73	3.50	3.34	3.22	3.12	3.05	2.99	2.89	2.82	2.76	2.72	2.68	2.61	2.57	2.45	2.38
18	5.98	4.56	3.95	3.61	3.38	3.22	3.10	3.01	2.93	2.87	2.77	2.70	2.64	2.60	2.56	2.49	2.44	2.32	2.26
20	5.87	4.46	3.86	3.51	3.29	3.13	3.01	2.91	2.84	2.77	2.68	2.60	2.55	2.50	2.46	2.40	2.35	2.22	2.16
25	5.69	4.29	3.69	3.35	3.13	2.97	2.85	2.75	2.68	2.61	2.51	2.44	2.38	2.34	2.30	2.23	2.18	2.05	1.98
30	5.57	4.18	3.59	3.25	3.03	2.87	2.75	2.65	2.57	2.51	2.41	2.34	2.28	2.23	2.20	2.12	2.07	1.94	1.87
60	5.29	3.93	3.34	3.01	2.79	2.63	2.51	2.41	2.33	2.27	2.17	2.09	2.03	1.98	1.94	1.87	1.82	1.67	1.58
120	5.15	3.80	3.23	2.89	2.67	2.52	2.39	2.30	2.22	2.16	2.05	1.98	1.92	1.87	1.82	1.75	1.69	1.53	1.43

续表

$\alpha = 0.99$

n \ m	1	2	3	4	5	6	7	8	9	10	12	14	16	18	20	25	30	60	120
1	4052	4999	5403	5624	5763	5858	5928	5981	6022	6055	6106	6142	6170	6191	6208	6239	6260	6313	6339
2	98.50	99.00	99.17	99.25	99.30	99.33	99.36	99.37	99.39	99.40	99.42	99.43	99.44	99.44	99.45	99.46	99.47	99.48	99.49
3	34.12	30.82	29.46	28.71	28.24	27.91	27.67	27.49	27.35	27.23	27.05	26.92	26.83	26.75	26.69	26.58	26.50	26.32	26.22
4	21.20	18.00	16.69	15.98	15.52	15.21	14.98	14.80	14.66	14.55	14.37	14.25	14.15	14.08	14.02	13.91	13.84	13.65	13.56
5	16.26	13.27	12.06	11.39	10.97	10.67	10.46	10.29	10.16	10.05	9.89	9.77	9.68	9.61	9.55	9.45	9.38	9.20	9.11
6	13.75	10.92	9.78	9.15	8.75	8.47	8.26	8.10	7.98	7.87	7.72	7.60	7.52	7.45	7.40	7.30	7.23	7.06	6.97
7	12.25	9.55	8.45	7.85	7.46	7.19	6.99	6.84	6.72	6.62	6.47	6.36	6.28	6.21	6.16	6.06	5.99	5.82	5.74
8	11.26	8.65	7.59	7.01	6.63	6.37	6.18	6.03	5.91	5.81	5.67	5.56	5.48	5.41	5.36	5.26	5.20	5.03	4.95
9	10.56	8.02	6.99	6.42	6.06	5.80	5.61	5.47	5.35	5.26	5.11	5.01	4.92	4.86	4.81	4.71	4.65	4.48	4.40
10	10.04	7.56	6.55	5.99	5.64	5.39	5.20	5.06	4.94	4.85	4.71	4.60	4.52	4.46	4.41	4.31	4.25	4.08	4.00
12	9.33	6.93	5.95	5.41	5.06	4.82	4.64	4.50	4.39	4.30	4.16	4.05	3.97	3.91	3.86	3.76	3.70	3.54	3.45
14	8.86	6.51	5.56	5.04	4.69	4.46	4.28	4.14	4.03	3.94	3.80	3.70	3.62	3.56	3.51	3.41	3.35	3.18	3.09
16	8.53	6.23	5.29	4.77	4.44	4.20	4.03	3.89	3.78	3.69	3.55	3.45	3.37	3.31	3.26	3.16	3.10	2.93	2.84
18	8.29	6.01	5.09	4.58	4.25	4.01	3.84	3.71	3.60	3.51	3.37	3.27	3.19	3.13	3.08	2.98	2.92	2.75	2.66
20	8.10	5.85	4.94	4.43	4.10	3.87	3.70	3.56	3.46	3.37	3.23	3.13	3.05	2.99	2.94	2.84	2.78	2.61	2.52
25	7.77	5.57	4.68	4.18	3.85	3.63	3.46	3.32	3.22	3.13	2.99	2.89	2.81	2.75	2.70	2.60	2.54	2.36	2.27
30	7.56	5.39	4.51	4.02	3.70	3.47	3.30	3.17	3.07	2.98	2.84	2.74	2.66	2.60	2.55	2.45	2.39	2.21	2.11
60	7.08	4.98	4.13	3.65	3.34	3.12	2.95	2.82	2.72	2.63	2.50	2.39	2.31	2.25	2.20	2.10	2.03	1.84	1.73
120	6.85	4.79	3.95	3.48	3.17	2.96	2.79	2.66	2.56	2.47	2.34	2.23	2.15	2.09	2.03	1.93	1.86	1.66	1.53

文轨车书　交通天下

http://www.xnjdcbs.com

责任编辑：孟秀芝

封面设计：GT工作室

交大e出版
微信购书|数字资源

官方天猫店
上天猫 买正版

ISBN 978-7-5643-9386-1

9 787564 393861 >

定价：48.00元